Biotechnologie

K.-H. Wolf

Aufgaben zur Bioreaktionstechnik

Für Studenten der Biotechnologie,
der Lebensmitteltechnik, des Wasserwesens,
der Abwasser- und Umwelttechnik

Mit 74 Abbildungen und 74 Tabellen

Springer-Verlag
Berlin Heidelberg New York
London Paris Tokyo
Hong Kong Barcelona Budapest

Prof. Dr.-Ing. K.-H. Wolf *Fachhochschule Lausitz*
Fachbereich Chemieingenieurwesen / Verfahrenstechnik
Großenhainer Straße 57
01968 Senftenberg

vormals *TU Dresden*
Institut für Lebensmittel- und Bioverfahrenstechnik
Bergstraße 120
01062 Dresden

ISBN-13:978-3-540-57876-5

Die Deutsche Bibliothek - CIP-Einheitsaufnahme
Wolf, Karl-Heinz:
Aufgaben zur Bioreaktionstechnik:
für Studenten der Biotechnologie, der Lebensmitteltechnik, des Wasserwesens, der Abwasser- und Umwelttechnik
K.-H. Wolf.
Berlin; Heidelberg; New York; London; Paris; Tokyo; Hong Kong; Barcelona; Budapest: Springer, 1994
(Biotechnologie)
ISBN-13:978-3-540-57876-5   e-ISBN-13:978-3-642-78917-5
DOI: 10.1007/978-3-642-78917-5

Herstellung: PRODUserv Springer Produktions-Gesellschaft, Berlin
Satz: Fotosatz-Service Köhler, Würzburg
Einbandgestaltung: Struve & Partner, Heidelberg
SPIN 10427602   2/3020-5 4 3 2 1 0   Gedruckt auf säurefreiem Papier

Vorwort

In den vergangenen zwei Jahrzehnten erschien eine Reihe von Büchern, die sich mit dem „Biochemical Engineering" und, bei unterschiedlicher Vertiefung, mit der Bioreaktionstechnik auseinandersetzen [1 – 6].

Bei der Anwendung des dargelegten Theorien- und Methodenbestandes stoßen Studenten und Absolventen jedoch häufig auf Probleme, die den Einstieg in Seminare, Praktika, die Diplomphase oder Forschung erschweren.

Während es auf den Gebieten der Verfahrenstechnik, chemischen Verfahrenstechnik und Reaktionstechnik verschiedene Bücher mit Sammlungen von Seminar- und Übungsaufgaben gibt, liegen bisher nur sehr wenige Lehrwerke zur Bioreaktionstechnik vor. Das vorliegende Werk beschäftigt sich mit ausgewählten Fragestellungen.

Die Zielstellung des vorliegenden Buches besteht darin, den Studenten der Fach- und Vertiefungsrichtungen Bioverfahrenstechnik, Technische Mikrobiologie oder Technische Chemie bzw. biotechnologisch orientierter Studiengänge der Lebensmitteltechnologie sowie Absolventen eine Aufgabensammlung von Berechnungsbeispielen zur schnellen und erfolgreichen Einarbeitung in die Hand zu geben.

Die 15 ausführlich durchgerechneten Beispiele enthalten ausgewählte Problemstellungen zum Stofftransport, zur Formalkinetik, Dynamik und Stabilität. Sie sind durch Abbildungen und Tabellen, Kommentare und Hinweise gestützt, die ein Nacharbeiten mit Taschenrechner und/oder PC erlauben. Im Einzelfall muß auf Standardsoftware bzw. problemrelevante Softwarepakete zurückgegriffen werden.

Alle dargestellten Berechnungsbeispiele sind konkreten Ergebnissen aus den Forschungsarbeiten des Autors entlehnt. Das Buch ist das Resultat einer mehr als 15jährigen Tätigkeit in der Lehre an der Humboldt-Universität zu Berlin und der Technischen Universität Dresden. Es stellt eine Untersetzung des Buches „Berechnungsbeispiele zur Bioverfahrenstechnik" des Autors [7] für Seminare, Übungen und Praktika dar. Der Versuch, möglichst verschiedene Problemkreise gewichtet vorzustellen, wird durch die Auffassung des Verfassers geprägt.

Aus diesem Grunde ist der Autor zugänglich für jede förderliche Kritik, für Hinweise und Verbesserungsvorschläge.

Besonderer Dank gilt meiner Frau für ihr Verständnis während der Erarbeitung des Manuskriptes.

Görlitz (Neiße), im Herbst 1994   Karl-Heinz Wolf

Inhaltsverzeichnis

Teil II – Aufgaben und Lösungen –

Symbolverzeichnis

Symbole	Erklärung	Einheit
A	Ausbeute	$-$, %
A_L	Fläche einer außermittigen Bohrung im Segmentboden eines Turmfermenters	m^2
A_R	freie Durchgangsfläche durch den Segmentboden $A_R = \pi(d_R^2 - d_w^2)/4$	m^2
A_w	wirksame Austauschfläche bei Wärme- und Stoffübergang	m^2
a	spezifische Austauschoberfläche	$m^2\,m^{-3}$
a_1	Abstand der neutralen Faser des Strombrechers von der Behälterwandung	m
B	Bestimmtheitsmaß	$-$
B*	korrigiertes Bestimmtheitsmaß	$-$
b_1	Breite eines Strombrechers	m
c	Konzentration	$kg\,m^{-3}$
c_o^*	Sättigungskonzentration des Sauerstoffes in der Flüssigkeit	$kg\,m^{-3}$
cp	Spezifische Wärmekapazität bei konstantem Druck	$J\,kg^{-1}\,K^{-1}$
c_w	Widerstandsbeiwert $-$ für Strombrecher $c_w = 1$ $-$ für Rohre $\quad c_w = 0{,}45$	$-$
D	Verdünnungsgeschwindigkeit $D = 1/\bar{t}$	s^{-1}
D_{ax}	axialer effektiver Diffusionskoeffizient	$m^2\,s^{-1}$
d_1	Reaktorinnendurchmesser	m
d_2	Rührerdurchmesser	m
d_B	mittlerer Blasendurchmesser im Prozeßraum bzw. Sauterdurchmesser	m
d_R	Innendurchmesser des Segmentbodens	m
d_{sp}	äquivalenter Spaltdurchmesser $d_{sp} = [4/\pi \cdot (A_L\,n_L + A_R)]$	m

Symbole	Erklärung	Einheit
d_w	Durchmesser der Rührwelle	m
E	Aktivierungsenergie	$J\,mol^{-1}$
g	Erdbeschleunigung	ms^{-2}
$(\Delta_R H)$	Metabolische Reaktionsenthalpie (bzw. Wärme)	$J\,kg^{-1}$
h_0	Segmenthöhe im Mehrstufenreaktor, Füllhöhe (unbegast)	m
h_1	Rührerblatthöhe	m
h_2	Rührereinbauhöhe bis Unterkante	m
h_3	Eintauchtiefe des Stromstörers	m
$j_{äq}$	Anzahl der idealen Stufen in einem nichtidealen Reaktor	–
j_v	Anzahl der vorhandenen Stufen/Segmente/Kammern/Schüsse in einem nichtidealen Mehrstufenreaktor	–
K	Konsistenzindex	$Pa\,s^n$
K_I	Inhibitionskonstante	$kg\,m^{-3}$
K_H	Hill-Konstante	$kg\,m^{-3}$
K_s	Monod-Konstante, Sättigungskonstante	$kg\,m^{-3}$
k	Wärmedurchgangszahl	$Jm^{-2}\,s^{-1}\,K^{-1}$
k_d	spezifische Absterbegeschwindigkeit, Absterbekonstante	s^{-1}
$k_L a$	volumenbezogener Stoffübergangskoeffizient	s^{-1}
k_p	spezifische Produktbildungsrate	s^{-1}
L	Gesamtlänge aller Hyphen eines Myzelbaumes	m
m_s	Koeffizient des Erhaltungsstoffwechsels (Maintenance-Koeffizient)	s^{-1}
N	Anzahl der Organismen	Zellen
N_B	Anzahl der Rührblätter	–
N_H	Anzahl der Hyphenspitzen (HSp)	HSp
N_p	Anzahl der Pellets	Pellets
N_s	Anzahl der Strombrecher im Reaktor	–

Symbole	Erklärung	Einheit
n	Drehzahl des Rührers	s^{-1}
n	Fließindex	—
n_j	Anzahl der Mole der Komponente j	mol
P	Leistungseintrag	$\mathrm{kg\,m^2\,s^{-3}}$
Pr	Produktivität	$\mathrm{kg\,m^{-3}\,s^{-1}}$
p	Druck	Pa
$\dot{Q}_{\mathrm{K}}$	Wärmedurchgangsstrom	$\mathrm{J\,s^{-1}}$
Q_{R}	Reaktionswärme	$\mathrm{J\,s^{-1}}$
Q'_{R}	Wärmekonzentration $Q'_{\mathrm{R}} = Q_{\mathrm{R}}/(\mu \cdot V_{\mathrm{L}})$	$\mathrm{J\,m^{-3}}$
$q_j = \dfrac{R_j}{c_x}$	spezifische Stoffänderungsgeschwindigkeit der Komponente j	s^{-1}
R	allgemeine Gaskonstante (8,3144)	$\mathrm{J\,mol^{-1}\,K^{-1}}$
R_j	Stoffänderungsgeschwindigkeit der Komponente j	$\mathrm{kg\,m^{-3}\,s^{-1}}$
RQS	Restquadratsumme	Einheit entspricht dem Quadrat der y-Koordinate
R_{o}	Sauerstoffverbrauchsgeschwindigkeit	$\mathrm{kg\,m^{-3}\,s^{-1}}$
r_i	kinetische unabhängige Teilreaktion i	$\mathrm{kg\,m^{-3}\,s^{-1}}$
s_{R}^2	Reststreuung	Einheit entspricht der y-Koordinate
s_{R}	mittlere Restabweichung	Einheit entspricht der y-Koordinate
$\bar{t}$	mittlere Verweilzeit	s
T	Temperatur	K
t	Zeit, allgemein	s
t_{H}	Homogenisierzeit	s

Symbole	**Erklärung**	**Einheit**
t_L	Dauer der lag-Phase	s
t_W	Zeit bis zum Wendepunkt der Wachstumskurve	s
U_i	Umsatz bezogen auf Substrat i	$-$, %
V	Volumen	m^3
V_R	Reaktionsvolumen	m^3
$\dot{V}_G$	Gasdurchsatz	$m^3\,s^{-1}$
$\dot{V}$	Volumenstrom	$m^3\,s^{-1}$
v	Variationskoeffizient	$-$
w	Leerrohrgeschwindigkeit	$m\,s^{-1}$
$Y_{j/i}$	Ertragskoeffizient bezogen auf Produkt j und Substrat i	$-$
Y_G	Ertragskoeffizient für reines Wachstum	$-$
$Y_{x/Q} = \dfrac{1}{(\Delta_R H)}$	Wärmebildungskoeffizient	$kg\,J^{-1}$
z	Anzahl der Rührer	$-$

Indizes

o	Anfangswert; unbegaster Zustand
B	begaster Zustand
G	Gas
G/s	reines Wachstum
h	Laufzahl
i	Reaktionspartner, laufende Zahl
j	Reaktionsprodukt, laufende Zahl
L	Flüssigkeit
max	maximal
N	Organismenzahl
n, N	Laufzahl
O	Sauerstoff
P, p	Produkt
p	Druck, konstant
S, s	Substrat
v	vorhanden
X, x	Gesamtzellmasse
xv	Lebendzellmasse
xd	Totzellmasse

Dimensionslose Kennzahlen

$$BW = c_\mathrm{w} N_\mathrm{s} \frac{b_1}{d_1} \frac{h_3}{d_1}$$ Bewehrungskennzahl

$$Bo = \frac{w h_\mathrm{o}}{D_\mathrm{ax}}$$ Bodenstein-Zahl der flüssigen Phase (in Einphasen-Flüssig-Strömung)

$$Bo_\mathrm{L} = \frac{w_\mathrm{G} d_1}{D_\mathrm{ax}}$$ Bodenstein-Zahl der flüssigen Phase (in Gas/Flüssig-Strömung)

$$Fr = \frac{n^2 d_2}{g}$$ Froude-Zahl des Rührers

$$Fr_\mathrm{G} = \frac{w_\mathrm{G}^2}{g d_2}$$ Froude-Zahl (Gasdurchsatz)

$$Ga = \frac{g d_2^3}{\nu^2}$$ Gallilei-Zahl des Rührers

$$Gr = \frac{\pi}{4} \cdot \frac{d_\mathrm{i}}{l} \cdot Re \cdot Sc$$ Graetz-Zahl

$$K_\mathrm{F} = \frac{\sigma^3 \varrho}{\eta^4 g}$$ Flüssigkeitskennzahl

$$N_\mathrm{Ho} = n \cdot t_\mathrm{H}$$ Homochronitätszahl, Durchmischungskennzahl

$$N_\mathrm{Mo} = \frac{\eta^4 g}{\sigma^3 \varrho} = \frac{1}{K_\mathrm{F}}$$ Morton-Zahl, $N_\mathrm{Mo} = Ga \cdot Z = 1/K_\mathrm{F}$ (reziproke Flüssigkeitskennzahl)

$$N_\mathrm{Sr} = \frac{n d_2}{w}$$ Strouhal-Zahl

$$Ne = \frac{P}{\varrho n^3 d_2^5}$$ Newton-Zahl, Leistungskennzahl

$$Q' = \frac{\dot{V}_\mathrm{L}}{n d_2^3}$$ Durchsatz-Kennzahl (Flüssigkeit)

$$Q = \frac{\dot{V}_\mathrm{G}}{n d_2^3}$$ Begasungs-Kennzahl, Belüftungszahl Rührergasbelastung

$$Pe = \frac{w d}{D}$$ Peclet-Zahl

$$Pr = \frac{\eta_\mathrm{L} c_\mathrm{P}}{\lambda_\mathrm{L}}$$ Prandtl-Zahl

$$Re_G = \frac{w_G d_2}{v_L}$$ Reynolds-Zahl (Gasdurchsatz)

$$Re = \frac{wd}{v}$$ Reynolds-Zahl der Rohrströmung

$$Re = \frac{n d_2^2}{v}$$ Reynolds-Zahl des Rührers

$$Sc = \frac{v}{D}$$ Schmidt-Zahl

$$St = \frac{\alpha}{\varrho_L c_p w_G}$$ Stanton-Zahl

$$We = \frac{\varrho d_2^3 n^2}{\sigma}$$ Weber-Zahl

$$Z = \frac{\eta}{(\sigma d_2 \varrho)^{1/2}}$$ Ohnesorge-Zahl, $Z = We^{1/2}/Re$

Π_i Dimensionslose Kennzahl allgemein

Abkürzungen (für ideale Reaktoren)

BSTR   Batch stirred tank reactor − diskontinuierlicher idealer Rührreaktor

CSTR   Continuous stirred tank reactor − kontinuierlicher idealer Rührreaktor

PFR   Plug flow reactor − idealer Rohrreaktor

CPFR   Continuous plug flow reactor − kontinuierlicher idealer Rohrreaktor

(R)   With Recirculation − Mit Rezirkulation

Griechische Symbole

$$\alpha = \frac{\dot{V}_R}{\dot{V}}$$ Rückführverhältnis   —

α mittlere spezifische Rate des Spitzenwachstums $ms^{-1} HSp^{-1}$

α Wärmeübergangskoeffizient $W/(m^2 K)$

$$\beta = \frac{c_{xR}}{c_x}$$ Biomasserückführverhältnis   —

$$\beta = \frac{\dot{V}_R}{\dot{V}}$$ inneres Rückstromverhältnis durch axiale Rückvermischung zwischen den Segmenten   —

$\beta' = \dfrac{j_v}{j_{äq}}$ Zahl der realen Stufen pro idealem Segment –
ohne Rückstrom $\beta = 0$

β	mittlere spezifische Verzweigungsrate	$HSp\,m^{-1}\,s^{-1}$
$\dot{\gamma}$	Deformationsgeschwindigkeit	s^{-1}
δ	laminare Filmdicke	m
ε_G	Gasanteil	–
η	dynamische Viskosität	$kg\,m^{-1}\,s^{-1}$
Θ	Temperatur	$°C$
λ	Wärmeleitfähigkeit	$W/(m\,K)$
μ	spezifische Wachstumsgeschwindigkeit	s^{-1}
v	spezifische Zellvermehrungsgeschwindigkeit (Rate)	s^{-1}
v	kinematische Viskosität	$m^2\,s^{-1}$
ϱ	Dichte	$kg\,m^{-3}$
π	spezifische Produktbildungsgeschwindigkeit (q_p)	s^{-1}
σ	Grenzflächenspannung	N/m
σ	Kohlenstoffanteil	–
σ_s	spezifische Substratverbrauchsgeschwindigkeit (q_s)	s^{-1}
σ_o	spezifische Sauerstoffverbrauchsgeschwindigkeit	s^{-1}
τ	Schubspannung	Nm^{-2}

Sonderzeichen

$\sim$	Kennzeichen für gemessene Werte
$\hat{\ }$	Kennzeichen für berechnete Werte

Teil I

Grundlagen zur Durcharbeitung der Berechnungsbeispiele

1 Einführung

Im Rahmen der Weltwirtschaft sind die Zuwachsraten auf dem Gebiet moderner biotechnologischer Produktionen bedeutend. Wertemäßig dominieren Entwicklungen in der pharmazeutischen Industrie, die auf Grundlage des „genetic engineering" völlig neue Wirkstoffe auf den Markt bringt. Als Beispiel seien α_1- und γ-Interferon, Interleucin II und Faktor VIII-Wirkstoff genannt.

Die erforderliche Sicherheit und Verfügbarkeit bei den allgemein hochsensiblen Fermentationsprozessen führte zwangsläufig zur Herausbildung einer Bioverfahrenstechnik mit der Disziplin Bioreaktionstechnik. Dazu kann man die Schwerpunkte

- Stofftransport
- Kinetik
- Prozeßmodelle (Reaktor- und kinetische Modelle)
- Regelungsmodelle
- Maßstabsübertragung

zählen. Die Bearbeitung von Aufgaben der Bioverfahrenstechnik macht die Zusammenarbeit eines Teams von Mikrobiologen, technischen Chemikern, Verfahrensingenieuren und Informatikern notwendig. Das Ziel dieses Buches besteht darin, den Studenten der genannten Fachrichtungen einen effektiven Einstieg in die unterschiedlich gelagerten Fragestellungen zu ermöglichen.

Die in den nachfolgenden Abschnitten 2–9 dargestellten ausgewählten Grundlagen beziehen sich nur auf eine Einarbeitung bezüglich der Berechnungsbeispiele. Allgemeine Grundlagen werden vorausgesetzt bzw. können in den Werken von Moser [3], Schügerl [4] und Wolf [8] nachgearbeitet werden.

2 Quantifizierung mikrobieller Prozesse

Die Quantifizierung mikrobieller Prozesse erfolgt gegenwärtig auf Grundlage des makroskopischen Konzeptes, das nur zellexterne bzw. extrazelluläre Konzentrationen berücksichtigt, die mit ausreichender Genauigkeit meßbar sind. Sie gestatten es, die Formalkinetik mikrobieller Reaktionen zu beschreiben.

Es gibt zwar schon Ansätze zur Bestimmung zellinterner Veränderungen wie ATP, NADH, DNA, RNA und einiger Enzymaktivitäten. Diese entziehen sich aber noch einer routinemäßigen Erfassung. Zur Quantifizierung nach dem makroskopischen Konzept kann man vom diskontinuierlichen Rührreaktor ausgehen (Abb. 1).

Setzt man im statistischen Mittel der Zeitprozesse eine Gleichverteilung der Phasen (Biomasse-Substrat-Gas) voraus, so kann für eine Bilanzierung ein Volumenelement von 1 ml zur Betrachtung herangezogen werden. Verdünnt man dieses Volumenelement von 1 ml auf das ca. $10^6 \ldots 10^7$fache, so kann man von der Größe einer Modellzelle ausgehen (Abb. 2).

Aus diesem Schema lassen sich die wichtigsten Prozeßvariablen ablesen, die in Tab. 1 zusammengestellt sind.

Damit kann folgendes, vereinfachtes Bruttoreaktionsschema zugrunde gelegt werden:

$$|a|\,S_1 + |b|\,O_2 + X_0 \xrightarrow[T,\,\mathrm{pH}]{} X + |c|\,P + |d|\,CO_2 \qquad \Delta_R H^{(x)} \ . \tag{1}$$

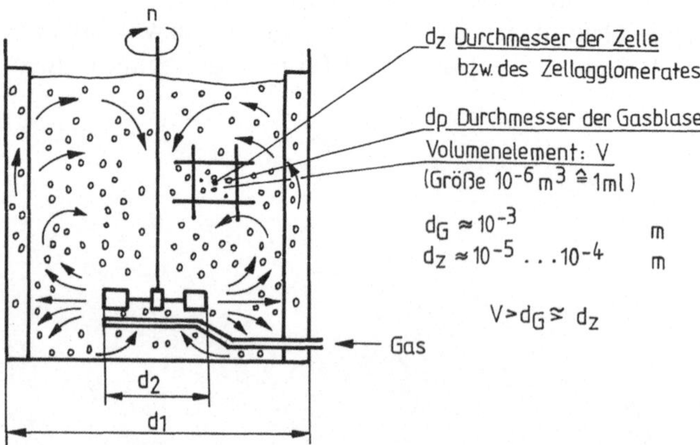

Abb. 1. Schema eines diskontinuierlichen Rührreaktors für aerobe Prozesse nach Wolf [8, S. 24]

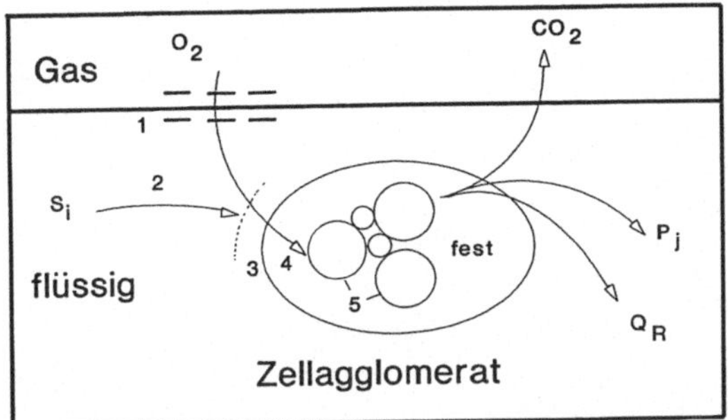

Abb. 2. Bilanzierungsschema für eine Zellagglomeration nach Moser [3]. Limitierende Transportschritte: 1: L-Film an G/L-Grenzfläche, 2: L-Phase (L-bulk), 3: L-Film an der L/S-Grenzfläche, 4: S-Phase an der Zellmasse, 5: Biologische Membranen der Zellen

Tab. 1. Wesentliche Zustandsvariablen des mikrobiellen Prozesses mit den gebräuchlichen Einheiten

Symbol	Einheit	Zustandsvariable
c_N	Z/ml	Zellzahlkonzentration
c_x	g/l	Biomassekonzentration
c_s	g/l	Substratkonzentration
c_p	g/l	Produktkonzentration
c_o	mg/l	Sauerstoffkonzentration
c_c	g/l	CO_2-Konzentration
pH	–	pH-Wert
T	K	Temperatur
Q'_R	J/l	Wärmekonzentration

Unter Berücksichtigung von Abb. 2 gilt diese Bruttogleichung für den aeroben Prozeß. Das kinetische Verhalten eines solchen autokatalytischen Prozesses wird durch das Konzentrations-Zeit-Verhalten verdeutlicht (Abb. 3). Zur Quantifizierung des kinetischen Verhaltens verwendet die Bioreaktionstechnik folgende Terme:

- Stoffänderungsgeschwindigkeit $- R_i$
- spezifische Stoffänderungsgeschwindigkeit $- q_i$
- Ertragskoeffizient $- Y_{j/i}$
- Umsatz $- U_s$
- Ausbeute $- A_p$
- Produktivität $- Pr$

Damit ergeben sich folgende Geschwindigkeiten:

Teilungsrate

$$R_N = \frac{dc_N}{dt} \ .$$

$$(2)$$

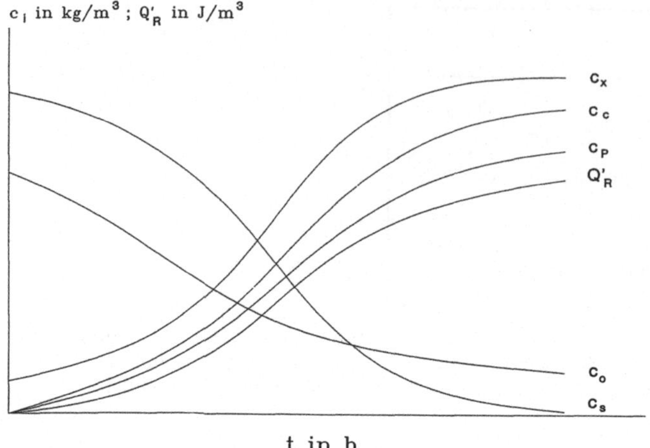

Abb. 3. Typischer c_i-t-Verlauf einer isothermen, isobaren, isochoren diskontinuierlichen Fermentation und Verlauf der Wärmekonzentration Q'_R

Wachstumsgeschwindigkeit

$$R_x = \frac{dc_x}{dt} \; . \tag{3}$$

Die Wachstumsgeschwindigkeit ist die allgemeinste Angabe für eine mikrobiell-katalytische Geschwindigkeit. Sie ist für alle Mikroorganismen definiert. Die Teilungsrate bezieht sich nur auf Bakterien und Hefen. Für die Quantifizierung von Pilzen ist sie prinzipiell ungeeignet. Diese Definitionen gelten auch für die abgeleiteten Größen.

Verbrauchsgeschwindigkeiten an Substrat S und O_2

$$R_s = \frac{dc_s}{dt} \quad \text{und} \quad R_o = \frac{dc_o}{dt} \; . \tag{4}$$

Bildungsgeschwindigkeiten für Produkte P, CO_2 und Reaktionswärme Q

$$R_p = \frac{dc_p}{dt} \tag{5}$$

$$R_c = \frac{dc_c}{dt} \tag{6}$$

$$R_Q = \frac{dQ}{dt} = \frac{Q_R}{V_L} = R_x(-\Delta_R H^{(x)}) \; . \tag{7}$$

Für das Wachstum der Kultur sind die *spezifische Wachstumsgeschwindigkeit*

$$\mu = \frac{1}{c_x} \frac{\mathrm{d}c_x}{\mathrm{d}t} = \frac{R_x}{c_x} = \frac{\mathrm{d}(\ln c_x)}{\mathrm{d}t} \tag{8}$$

bzw. die *spezifische Teilungsrate* relevant:

$$v = \frac{1}{c_N} \frac{\mathrm{d}c_N}{\mathrm{d}t} = \frac{R_N}{c_N} = \frac{\mathrm{d}(\ln c_N)}{\mathrm{d}t} \ . \tag{9}$$

In dieser Form gelten die Gln. (8) und (9) nur für den diskontinuierlichen Reaktor. Für einen instationären kontinuierlichen Reaktor mit Biomasserezirkulation (selten) gilt:

$$\mu = \frac{1}{c_x} \frac{\mathrm{d}c_x}{\mathrm{d}t} + D\,[1 + \alpha\,(1 - \beta)] \tag{8a}$$

(vgl. Gln. (37−42)

Für die *spezifischen Verbrauchsgeschwindigkeiten* gilt:

$$q_i = \frac{1}{c_x} \frac{\mathrm{d}c_i}{\mathrm{d}t} \ . \tag{10}$$

Analog folgt für die *spezifischen Bildungsgeschwindigkeiten*:

$$q_j = \frac{1}{c_x} \frac{\mathrm{d}c_j}{\mathrm{d}t} \ . \tag{11}$$

Statt stöchiometrischer Koeffizienten in herkömmlicher Schreibweise hat sich bei Bioprozessen der Ertragskoeffizient durchgesetzt:[1]

$$Y_{j/i} = \frac{R_j}{-R_i} = \frac{1}{Y_{i/j}} \tag{12}$$

mit den Indizes *i* für Substrat und *j* für Produkt.

Für einen bestimmten Zeitpunkt des Reaktionsverlaufes ist der Ertragskoeffizient identisch mit dem Quotienten aus gebildeter Produktmenge und Substratverbrauch:

$$Y_{j/i,h} = \frac{v_j}{-v_i} \approx \frac{\Delta c_j}{\Delta c_i} = \frac{c_{j,h+1} - c_{j,h-1}}{c_{i,h-1} - c_{i,h+1}} \qquad 2 \leq h \leq N-1 \tag{13}$$

bzw. gilt bei zwei Produkten (X, P)

$$\bar{Y}_{x/p} = \frac{\Delta c_x}{\Delta c_p}$$

---

[1] Der *Ertragskoeffizient* wurde erstmals definiert, erklärt und diskutiert von Prof. Dr. W. Pfeffer, Leipzig, bei Untersuchungen mit *Aspergillus niger* und *Penicillium glaucum*. Er nannte ihn „*ökonomischen Koeffizienten*" und stellte seine Temperaturabhängigkeit und Veränderungen im Zeitbereich fest. (W. Pfeffer (1895) Über die Election organischer Nährstoffe. Jahrbücher für wissenschaftliche Botanik, 28/2, S. 205−268, Verlag der Gebrüder Borntraeger, Berlin)

Die Zusammenhänge zwischen den Prozeßvariablen und reaktionstechnischen Größen zeigt Tab. 9, S. 41.

Die Beziehungen zur Berechnung von Umsatz und Ausbeute lauten:

Umsatz

$$\text{absolut: } U_{i,t} = \frac{c_{i,0} - c_{i,t}}{c_{i,0}} = \frac{\Delta c_i}{c_{i,0}} \tag{14}$$

$$\text{relativ: } U'_{i,t} = \frac{U_{i,t}}{U_{i,\max}} \; . \tag{15}$$

Ausbeute

$$\text{absolut: } A_{j,t} = \frac{c_{j,t} - c_{j,0}}{c_{i,0}} = \frac{\Delta c_j}{c_{i,0}} \tag{16}$$

$$\text{relativ: } A'_{j,t} = \frac{A_{j,t}}{A_{j,\max}} \; . \tag{17}$$

Die Produktivität *Pr* eines Prozesses allgemein ist definiert als die Masse eines Produkts, die während einer Zeiteinheit pro Volumeneinheit gebildet wird, und besitzt die Einheit $kg/(m^3 \; s)$. Die Produktivität wird auch als *Raum-Zeit-Ausbeute (RZA)* bezeichnet. Die maximale Produktivität eines diskontinuierlichen Prozesses errechnet sich mit:

$$Pr_{\text{dk,max}} = \frac{c_{j,\max} - c_{j,0}}{t_0 + t_R} \; . \tag{18}$$

Für einen kontinuierlichen Prozeß gilt:

$$Pr_{\text{k,max}} = \frac{c_{j,\max}}{\bar{t}} \; . \tag{19}$$

Verwendet man die verallgemeinerte Monod-Definition [9]

$$\bar{Y}_{j/i} = \frac{c_{j,\text{h}} - c_{j0}}{c_{i,0} - c_{i,\text{h}}} = \text{const.} \tag{20}$$

so kann die Produktivitätsdefinition auf die gewöhnlich einfacher ermittelbare Substratkonzentration bezogen werden:

$$Pr_{\text{dk,h}} = \frac{Y_{j/i}(c_{i0} - c_{i,\text{h}})}{t_0 + t_R} \tag{21}$$

bzw.

$$Pr_{\text{k},\bar{t}} = \frac{Y_{j/i}(c_{i0} - c_{i,\bar{t}})}{\bar{t}} \; . \tag{22}$$

Die Anwendung der Gln. (21) und (22) setzt die Kenntnis des Ertragskoeffizienten $Y_{j/i}$ voraus.

3 Bilanzen und Reaktormodelle

3.1 Bilanzgleichungen und Eigenschaften turbulenter Strömungen

Die Erhaltungssätze für Stoff, Wärme und Impuls – die Damköhlerschen Gleichungen – lauten:

Stoffbilanzgleichung:

$$\frac{\partial c_j}{\partial t} = -\operatorname{div}[\,\vec{w}c_j\,] \begin{matrix} +\operatorname{div}[D\nabla c_j] \\ \\ -k_{\mathrm{L}}a\Delta c_j \end{matrix} + \sum v_{i,j}r_i \; . \tag{23}$$

Wärmebilanzgleichung:

$$\frac{\partial(c_{\mathrm{p}}\varrho T)}{\partial t} = -\operatorname{div}[\,\vec{w}c_{\mathrm{p}}\varrho T\,] \begin{matrix} +\operatorname{div}[a\nabla c_{\mathrm{P}}\varrho T] \\ \\ -\alpha f\Delta[c_{\mathrm{p}}\varrho T] \end{matrix} + \sum r_i(-\Delta_{\mathrm{R}}H) \tag{24}$$

Impulsbilanzgleichung:

$$\frac{\partial(\varrho\,\vec{w})}{\partial t} = -\operatorname{div}[\varrho\,\vec{w}\,\vec{w}] \begin{matrix} +\operatorname{div}[v\nabla(\varrho\,\vec{w})] \\ \\ -\gamma f\Delta[\varrho\,\vec{w}] \end{matrix} + \nabla p \; . \tag{25}$$

Erläuterung der Terme der Stoffbilanzgleichung

$\dfrac{\partial c_j}{\partial t}$	*instationärer Term*	beschreibt die Gesamtänderung der Konzentration der Komponente j bezogen auf die Zeit
$-\operatorname{div}(\vec{w}c_j)$ $+\operatorname{div}(D_{tu}\cdot\nabla c_j)$	*Konvektionsterm*	beinhaltet das Reaktormodell, z. B. idealer Mischer oder eindimensionales Diffusionsmodell
$+\operatorname{div}(D\nabla c_j)$	*Diffusionsterm*	berücksichtigt Transporterscheinungen durch molekulare Diffusion innerhalb einer Phase auf der Grundlage des 1. oder 2. Fickschen Gesetzes oder anderer Transportmechanismen (z. B. Knudsen-Diffusion, erleichterte Diffusion, usw.)
$-k_{\mathrm{L}}a\Delta c_j$	*Stoffübergangsterm*	beschreibt den Stoffübergang von der gasförmigen Phase (O_2) in die flüssige Phase

$+ \sum v_{ij} r_i$ *Reaktionsterm* auch kinetischer Term, Geschwindigkeits-
(Quellglied) gesetz, beschreibt die Stoffänderungsgeschwindigkeit durch die Reaktion.

Diese Darstellung ist teilweise abhängig vom Standpunkt des Betrachters. Bei definierter Abgrenzung der Mechanismen wäre auch eine Zuordnung der turbulenten Diffusion zum Diffusionsterm möglich.

Entscheidend ist die Berücksichtigung eines prozeßbestimmenden Mechanismus und nicht die Zuordnung.

Auf eine Erläuterung der Terme von Wärme- und Impulsbilanz kann verzichtet werden, wenn man statt der Konzentration der Stoffbilanzgleichung völlig analog die Terme $(c_p \varrho T)$ bzw. $(\varrho \vec{w})$ als Wärmekonzentration bzw. Impulskonzentration interpretiert. Die Ableitung bestimmter Reaktormodelle aus den Gln. (23–25) ist unter Berücksichtigung bestimmter Voraussetzungen bezüglich des Strömungsverhaltens des Mediums (Phasen) im Bilanzraum bzw. Postulate möglich.

Eigenschaften der turbulenten Strömung

Es gibt eine hohe Zahl bewährter technischer Bioreaktoren, die sich im wesentlichen auf die Grundkonfiguration

- Rührkessel und
- Blasensäule

zurückführen lassen. Tabelle 2 gibt eine Übersicht über die Größenordnung verschiedener Bioreaktoren.

Tab. 2. Technische Größen verschiedener Bioreaktoren

Volumen von Bioreaktoren für Sterilbetrieb	V_F
Gewebekulturen	100 l
DNA-Produkte	$\leq 1 \text{ m}^3$
Impfstoffe	$< 5 \text{ m}^3$
Insulin	40 m^3
Essig (submers)	50 m^3
Ethanol	70 m^3
Proteasen	$40 \ldots 100 \text{ m}^3$
Bäckerhefe	200 m^3
Penicillin	$40 \ldots 200 \text{ m}^3$
Bier	250 m^3
Biomasse	$1\,500 \text{ m}^3$

Volumen von Bioreaktoren für den unsterilen Betrieb	
BAYER-Turmfermenter	$13\,600 \text{ m}^3$
„Fauleier"	500 m^3
Abwasserreaktor	$22\,000 \text{ m}^3$

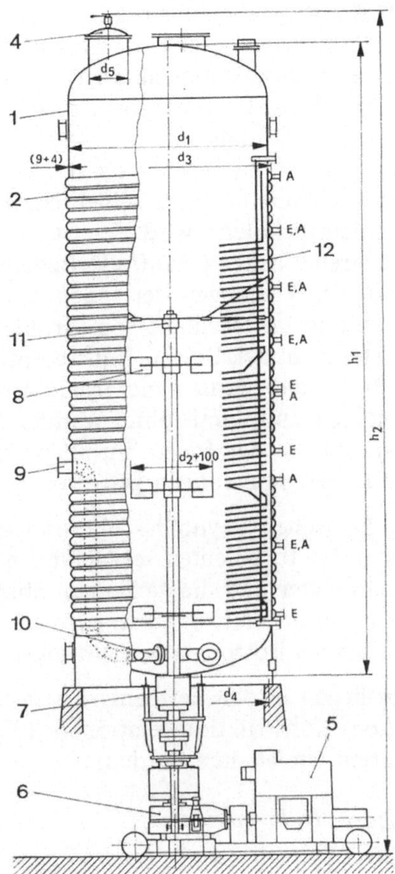

Technische Daten

Behälterdurchmesser:	3 500 mm
Gesamthöhe:	14 470 mm
Rührerdurchmesser:	1 450 ± 100 mm
Rührerdrehzahl:	$0 \ldots 120 \ \mathrm{min^{-1}}$
Antriebsleistung:	315 kW
Spez. Rührerleistung bei 70 % Füllung:	4,1 kW/m³
Wärmeübertragungsfläche:	165 m²
Transportabmessungen in m:	3,85 × 12,5

Abb. 4. Standard-Bioreaktor mit technischen Daten.

Abbildung 4 zeigt ein Standardrührfermenter. Eine sehr große Zahl dieser Rekatoren arbeitet im turbulenten Strömungsregime.

Die turbulenten Transportvorgänge bestimmen sowohl die Geschwindigkeit des Mischens von Flüssigkeiten oder Gasen ineinander als auch das Verteilen einer dispersen Phase im Dispersionsmittel. Die Teilchengröße und damit die volumenbezogene Oberfläche fluider disperser Phasen wird vielfach durch turbulente Zerteilvorgänge bestimmt.

In der Strömungsmechanik unterscheidet man zwischen wandnahen turbulenten Strömungen (turbulenten Grenzschichten) und der freien Turbulenz. Durch die Grenzschichtturbulenz wird der Stoff- und Wärmeübergang an Wänden und Phasengrenzflächen beeinflußt. Bedeutsamer für die Mikro- und Makroprozesse sind die Wirkungen der freien Turbulenz. Diese umfaßt die Vorgänge in Strahlen und im Nachlauf von turbulenzerzeugenden Einbauten wie z. B. Blenden, Düsen und Rührern. Ein wesentliches Merkmal der freien Turbulenz besteht darin, daß sie in wandfernen Bereichen durch örtliche Geschwindigkeitsgradienten und damit ohne Wandeinfluß entsteht.

Für Strömungsprobleme der freien Turbulenz können mit hinreichender Genauigkeit folgende Vereinfachungen getroffen werden:

— Oberhalb einer kritischen Reynolds-Zahl sind die laminaren Schubspannungen gegenüber den turbulenten vernachlässigbar klein. Die Strömungs- und Turbulenzparameter und die von ihnen abhängigen verfahrenstechnischen Kenngrößen sind damit unabhängig von der Reynolds-Zahl.
— Die Turbulenz wird als isotrop, d. h. richtungsunabhängig, betrachtet.

Diese Bedingungen liegen in den Fermentern vor, wenn, unter Berücksichtigung der bekannten Konstruktionsrelationen ($d_2/d_1, h_1/d_2,\ l/d_2$, u.a.m.), nachfolgende Kriterien eingehalten werden:

— *Bewehrte unbegaste Rührreaktoren*

$$Re = \frac{n d_2^2}{\nu_L} \geq 10^4 \tag{26}$$

— *Bewehrte begaste Rührreaktoren* [10, S. 88]:

$$Re = \frac{n d_2^2}{\nu_L} > 10^4 \tag{27}$$

mit $n \gtrsim n_{\ddot{u}}$

$$n_{\ddot{u}} = 0{,}42 \left(\frac{g \dot{V}_G}{d_2^4} \right)^{1/3} \left(\frac{d_1}{d_2} \right)^{1,14} \tag{28}$$

— *Blasensäulen* [6, 11]

$$[Re_G Fr_G Pr^2]^{-1/4} \geq 5 \cdot 10^{-2} \tag{29}$$

$$1{,}7 \leq Re_G = \frac{w_G d_1}{\nu_L} \leq 5 \cdot 10^4$$

$$5\cdot10^{-9}\le Fr_G = \frac{w_G^2}{g\,d_1}\le 10^{-2}$$

$$4\le Pr = \frac{\nu}{a}\le 825 \ .$$

Die Kriterialbeziehung Gl. (29) basiert auf der Theorie der isotropen Turbulenz. Da in Blasensäulen ein äußerst komplexes Strömungsgeschehen vorliegt, ist nicht vollständig geklärt, ob die Theorie der isotropen Turbulenz darauf anwendbar ist.

Hinter Rührblättern, Einbauten, Düsen und Lochplatten wird eine laminare Strömung bei Überschreitung einer Grenz-Reynolds-Zahl ($Re_{\text{instabil}} \approx Re_1$) instabil.

Es treten *periodische Ablösewirbel* auf. Bei $Re > Re_{\text{krit}} > Re_1$ werden diese Wirbel bei ihrer Entstehung oder nach einer gewissen Lauflänge turbulent. Es liegt dann eine turbulente Strömung vor. Diese kann als die Überlagerung einer Grundströmung mit einer großen Anzahl von Turbulenzelementen unterschiedlicher Abmessungen und Intensität betrachtet werden.

Diese kritische Reynolds-Zahl hat folgende Größen [10, S. 18]:

– Rührer:

$$Re_{\text{krit}} = \frac{n\,d_2^2}{\nu} \approx 300 \ldots 1000$$

– Düse:

$$Re_{\text{krit}} = \frac{w_0\,d_0}{\nu} \approx 150 \ldots 750$$

– Ablösegebiet hinter Schikanen der Breite 2 s

$$Re_{\text{krit}} = \frac{w\,s}{\nu} \approx 10^3 \ldots 5\cdot10^3 \ .$$

Die der Hauptströmung entzogene kinetische und/oder Druckenergie wird vollständig in die kinetische Energie der Zusatz-(Wirbel)-bewegung umgewandelt und dissipiert letztendlich in Wärme.

Die Abmessungen der größten primär erzeugten Wirbel entsprechen dem Makromaßstab der Turbulenz Λ (Grobturbulenz, $\Lambda \approx 10^{-1} - 10^{-3}$ m. Ein Scheibenrührer mit 6 Schaufeln (Rushton-Turbine) erzeugt an jeder Schaufel 4 Primärwirbel, jeweils zwei vor und zwei hinter jeder Schaufel, wobei die Nachlaufwirbel die höhere Intensität besitzen. Abbildung 5a zeigt die Verhältnisse im Reaktor und die Primärwirbelbildung. Die Größe dieser Wirbel beträgt etwa $\Lambda \approx 0,06\,d_2$. Diese Wirbel zerfallen auf einer Strecke von $l/d_2 = 0,75 \ldots 1$.

Geht man davon aus, daß ein Primärwirbel nach einer Wirbelkaskade abnehmender Größenordnung in acht turbulente Unterwirbel zerfällt, so lautet das Zerfallsgesetz:

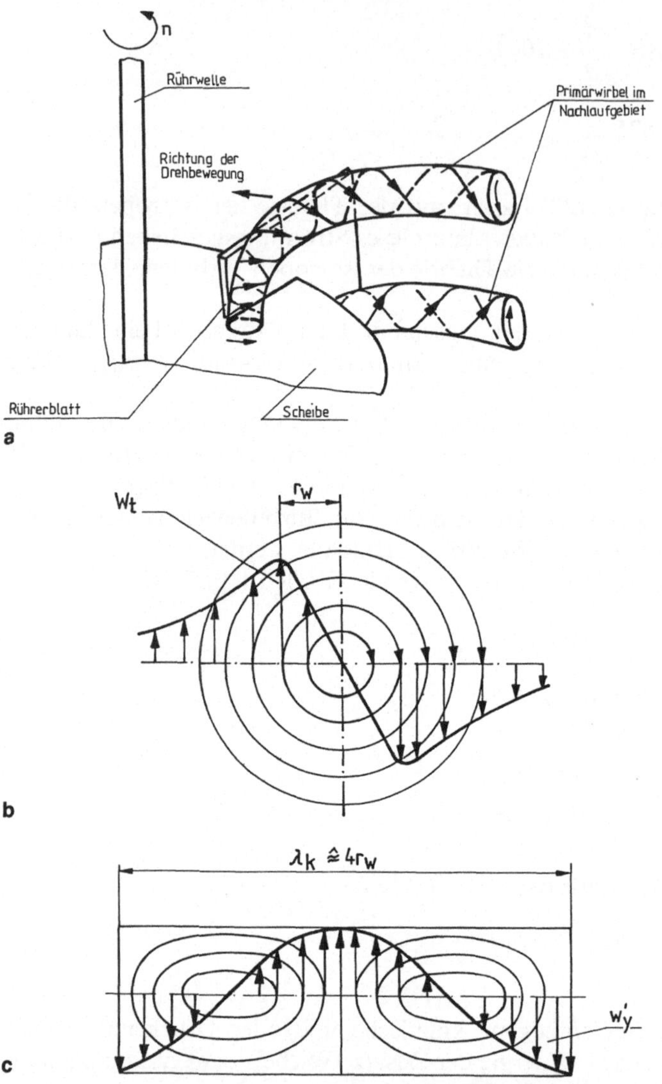

Abb. 5. a Primärwirbelbildung an einem Blatt des Scheibenrührers, **b, c** schematische Darstellung eines ebenen Einzelwirbels nach [14, S. 73]. λ_k: Wellenlänge, r_w: Wirbelradius.

$$N_t = N_0 \cdot 8^n \ . \tag{30}$$

N_0: Zahl der Primärwirbel
n: Stufe der Wirbelkaskade ($n = 1 \ldots 6$).

Für einen Schaufelrührer mit 6 Rührblättern und $n = 6$ Zerfallsstufen ergeben sich bis zu den kleinsten turbulenten Wirbelementen N_t turbulente Wirbel:

$$N_t = 24 \cdot 8^6$$

$$\underline{N_t = \; 6{,}291 \cdot 10^6}$$

$$(31)$$

Nach unten ist die Wirbelkaskade durch die laminar fließenden Wirbel und die kritische Größe der Turbulenzelemente begrenzt. Die Struktur der Mikroturbulenz wird durch den Kolmogorovschen Längenmaßstab [13] charakterisiert:

$$\lambda_K \equiv l_D = \left(\frac{v^3}{\varepsilon}\right)^{1/4} = \frac{\eta^{3/4}}{\varrho^{1/2}}\left(\frac{P}{V}\right)^{-1/4}. \tag{32}$$

Die Größe dieser Wirbel (Wirbelradius r_w) bzw. Turbulenzelemente hat folgende Abmessungen [14, S. 77]:

$$r_w \; = (15\ldots20)\cdot l_D \qquad \text{turbulente Wirbel}$$

$$r_{w,t} \; = \; (6\ldots12)\cdot l_D \qquad \text{laminare Wirbel}$$

$$r_{w,l} \; = \; (4\ldots6)\cdot l_D \qquad \text{nicht existenzfähige Turbulenzelemente}$$

Die Größe der Wirbel wird durch folgendes realistisches Beispiel deutlich:

Beispiel

Gegeben:

$$\varepsilon - \frac{P}{V\varrho} = 1\,\text{W/kg} \qquad \varrho = 1000\,\text{kg m}^{-3} \qquad \triangleq \text{Wasser bei } \Theta = 20\,^\circ\text{C}$$
$$\eta = 10^{-3}\,\text{kg m}^{-1}\,\text{s}^{-1}$$
$$\rightarrow \quad v = 1\cdot 10^{-6}\,\text{m}^2\,\text{s}^{-1}$$

$$l_D \; = \left(\frac{v^3}{\varepsilon}\right)^{1/4} \qquad \lambda_K = l_D = 3{,}16\cdot 10^{-5}\,\text{m}$$

$$r_{w,t} = (15\ldots20)\cdot l_D \qquad r_{w,t} = (4{,}74\ldots6{,}32)\cdot 10^{-4}\,\text{m}$$
$$= (0{,}47\ldots0{,}6)\,\text{mm}$$

$$r_{w,l} = \; (6\ldots12)\cdot l_D \qquad r_{w,l} = (1{,}9\ldots3{,}79)\cdot 10^{-4}\,\text{m}$$
$$= (0{,}2\ldots0{,}38)\,\text{mm}$$

In niedrigviskosen Kultivierungsmedien dauert der Zerfall der Primärwirbel in der Wirbelkaskade bis zum turbulenten Mikrowirbel etwa $t_H = 6-10\,$s. Wird ein Primärwirbel zum Zeitpunkt $t = 0$ gebildet, so zerfällt er auf einer Strecke von $l \approx (0{,}75\ldots1)\,d_2$. Hat die Drehzahl des Rührelements den Wert n, so beträgt die „Lebensdauer"

$$t_D = \frac{l}{w} \approx \frac{d_2}{\pi n d_2} = \frac{1}{\pi n}. \tag{33}$$

Ist die Drehzahl z. B. $n = 5\,\mathrm{s}^{-1}$, beträgt die Lebenszeit nach Gl. (33) $t_D = 0{,}064\,\mathrm{s}$. Nach dem Zerfall bildet sich sofort ein neuer Primärwirbel aus. Bei einer Gesamtzerfallsdauer bis zu den Mikrowirbeln von $t_H = 10\,\mathrm{s}$, entstehen in der Zeit $n_{Pw} = t_H/t_D = 157$ Primärwirbel. Bezogen auf einen Rührer mit 6 Blättern werden in den $t_H = 10\,\mathrm{s}$, wie folgende Abschätzung zeigt, mehr als $\approx 10^3$ Primärwirbel gebildet,

$$N_{Pw}(t_H) = N_0 \cdot \frac{t_H}{t_D} = \pi \cdot N_0\, n\, t_H \tag{34}$$

$$= \pi \cdot 24 \cdot 5 \cdot 10$$

$$N_{0,\,Pw} \quad = 3{,}77 \cdot 10^3 \;.$$

In der gleichen Zeit zerfallen diese nach Gl. (30) in *9,88·10⁸ turbulente Mikrowirbel.* Da laufend neue Primärwirbel entstehen, die natürlich nicht synchron gebildet werden und zerfallen, bildet sich ein statistisches Spektrum von Wirbeln unterschiedlicher Größenklassen aus. Nähert man das Volumen eines Mikrowirbels als Kreiskegel zu $V_{w,t} \approx 1/3 \cdot \pi\, r_{w,t}^3$, so ergibt sich mit den vorgenannten Zahlenwerten ein turbulenter Raum von $V_t \approx V_{w,t} \cdot N_t = 1{,}77 \cdot 10^{-10} \cdot 9{,}88 \cdot 10^8 = 0{,}175\,\mathrm{m}^3$.

Aus der Grobabschätzung folgt, daß gerührte Labor- und Technikumsreaktoren, bei Einhaltung der Dimensionierungsgrundlagen, bis zu einem Arbeitsvolumen von $V_R \approx 10^{-1}\,\mathrm{m}^3$ praktisch gradientenfrei sind.

Die Wirbel sind für das Dispergieren in Gas-Flüssigdispersionen und den Partikeltransport in den Turbulenzfeldern prozeßbestimmend. Kleine Blasen werden in den Wirbelkern transportiert und bewegen sich somit makroskropisch ohne Schlupf.

Im Mikrobereich werden in den Wirbelfeldern die Mikroorganismen bzw. Agglomerationen aufgrund von Geschwindigkeitsgradienten in eine Rotation gezwungen, die zu geringen laminaren Grenzschichten um den Organismus führen ($\delta \approx (2 \ldots 10) \cdot 10^{-6}\,\mathrm{m}$ [12]). Abbildung 6 zeigt eine Einzelzelle im Mikrowirbel und die Modellgrundlagen, die die Rotation im Feld begründen.

Alle diese vorangegangenen Darlegungen sollen die experimentellen und wissenschaftlichen Grundlagen stützen, die die Annahme eines idealen Rührreaktors (ideal durchmischter Reaktor: $D_{ax} = D_{turb} = 0$) rechtfertigen. Immerhin ist die Abstraktion des idealen Rührreaktors das am häufigsten benutzte Modell bei der Berechnung von Reaktoren.

Dieser *ideale Rührreaktor* bzw. besser *ideal durchmischte Reaktor* kann in der Praxis fast jede Form eines

Rührreaktors oder einer
Blasensäule

besitzen. Entscheidend für die Nutzung des idealen-Mischer-Modells sind folgende Forderungen für den Prozeßraum:

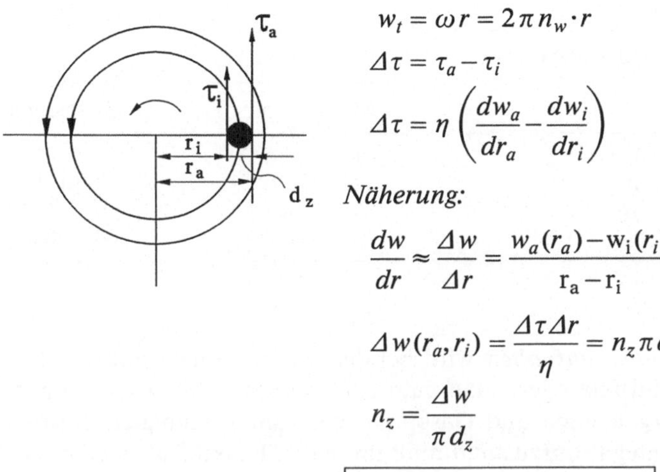

$$\tau = \eta \dot{\gamma}$$

$$w_t = \omega r = 2\pi n_w \cdot r$$

$$\Delta\tau = \tau_a - \tau_i$$

$$\Delta\tau = \eta \left(\frac{dw_a}{dr_a} - \frac{dw_i}{dr_i} \right)$$

Näherung:

$$\frac{dw}{dr} \approx \frac{\Delta w}{\Delta r} = \frac{w_a(r_a) - w_i(r_i)}{r_a - r_i}$$

$$\Delta w(r_a, r_i) = \frac{\Delta\tau \Delta r}{\eta} = n_z \pi d_z$$

$$n_z = \frac{\Delta w}{\pi d_z}$$

$$\boxed{\begin{array}{l} \textit{Drehzahl für Mikroben} \\[4pt] n_z = (10\ldots 60)\,\mathrm{s}^{-1} \\[4pt] \text{bei } d_z = 7\cdot 10^{-6}\,\mathrm{m} \end{array}}$$

Abb. 6. Einzelzelle im turbulenten Wirbel und Modellgrundlagen zur Rotation

$$\mathrm{grad}\, c_i \approx 0$$

$$\mathrm{grad}\, \vec{w} \approx 0$$

$$\mathrm{grad}\, T \approx 0 \tag{35}$$

(*mehrere Phasen:* Quasi-Gradientenfreiheit, vollständige Segregation der dispersen Phase).

Das bedeutet für den Prozeß:

- optimaler Stofftransport und optimale Stoffausnutzung,
- optimale, einheitliche Reaktionsbedingungen (c_i, T, w),
- optimale Wärmeabfuhr.

Die Zurückführung des realen Rührreaktors auf den idealen Reaktor hat zahlreiche Vorteile:

- Modellierung, Parameterbestimmung, Simulation, Optimierung sind problemlos,
- viele Gesetzmäßigkeiten der hydrodynamischen und wärmetechnischen Auslegung sind bekannt,
- Grundlagen der Maßstabsübertragung sind gegeben.

Tab. 3. Gegenüberstellung des Mischungsverhaltens im idealen Rührreaktor und in realen Rekatoren; t_H: Mischzeit

Kennwerte	Idealer Mischer	Reale Reaktoren	
		Rührreaktor	Blasensäule
D_{ax} [m^2 s^{-1}]	0	$(1\ldots3)\cdot10^{-3}$	$5\cdot10^{-2}$
D_{rad} [m^2 s^{-1}]	0	$(4\ldots8)\cdot10^{-4}$	$8\cdot10^{-3}$
Bo [$-$]	∞	$0,2\ldots50$	$0,1\ldots12$
t_H [s]	0	$10\ldots120$	$60\ldots400$

Das *Postulat der Gradientenfreiheit* wird bei den mehrphasigen mikrobiellen Prozessen dahingehend relativiert, daß man eine isotrope Flüssigkeit voraussetzt, in der Mikroorganismen und Gasblasen vollständig segregiert (dispergiert) sind. Dieser Segregationszustand muß im realen Reaktor als statistische Gleichverteilung der dispersen Phasen im Prozeßraum verstanden werden. Tatsache ist, daß alle realen Reaktoren den Postulaten idealer Modellkonzepte nicht genügen, weil mehr oder weniger große Gradienten auftreten. Tabelle 3 zeigt die Abweichungen im Mischverhalten. Die Abweichungen der realen Reaktoren in ihrem Vermischungsverhalten sind gegenüber dem idealen Mischer mitunter beträchtlich.

Trotzdem ist es unter bestimmten Voraussetzungen möglich, Reaktorberechnungen nach dem idealen Konzept vorzunehmen. Diese Voraussetzungen sind dann gegeben, wenn die Vermischungseffekte vom makroskopischen bis mikroskopischen Bereich in einer Zeitrelation ablaufen, die gegenüber anderen Mechanismen mindestens *klein von 2. Ordnung ($\approx$ 2 Größenordnungen kleiner)* sind. Gleichzeitig müssen die Phasen im statistischen Mittel dieser Zeitordnung im Prozeßraum gleichverteilt (vollständig segregiert) sein. Diese Verhältnisse sind erreicht, wenn die in Tab. 4 dargestellten charakteristischen Zeiten vorliegen. Es bedarf somit einer Abschätzung der Zeitkonstanten, um wis-

Tab. 4. Transportformen des Sauerstoffs aus der Gasblase in die Zelle und ihre charakteristische Zeitdauer bei der Gluconsäurefermentation

Teilschritt	Transportform	Charakteristische Zeit, s
1	Konvektion	10^{-4}
2	Diffusion (Gas-gas)	$9\cdot10^{-3}$
3	Diffusion (Gas-flüssig) (für $k_L a = 12,4\,\text{h}^{-1}$)[a]	$3\cdot10^2$
4	Konvektion	$10^0\ldots10^1$
5	Diffusion	$8\cdot10^{-3}$
6	Knudsen-Diffusion	$3\cdot10^{-3}$
7	Diffusion	$8\cdot10^{-3}$
8a	Substratverbrauch	$5,5\cdot10^4$
8b	Wachstum	$1,2\cdot10^4$

[a] Gluconsäurefermentation mit *Gluconobacteroxydans*

senschaftlich begründet mit idealen Konzepten zu arbeiten. Hierzu sind Prozeßinformationen aus Laboruntersuchungen erforderlich ($k_L a, \mu_{max}, R_{s,max}, R_{p,max}$), die mit relativ einfachen Mitteln zugänglich sind.

Das Modell des idealen Rührkessels wird für die Beschreibung von Einkammerreaktoren mit ein- oder mehretagiger Rühreranordnung für verschiedene Betriebsführungen (diskontinuierlich/kontinuierlich, aerob/anaerob) am häufigsten genutzt.

3.2 Das ideale Mischer-Modell (idealer Rührkessel)

Ausgehend von der Stoffbilanzgleichung Gl. (23) ergibt sich die allgemeine Stoffbilanz für einen idealen Rührkessel (ohne Stoffübergang) mit Reaktion R_j zu:

$$\frac{dc_j^A}{dt} = -\frac{\dot{V}}{V}(c_j^A - c_j^E) + R_j \tag{36}$$

c_j^A: Auslaufkonzentration
c_j^E: Zulaufkonzentration

Die Komponentenbilanzen für einen idealen Biorührreaktor lassen sich aus dem Bilanzschema in Abb. 7 ableiten.

Für die Biomasse- und Substratbilanz gilt unter Berücksichtigung der Rückführung durch Rezirkulation:

$$\frac{dc_x}{dt} = -\frac{1}{V}(\underbrace{\dot{V}c_x + \dot{V}_R c_x}_{\text{Auslauf}} - \underbrace{\dot{V}_R c_{xR}}_{\text{Zulauf}}) + R_x \tag{37}$$

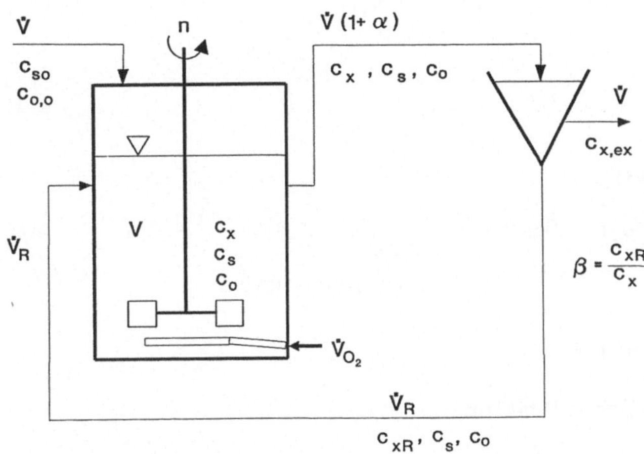

Abb. 7. Bilanzschema für einen idealen Bioreaktor

und

$$\frac{dc_s}{dt} = -\frac{1}{V}(\underbrace{\dot{V}c_s + \dot{V}_R c_{sR}}_{\text{Auslauf}} - \underbrace{\dot{V}c_{s_0} - \dot{V}_R c_{sR}}_{\text{Zulauf}}) + R_s \tag{38}$$

Gleichung (38) reduziert sich, weil der Term „$\dot{V}_R c_{sR}$" sowohl im Auslauf als auch im Zulauf auftritt zu

$$\frac{dc_s}{dt} = \frac{\dot{V}}{V}(c_{s_0} - c_s) + R_s \; . \tag{39}$$

Die Einführung folgender Definitionen ist üblich und besonders zweckmäßig, wenn mit einem Rechner gearbeitet wird:

Umlaufverhältnis (Rückführverhältnis)

$$\alpha = \frac{\dot{V}_R}{\dot{V}} \quad 0 \le \alpha \le 1 \; . \tag{40}$$

Biomasserückführfaktor (Eindickungsrate)

$$\beta = \frac{c_{xR}}{c_x} \quad \beta \ge 0 \; . \tag{41}$$

Verdünnungsgeschwindigkeit (-rate)

$$D = \frac{1}{\bar{t}} = \frac{\dot{V}}{V} \; . \tag{42}$$

Werden diese Vereinbarungen Gln. (40, 42) in die Bilanzen Gln. (38, 39) eingeführt, erhält man

$$\frac{dc_x}{dt} = -Dc_x[1 + \alpha(1 - \beta)] + R_x \tag{43}$$

und

$$\frac{dc_s}{dt} = -D \cdot [c_s - c_{s_0}] + R_s \; . \tag{44}$$

Der Ausdruck in Gl. (43)

$$A = [1 + \alpha(1 - \beta)] \quad 0 \le A \le 1 \tag{45}$$

kann als *dimensionslose Rückführziffer* bezeichnet werden.

A = 1 → keine Rückführung
A < 1 → Rückführung
A = 0   Diskontinuierlicher Reaktor

Häufig wird eine *Rückführrate* angegeben:

$$R = \frac{\dot{V}_R}{\dot{V} + \dot{V}_R} \frac{c_{xR}}{c_x} \tag{46}$$

$$R = \frac{\alpha}{\alpha + \beta} \cdot \beta \; . \tag{47}$$

Entsteht bei der Verwertung des Substrats S neben der Biomasse ein zusätzliches Produkt P, so ist die Produktkomponente zusätzlich zu bilanzieren.

Analog zu Gl. (43) erhält man:

$$\frac{dc_p}{dt} = -Dc_p\,[1 + \alpha(1-\beta)] + R_p \; . \tag{48}$$

Für den Fall von *gasförmigen* bzw. *teilweise gasförmigen Substraten* (alle technischen aeroben Prozesse) erfolgt während des Prozesses (*unabhängig von der Prozeßführung*) *eine kontinuierliche Begasung* mit Luft, da für die Biomasse- und Produktsynthese molekularer Sauerstoff benötigt wird.

Diese Tatsache muß in den Bilanzen Berücksichtigung finden, weil ständig ein Substrat (Sauerstoff) nachgeliefert wird, während andere Substrate (beim diskontinuierlichen Prozeß) laufend abnehmen. Die zusätzliche Bilanz für den Sauerstoff lautet für den Fall $D = 0$:

$$\frac{dc_o}{dt} = \text{OTR} - \text{OUR} \tag{49}$$

OTR: Oxygen transfer rate (Sauerstofftransportgeschwindigkeit)
OUR: Oxygen uptake rate (Sauerstoffverbrauchsgeschwindigkeit) $\equiv$ Oxygen utilization rate (Sauerstoffverwertungsgeschwindigkeit)

Dabei ist:

$$\text{OTR} = \frac{\dot{m}_o}{V_L} = k_L a (c_o^* - c_o)_m \tag{50a}$$

$k_L a$: räumlicher Stoffübergangskoeffizient
c_o^*: Sättigungskonzentration in der flüssigen Phase
c_o: aktuelle Gelöstsauerstoffkonzentration

und

$$\text{OUR} = Y_{o/x} R_x + Y_{o/p} R_p \; . \tag{50b}$$

Damit folgt die allgemeine Sauerstoffbilanz für den idealen Rührkessel:

$$\frac{dc_o}{dt} = -D(c_o - c_o^E) + k_L a (c_o^* - c_o) - \frac{1}{Y_{x/o}} R_x - \frac{1}{Y_{p/o}} R_p \; . \tag{51}$$

Diese einzelnen Bilanzen Gln. (37, 38, 48, 51) sind über die Ertragsfaktoren $Y_{j/i}$ und den Wachstumsterm R_x stöchiometrisch gekoppelt:

$$R_s = -\frac{1}{Y_{x/s}} R_x \tag{52}$$

$$R_p = \frac{1}{Y_{x/p}} R_x \tag{53}$$

$$R_o = -\frac{1}{Y_{x/o}} R_x \ . \tag{54}$$

Auf diese Weise entsteht ein *System gekoppelter (gewöhnlicher) Differential-gleichungen*, das folgende Form hat:

$$\frac{dc_x}{dt} = -Dc_x[1 + \alpha(1-\beta)] + R_x \tag{55}$$

$$\frac{dc_s}{dt} = -D[c_s - c_{s_0}] - \frac{1}{Y_{x/s}} R_x - \frac{1}{Y_{p/s}} R_p \tag{56}$$

$$\frac{dc_p}{dt} = -Dc_p[1 + \alpha(1-\beta)] + \frac{1}{Y_{x/p}} R_x \tag{57}$$

$$\frac{dc_o}{dt} = -D[c_o - c_{o,o}] - \frac{1}{Y_{x,o}} R_x - \frac{1}{Y_{p/o}} R_p$$
$$+ k_L a(c_o^* - c_o) \ . \tag{58}$$

In den Gln. (56) und (58) läßt sich R_p durch Gl. (53) ausdrücken, wenn die Struktur der Wachstumsgleichung sowie das Produktbildungsgesetz bekannt sind.

Der kinetische Term R_x einer Population von Mikroorganismen wird durch folgende *Geschwindigkeitsgleichung* beschrieben:

$$R_x = \frac{dc_x}{dt} = \mu c_x \ . \tag{59}$$

Die Besonderheit dieses kinetischen Terms der autokatalytischen Reaktion ist die Tatsache, daß die spezifische Wachstumsgeschwindigkeit μ *keine Konstante* ist und von verschiedenen Zustandsparametern abhängen kann:

$$\mu = f_1(T) \cdot f_2(pH) \cdot f_3(c_x) \prod_{j=0}^{m} \phi_j(c_{sj}) \prod_{k=0}^{n} \psi_k(c_{pk}) \tag{60}$$

j: S, N, O
k: P_1, P_2

Das eigentliche kinetische Verhalten wird durch eine determinierte Struktur für Gl. (60) erfaßt, die oft den funktionellen Abhängigkeiten der Enzymkinetik ähnelt. Stellt man die Population auf isothermes, isobares Wachstum bei pH = konstant ein, so sind zwei grundlegend unterschiedliche Formen der Darstellung dieser Abhängigkeiten zu unterscheiden.

Tab. 5. Struktur der Stoffbilanzen bezüglich der Betriebsweise

Betriebsweise	Instat. Term $\dfrac{dc_j}{dt}$	Konvektionsterm $-\,\mathrm{div}\,(\bar{w}c_j) =$ $-D(c_j - c_j^{\mathrm{E}})$	Stoffübergangsterm $k_{\mathrm{L}}a\cdot\Delta c_{\mathrm{o}}$	Reaktionsterm R_j
kontinuierlich				
aerob	0^{a}	x^{a}	x	x
anaerob	0	x	0	x
diskontinuierl.				
aerob	x	0	x	x
anaerob	x	0	0	x
semikontinuier- *lich*				
aerob	x	x	x	x
anaerob	x	x	0	x

^{a} weglassen: 0; berücksichtigen: x

Man kennt *biologisch-biochemisch „fundierte" formalkinetische Ansätze* der Form

$$\mu = f\,[\,c_{\mathrm{s}}, c_{\mathrm{p}}, (c_x)\,] \tag{61}$$

und *autonome Modelle*

$$\mu = f(c_x)\;. \tag{62}$$

(Auf strukturierte Modelle wird hier nicht eingegangen.) Autonome Modelle gehören zur Klasse der logistischen Gleichungen. In diesen Gleichungen ist die Biomasse oder Zellzahl abhängige Variable und nur die Zeit fungiert als einzige unabhängige Variable.

Welche Terme des Differentialgleichungs-Systems (Gln. 55 – 58) im speziellen Anwendungsfall zu berücksichtigen sind, hängt von der Betriebsweise ab. Tabelle 5 gestattet eine einfache Aufstellung.

Solche Differentialgleichungs-Systeme lassen sich mit problemrelevanter Software bearbeiten. Die *Modellbank Biotechnologie* [15] (vgl. Punkt 7) erlaubt, mit zehn nutzerdefinierten Differentialgleichungen zu arbeiten.

Auf die spezielle Form des semikontinuierlichen Rührkessels soll hier noch eingegangen werden.

Unter semikontinuierlichen Verfahren wird die Gruppe der *Zufütterungsverfahren* (*Feeding-Verfahren*) verstanden. Man unterscheidet diskontinuierliche Zulaufverfahren und kontinuierliche Zulaufverfahren. Hierbei erfolgt im Gegensatz zum kontinuierlichen Prozeß *nur ein Zulauf* aber kein Ablauf (vgl. Gln. (63, 64)). Bei diskontinuierlicher Betriebsweise wird der Prozeß bis zum Verbrauch des wachstumslimitierenden Substrates geführt. Dann wird nach einer vorgegebenen Strategie frisches Substrat zugeführt (*fed-batch*). Dieser Vorgang wird mehrfach wiederholt (*repeated-fed-batch*), um maximale Ausbeute zu erreichen.

Im Falle der kontinuierlichen Zufütterung wird die Substratkonzentration im Reaktor konstant gehalten (*extended culture*), wobei das Reaktorvolumen ständig zunimmt. Durch die Zufütterung werden wesentliche Ausbeute- bzw. Produktivitätssteigerungen erreicht. Die allgemeine Bilanz für den semikontinuierlichen Rührkessel lautet:

$$\frac{d(V_R c_j)}{dt} = \dot{V} c_j^E + R_j V_R \qquad V_R \neq \text{const} . \tag{63}$$

Die Anwendung der Produktregel liefert die Bilanz, mit der die unterschiedlichen Zulaufverfahren ausgewertet werden können:

$$\frac{dV_R}{dt} \cdot c_j + \frac{dc_j}{dt} \cdot V_R = V_R c_j^E + R_j V_R . \tag{64}$$

Das exponentielle Zulaufschema für eine fed-batch-Fermentation folgt danach zu:

$$D(t) = \frac{\mu_{max}}{(c_{so} - c_s) Y_{x/s}} V_{Ro} c_{xo} e^{\mu_{max} t} \tag{65}$$

$$V_{Ro} = V_R(t = 0)$$
$$c_{xo} = c_x(t = 0)$$

3.3 Das eindimensionale Diffusionsmodell

Ein Reaktormodell zur Beschreibung des Strömungsverhaltens in nichtidealen Strömungsrohren ist das eindimensionale Diffusionsmodell. Es entsteht durch Überlagerung der Struktur des 2. Fickschen Gesetzes mit dem Reaktormodell des idealen Strömungsrohrs, wobei der molekulare Diffusionskoeffizient (Stoffwert) durch einen „turbulenten" – den axialen Diffusionskoeffizienten (Vermischungszustand charakterisierende Größe) – ersetzt wird. Das Verhältnis von konvektivem zu molekularem Transport beträgt $D_{ax}/D_{mol} \approx 10^5$, so daß Vorgänge des molekularen Stofftransports vernachlässigbar sind. Das eindimensionale Diffusionsmodell geht von folgenden Voraussetzungen aus:

(1) Die Konzentration ist über den Durchmesser konstant (plug flow: Pfropfenstrom) und nur eine Funktion der Länge (ideales Strömungsrohr).
(2) Ein Teil des Mediums wird im Rohr durch turbulente Diffusion rückwärts transportiert (axial) und erniedrigt den Konzentrationsgradienten (Diffusionsmodell – 2. Ficksches Gesetz mit $D_{turb} \approx D_{ax}$).
(3) Die Voraussetzungen 1 und 2 werden additiv überlagert.

Mit dem *eindimensionalen Diffusionsmodell* lassen sich segmentierte gerührte sowie ungerührte Turmfermentoren (Tower Typ Fermenter), Festbettreaktoren mit immobilisierten Biokatalysatoren, Blasensäulenreaktoren und Schlaufenreaktoren beschreiben. Das Diffusionsmodell mit Reaktion R_j lautet:

$$\frac{\mathrm{d}c_j}{\mathrm{d}t} = D_{ax}\frac{\mathrm{d}^2 c_j}{\mathrm{d}j^2} - w\frac{\mathrm{d}c_j}{\mathrm{d}j} + R_j = \mathrm{div}\,(D_{ax}\,\mathrm{grad}\,c_j) - \mathrm{div}\,(\vec{w}c_j) + R_j \ . \qquad (66)$$

Hierbei gilt:

D_{ax}: axialer Diffusionskoeffizient $[\mathrm{m^2\,s^{-1}}]$
w: Leerrohrgeschwindigkeit $[\mathrm{m\,s^{-1}}]$
j: laufende Längenkoordinate $[\mathrm{m}]$

Das Diffusionsmodell mit der Struktur der Gl. (66) ist in der Lage, einfache dynamische Zustände (z. B. Anfahrverhalten) zu beschreiben. Dieses *Anfangs-Randwert-Problem* ist mathematisch anspruchsvoll und mit der Eigenfunktionsmethode analytisch lösbar [19, S. 228]. Ein solcher Lösungsweg ist nicht mehr von praktischem Interesse. Die *nichtlineare partielle Differentialgleichung* wird heute in der Regel mit *DA-Solvern* (DA; Differential-Algebra) numerisch gelöst [20, 21]. Die Berechnung des instationären Reaktorverhaltens nach Gl. (66) gehört gegenwärtig allerdings noch nicht zu den exponierten Fragestellungen. Letztendlich steht für die partielle Differential-Gleichung vom *Diffusions-Konvektions-Reaktionstyp* heute keine Standardsoftware zur Verfügung.

Bei den üblichen verfahrenstechnischen Anwendungen des Diffusionsmodells wird grundsätzlich vom stationären Zustand $(\mathrm{d}c_j/\mathrm{d}t = 0)$ *ausgegangen.*

Für die notwendige Berechnung des *axialen Diffusionskoeffizienten in Rührkolonnen* bei *Strömung einphasiger Medien* (Dispersion der flüssigen Phase) gibt es eine Vielzahl halbempirischer Modelle mit begrenzten Gültigkeitsbereichen der Form:

$$\frac{1}{Bo_g} = \frac{D_{ax}}{wh_o j_v} = \frac{1}{Bo_{St}} + \frac{1}{Bo_R} \qquad (67)$$

St: Strömung
R: Rühren
Bo_g: Bodenstein-Zahl, bezogen auf den gesamten Reaktor
j_v: Anzahl der vorhandenen (realen) Stufen

Durch Vergleich der Varianzen des eindimensionalen Diffusionsmodells mit dem Zellenmodell mit Rückvermischung erhält man folgende grundlegende Beziehung [16]:

$$\frac{1}{Bo_g} = \frac{1}{Bo_s\cdot j_v} = \frac{D_{ax}}{wh_o} = \frac{1}{2j_{äq}} + \frac{\beta}{j_{äq}} \ ; \quad Bo_g > 20 \qquad (68)$$

s: Stufe bzw. Kammer
Bo_s: Bodenstein-Zahl, bezogen auf die Anzahl der realen Stufen
$j_{äq}$: Anzahl der idealen äquivalenten Stufen

$\beta = \dfrac{\dot{V}_R}{\dot{V}}$: Rückvermischungsfaktor

Stellt man den Bezug zum nichtidealen Reaktor her, so gilt [16]:

$$j_{\text{äq}} = j_{\text{v}} \cdot \beta' \ .$$

(69)

Der Faktor β' – auch *Wirksamkeitsfaktor* [17] – drückt das Verhältnis der Anzahl der idealen Stufen zu den realen Stufen bzw. Segmenten aus, *wenn keine Rührung erfolgt.*

Unter Berücksichtigung der Arbeiten verschiedener Autoren gelten bei Beachtung des Höhen-Durchmesser-Verhältnisses (h_0/d_1) folgende β'-Faktoren [17]:

$$\boxed{\begin{array}{l} Re \quad > 10^3 \ldots 10^4 \\ h_0/d_1 < 0{,}5 \quad \beta' = 1 \\ \hline Re \quad > 10^3 \ldots 10^4 \\ h_0/d_1 > 0{,}5 \quad \beta' = 2 \end{array}} \qquad \boxed{Re < 10^3 \ldots 10^4 \quad \beta' = 2}$$

Aus Gl. (68) folgt damit

$$\frac{1}{Bo_{\text{s}}} = \frac{1}{2} \cdot \frac{1}{\beta'} + \frac{\beta}{\beta'} \ .$$

(70)

Der *Rückvermischungsfaktor β wird bei unbegasten Medien* durch ähnlichkeitstheoretische Ansätze beschrieben, so daß Modelle nachfolgender Form entstehen:

$$\frac{1}{Bo_{\text{s}}} = \left[\frac{K_1}{\beta'} + \frac{K_2}{\beta'} \frac{d_2 n}{w} \cdot f \ (\text{Geometrie}) \right]$$

(71)

(vgl. Beispiel 14 bzw. 15).

Für eine laminare Strömung im segmentierten Reaktor mit axialer Rückvermischung stellt K_1 eine Modellkonstante dar, die sich theoretisch herleiten ließ (Gl. 68) und experimentell sehr gut bestätigen läßt. Der Wert $K_1 \approx 0{,}5$ wurde durch zahlreiche Autoren für RDC- und Mixco-Apparate bestätigt [16]. Unter Berücksichtigung der Äquivalenzbeziehung von Pawlowski [17] erhält man [19]:

$$K_1 = \frac{j_{\text{v}} \beta'}{[4(\beta' j_{\text{v}} - 1)^2 - 1]^{0{,}5}} \qquad \begin{array}{l} 10 \ < Bo_{\text{g}} < 50 \quad \text{und} \\ 0{,}8 \leq Bo_{\text{s}} \leq 4{,}2 \end{array}$$

(72)

Für Rührkolonnen $h_0/d_1 = 2$, $j_{\text{v}} = 12$ ($Re \geq 15\,000 \ldots 30\,000$) wurden mit folgendem Ansatz

$$\frac{1}{Bo_{\text{s}}} = \frac{D_{\text{ax}}}{w\,h_0} = K_1 + K_2' \frac{d_2 n}{w}$$

(73)

nachfolgende Konstanten ermittelt [19]:

	$K_{1,\exp}$	K_1 Gl. (72)	$K_{1,\text{Theorie}}$ Gl. (70)	$K'_{2,\exp}$ [19]
$\beta' = 2$	0,536	0,5218	0,5	$7,4123 \cdot 10^{-4}$

Verschiedene Autoren geben für Mixco-Kolonnen geringfügig abweichende Konstanten an, die von Reaktorgeometrie, Betriebsparameter, Stoffsystem und Auswertungsmethodik bestimmt sind.

Aus einem Vergleich der Gln. (71) und (73) geht hervor, daß die Konstante K'_2 noch geometrische Abhängigkeit und hydrodynamische Bedingungen beinhaltet:

$$K'_2 = \frac{K_2}{\beta'} . \tag{74}$$

Im Falle aerober Fermentationen (begaste Systeme) nimmt die Bilanz des Gelöstsauerstoffs die folgende, um den Stoffübergangsterm erweiterte, Form an:

$$(1 - \varepsilon_G) D_{ax} \frac{d^2 c_o}{dj^2} - w \frac{dc_o}{dj} + k_L a (c_o^* - c_o) - R_o = 0 \tag{75}$$

ε_G: relativer Gasanteil

Damit kompliziert sich das Problem bezüglich der Vertrauenswürdigkeit der Koeffizienten. Die Vorausberechnung der Parameter ε_G, D_{ax} und $k_L a$ (vgl. Kap. 9, Teil I) ist nur in „begrenztem Umfang" möglich.

3.4 Weitere Reaktorenkonfigurationen

Im Zusammenhang mit den bedeutendsten industriellen Fermentationen mit suspendiertem Biokatalysator dominieren die Reaktormodelle

- idealer Rührkessel   ($\approx 95\%$)
- eindimensionales Diffusionsmodell   ($\approx 5\%$).

Es existieren noch verschiedene Erweiterungen, z. B. das Zwei-Zonen-Modell für einen gerührten Bioreaktor [18] und auch das zweidimensionale Diffusionsmodell, die wegen grundlegender meßtechnischer Probleme bis heute fast nur theoretische Anwendungen finden.

Ähnlich verhält es sich mit dem bekannten Reaktormodell des *idealen Strömungsrohrs*, für das viele theoretische Betrachtungen vorliegen, das aber im Zusammenhang mit frei suspendiertem Biokatalysator keine Bedeutung erlangte:

$$\frac{dc_j}{dt} = -w\frac{dc_j}{dj} + R_j = -\mathrm{div}\,(\vec{w}c_j) + R_j \; .\tag{76}$$

Im Hinblick auf die Kategorie der Membranreaktoren sind je nach Reaktorkonfiguration verschiedene Modellkonzepte in Anwendung, z. B.

- Rührreaktor mit Hohlfasermodul (für Produktabtrennung) im Bypass; idealer Rührreaktor, bei dem der Stoffdurchgang durch das Hohlfaserbündel zu berücksichtigen ist, z. B. [Beispiel 12];
- Rohrreaktor mit fixiertem Biokatalysator in der Rohrwandung oder auf der Rohroberfläche; stationäres zweidimensionales Diffusionsmodell, z. B. [25, 26];
- Rührreaktor mit blasenfreier Begasung durch Membranmodule; idealer Rührreaktor, bei dem der Stoffdurchgang durch die Membran zu berücksichtigen ist [Beispiel 10].

Die hierzu gewonnenen Modellkonzepte sind „jüngeren Datums" (nach 1984). Da weitere Erkenntnisse zu erwarten sind, wird hier auf eine detailliertere Behandlung verzichtet.

4 Differenzenverfahren zur Berechnung von Geschwindigkeitsgrößen (Differenzenapproximation)

Für die Ermittlung kinetischer Gesetzmäßigkeiten aus experimentellen Konzentrations-Zeit-Verläufen ist die näherungsweise Bestimmung intensiver Größen erforderlich, weil der exakte Zusammenhang unbekannt ist und ja erst bestimmt werden soll.

Zu ermitteln sind aus 2 gemessenen Wertepaaren folgende Größen:

1. die Stoffänderungsgeschwindigkeit

$$R_i(t) = \frac{dc_i}{dt} \tag{77}$$

und

2. die spezifische Stoffänderungsgeschwindigkeit

$$q_i(t) = \frac{1}{c_x} \frac{dc_i}{dt} \tag{78}$$

sowie

3. der Ertragskoeffizient

$$Y_{j/i} = \frac{R_j}{-R_i} \; . \tag{79}$$

Da die Funktion $R_i(t)$ unbekannt ist, wird sie zwischen zwei Punkten AB genähert.

Die grundlegenden Beziehungen basieren auf der *endlichen Differenzenapproximation für Ableitungen.*

Nachfolgende Abb. 8 verdeutlicht die Grundlage:

Zu bestimmen ist näherungsweise der Anstieg im Punkt P. Dann gilt: Wenn eine Funktion $y(x)$ (bzw. $c_i(t)$) und ihre Ableitungen eindeutige, endliche und stetige Funktionen von x sind (*und das sind $c_i(t)$-Verläufe immer*), dann gilt nach dem Taylorschen Satz:

$$y(x+h) = y(x)+hy'(x)+\tfrac{1}{2}h^2 y''(x)+\tfrac{1}{6}h^3 y'''(x)+\ldots \tag{80}$$

und

$$y(x-h) = y(x)-hy'(x)+\tfrac{1}{2}h^2 y''(x)-\tfrac{1}{6}h^3 y'''(x)+\ldots \tag{81}$$

Die *Addition* dieser Entwicklungen ergibt:

$$y(x+h)+y(x-h) = 2y(x)+h^2 y''(x)+O(h^4) \tag{82}$$

$O(h^4)$ steht für Ausdrücke von 4. und höherer Ordnung.

Für die bedeutende erste Ableitung folgt durch Substraktion der Gl. (81) von der Gl. (80) unter Weglassen der Glieder der Ordnung $\geq h^3$:

$$y'(x) = \left(\frac{dy}{dx}\right)_{x=x} \approx \frac{1}{2h}\,[y(x+h)-y(x-h)] \;.$$

(83)

mit einem Fehler der Ordnung h^2.

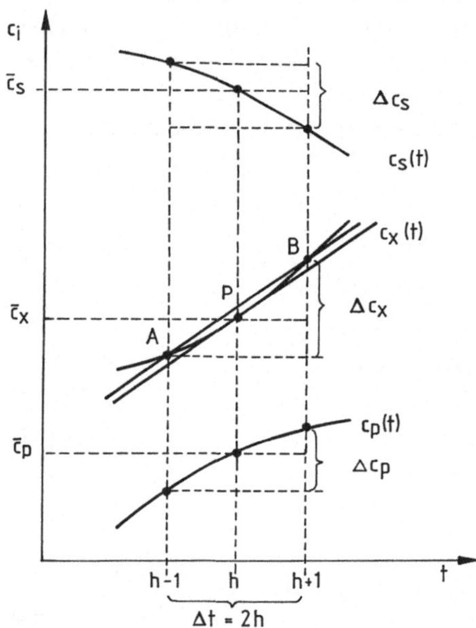

Abb. 8. Approximation der Steigung der Tangente in P durch die Steigung der Sehne AB.

Die Gl. (83) approximiert die Steigung der Tangente in P durch die Steigung der Sehne AB. Sie heißt *zentrale Differenzenapproximation 1. Ordnung*, weil nur Glieder der Ordnung $O(h^1)$ berücksichtigt sind:

$$y'_h \approx \frac{y_{h+1}-y_{h-1}}{2h} = \frac{y_{h+1}-y_{h-1}}{x_{h+1}-x_{h-1}} = \frac{\Delta y}{\Delta x} \;.$$

(84)

Damit gilt für die gesuchten Geschwindigkeitsgrößen:

$$R_h \approx \frac{c_{h+1}-c_{h-1}}{t_{h+1}-t_{h-1}} = \frac{\Delta c_i}{\Delta t}$$

(85)

und

$$q_{i,h} \approx \frac{1}{c_{x,h}}\frac{c_{i,h+1}-c_{i,h-1}}{t_{h+1}-t_{h-1}} = \frac{R_{i,h}}{c_{x,h}} \;.$$

(86)

Speziell für die spezifische Wachstumsgeschwindigkeit μ gilt aber auch die integrierte Form von Gl. (8):

$$\mu_h = \frac{\ln \dfrac{c_{x,h+1}}{c_{x,h-1}}}{t_{h+1}-t_{h-1}} = \frac{\Delta \ln c_x}{\Delta t} \; . \tag{86a}$$

Für einen Ertragskoeffizienten erhält man:

$$Y_{j/i,h} \approx \frac{c_{j,h+1}-c_{j,h-1}}{c_{i,h+1}-c_{i,h-1}} = \frac{R_{j,h}}{-R_{i,h}} \; . \tag{87}$$

Für einen Satz von N Meßwerten bestimmen sich die endlichen Differenzen nach Gl. (84), wobei man methodenbedingt für die Stellen $h = 1$ und $h = N$ keine Differenzenquotienten erhält. Die Methode der Berechnung der Differenzenquotienten mit der zentralen Differenzenapproximation 1. Ordnung führt bei der Behandlung von quasi-linearen und nichtlinearen Problemen zu den günstigsten Ergebnissen bei der Modellanpassung (minimale Restquadratsumme). Werden diese Optimalparameter in einem anderen Raum oder komplexen Modellen verwendet, geht dieser numerische Vorzug mitunter verloren (vgl. Beispiel 1, Teil II), bleibt aber eindeutig unterhalb der meßtechnischen Nachweisgrenze.

Es sind noch weitere Methoden der Differenzenquotientenberechnung bekannt [7, 15, 28, 29] (vgl. Beispiel 1, Teil II), über deren Vorzüge und Nachteile in den Ingenieurwissenschaften wenig bekannt ist.

Günstig sind im speziellen Fall die parallele Auswertung von Meßwerten nach verschiedenen Methoden und die kritische Wertung der Restquadratsummen bzw. der mittleren Restabweichungen.

Das in diesem Buch empfohlene Softwaresystem *Modellbank Biotechnologie* [15] benutzt ein modifiziertes Differenzenverfahren, um für jede Stützstelle h einen Differenzenquotienten zu erhalten:

$$\left(\frac{dy}{dx}\right)_1 = \frac{y_2-y_1}{x_2-x_1} \qquad h = 1 \tag{88}$$

$$\left(\frac{dy}{dx}\right)_h = \frac{y_{h+1}-y_{h-1}}{x_{h+1}-x_{h-1}} \qquad 2 \leq h \leq N-1 \tag{89}$$

$$\text{(zentrale Differenz)}$$

$$\left(\frac{dy}{dx}\right)_N = \frac{y_h-y_{h-1}}{x_h-x_{h-1}} \qquad h = N \; . \tag{90}$$

Es wird jedoch empfohlen, die Approximationen für die Stellen $h = 1$ und $h = N$ (Gl. (88, 90)) nicht zu berücksichtigen, da die auf diese Weise berechneten vorderen und rückwärtigen Differenzenquotienten nachfolgende Regressionsrechnungen bezüglich der Restquadratsumme ungünstig beeinflussen (vgl. Beispiel 11, Teil II).

5 Linearisierung, Anwendung und Probleme [7]

Gelingt es, einen nichtlinearen funktionellen Zusammenhang durch Variablentransformation (Koordinatentransformation) in Form einer Geraden darzustellen, bezeichnet man diese Vorgehensweise als Linearisierung. Linearisierte Abhängigkeiten sind für die Auswertung in vielfältiger Weise den nichtlinearen überlegen. Sie gestatten die einfache Bestimmung und Darstellung von Konstanten im transformierten Raum.

In Anlehnung an die klassischen Formen der grafischen Aufarbeitung enzymkinetischer Daten nach den Methoden von

- Langmuir (1918)   [30]
- Hanes (1932)   [31]
- Lineweaver/Burk (1934) [32]
- Eadie (1942)   [33]
- Hofstee (1952)   [34]

wurden nach 1960 die einzelnen Methoden auch zur Darstellung von mikrobiellen Prozeßdaten genutzt.

Die Anwendung dieser Linearisierungsmethoden ermöglicht, die Abhängigkeit $\mu = f(c_s)$ mit geeigneter Koordinatentransformation durch einen linearen Zusammenhang darzustellen. Ihre besondere Bedeutung besteht in der verbesserten Möglichkeit der visuellen Beurteilung der Meßergebnisse. So können in gewissem Umfang Streuungen, systematische Abweichungen (Drift), Fehlmessungen und prinzipielle Gesetzmäßigkeiten erkannt werden. Die Methoden helfen bei der vorläufigen Modellerkennung und gestatten die rechentechnische Auswertung ähnlicher oder scheinbar konkurrierender Modelle sowie die statistische Selektion.

Das Monodsche Modell (1942) [9]

$$\mu = \mu_{max} \frac{c_s}{K_s + c_s} \tag{91}$$

läßt sich auf drei Möglichkeiten unterschiedlich linearisieren (Tab. 6).

Wird nunmehr die lineare Regression für die Darstellung eines Verlaufs $\mu = f(c_s)$ nach einer bestimmten transformierten Form durchgeführt, so muß man beachten, daß der berechnete μ_{max}- bzw. K_s-Wert sowie die statistischen Kennwerte

- Korrelationskoeffizient bzw. Bestimmtheitsmaß: r, B
- RQS, s_R, v

Tab. 6. Formen der Linearisierung für die Monodsche Gl. (91)

Methode	Transformierte Abhängigkeit	Transformiertes Monod-Modell Gl. (91)
Langmuir/Hanes	$\dfrac{c_s}{\mu} = f(c_s)$	$\dfrac{c_s}{\mu} = \dfrac{K_s}{\mu_{max}} + \dfrac{c_s}{\mu_{max}}$
Lineweaver/Burk	$\dfrac{1}{\mu} = f\left(\dfrac{1}{c_s}\right)$	$\dfrac{1}{\mu} = \dfrac{1}{\mu_{max}} + \dfrac{K_s}{\mu_{max}} \cdot \dfrac{1}{c_s}$
Eadie/Hofstee	$\mu = f\left(\dfrac{\mu}{c_s}\right)$	$\mu = \mu_{max} - \dfrac{\mu}{c_s} \cdot K_s$

exakt nur für den jeweiligen transformierten Raum gültig sind. Ein Vergleich der statistischen Kennwerte von unterschiedlich angewandten Transformationen (nach Tab. 6) ist nicht möglich, da die Ordinatenwerte unterschiedlich sind:

Hanes [30] Langmuir [31]	Lineweaver/ Burk [32]	Eadie [33] Hofstee [34]
$\dfrac{1}{\mu}$	$\dfrac{c_s}{\mu}$	μ

Eine endgültige Bewertung wird möglich, wenn die Berechnung der μ-Werte mit den jeweils ermittelten kinetischen Konstanten nach Gl. (91) im Originalraum erfolgt. Danach können die statistischen Maßzahlen aus der Differenz $(\tilde{y}-\hat{y})$ berechnet werden, wobei häufig stillschweigend angenommen wird, daß die Konstanten μ_{max} und K_s (berechnet im transformierten Raum) auch für den Originalraum gelten. Diese Annahme ist fast immer unzutreffend.

Die wirklichen Koeffizienten sind nur durch nichtlineare Regression oder ein anderes Optimierungsverfahren im Originalraum zu ermitteln.

In analoger Weise treffen diese Aussagen beispielsweise auf die linearisierte, logistische Gleichung

$$\ln \frac{\bar{c}_x}{1-\bar{c}_x} = \mu_{max}\, t - \ln\left(\frac{c_{xo}}{c_{x,max}} - 1\right) \tag{92}$$

oder die linearisierte Ostwald de Waele-Gleichung

$$\ln \tau = \ln K + n \cdot \ln \dot{\gamma} \tag{93}$$

zu (vgl. Beispiel 3, Tab. 5).

6 Aufstellung eines formalkinetischen Modells aus experimentellen Ergebnissen

6.1 Modellierung des mikrobiellen Wachstums und des Substratabbaues

Das mikrobielle Wachstum − eine autokatalytische Reaktion − erfolgt formal nach der Geschwindigkeitsgleichung 1. Ordnung:

$$R_x = \frac{dc_x}{dt} = \mu\, c_x \; . \tag{94}$$

Die spezifische Wachstumsgeschwindigkeit μ ist dabei keine Konstante, sondern hängt von zahlreichen Zustandsparametern ab:

$$\mu = f_1(T) \cdot f_2(\text{pH}) \cdot f_3(c_x) \prod_{j=0}^{m} \phi_j(c_{sj}) \prod_{k=0}^{n} \psi_k(c_{pk}) \tag{95}$$

j: S, N, O
k: P$_1$, P$_2$

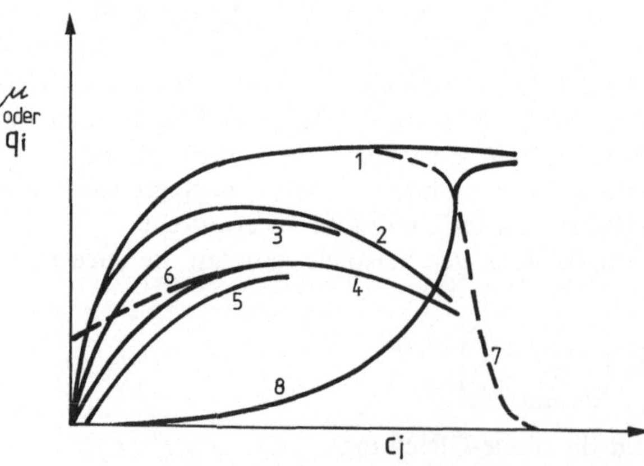

Abb. 9. Typische Verläufe zur Beschreibung der Abhängigkeiten der spezifischen Geschwindigkeit von Wachstum, Substratverbrauch oder Produktbildung (μ bzw. q_i) von der limitierenden Substratkonzentration S bzw. Produktkonzentration P: 1: *Monod*-Kinetik; 2: *Monod* mit S-Inhibition; 3: *Monod* mit S-Inhibition bei hohem X; 4: wie 3, jedoch mit P-Inhibition; 5: wie 4, jedoch mit endogenem Stoffwechsel; 6: wie 4, jedoch mit sequentiellem Abbau von zwei Substraten, der in einem Teilbereich simultan erfolgt; 7: lag-Phase oder Katabolitrepression; 8: *Monod* mit Produktinhibition mit n Produktmolekülen/Bindungseinheiten nach Moser [3] (Verlauf 8 ergänzt)

Tab. 7. Berechnungsschema zur Ermittlung intensiver Größen entsprechend Kap. 4

h	t	c_s	c_x	c_p	$-q_s$	$\mu \cdot 10^2$	$q_p \cdot 10^3$	$Y_{x/s}$
	h	[g/l]	[g/l]	[g/l]	[1/h]	[1/h]	[1/h]	[g_x/g_s]
1	0	216	4,44	0	–	–	–	–
2	10	210	6,5	0,175	0,10	3,82	4,077	0,383
3	20	203	9,4	0,53	0,0851	3,19	3,431	0,375
4	30	194	12,5	0,82	0,072	2,76	2,18	0,383

Die Schlüsselgröße zur Modellierung des Wachstums ist die spezifische Wachstumsgeschwindigkeit μ. Auch wenn in der Regel über Stoffwechsel und Reaktionsgeschehen eines mikrobiellen Systems Erkenntnisse vorliegen, gelingt es nicht sofort, eine entsprechende Abhängigkeit $\mu = f(c_x, c_s, c_p)$ zu erkennen und diese als Modell zu formulieren. Sehr aufschlußreich und eine zweckmäßige Hilfe zur Modellfindung ist die vorangegangene Darstellung in Abb. 9, die die Zusammenhänge μ, $q_i = f(c_i)$ zeigt.

Liegen Versuchsergebnisse $c_i - t (i = X, S, P \ldots)$ von isotherm isobaren Experimenten vor, berechnet man daraus zunächst die Verläufe $\mu = f(t)$, $q_i = f(t)$ bzw. daraus $\mu = f(c_s)$, $\mu = f(c_p)$, $q_p = f(\mu)$, $q_i = f(c_i)$. Die Auswertung der Zustandsvariablen zu intensiven bzw. spezifischen Geschwindigkeitsgrößen erfolgt nach der in Kap. 4 angegebenen Methodik der Differenzenapproximation. Hierfür bietet sich z. B. die Modellbank Biotechnologie [15] an. Ein Berechnungsschema zeigt Tab. 7.

Je nach Umfang der experimentellen Ergebnisse lassen sich einzelne der nachfolgenden Zusammenhänge berechnen:

$$\mu = f(c_s) \qquad \text{bzw.} \qquad q_p = f(\mu)$$
$$\mu = f(c_p) \qquad\qquad\qquad q_p = f(c_s)$$
$$\mu = f(c_x) \qquad\qquad\qquad q_p = f(c_p)$$
$$\mu = f(\text{pH}) \qquad\qquad\quad q_p = f(\text{pH})$$
$$\mu = f(T) \qquad\qquad\qquad q_p = f(T)$$

Aus diesen Darstellungen gewinnt man ganz charakteristische Verläufe, die bestimmten Mechanismen der Formalkinetik gehorchen. Birjukow und Kantere [35] sowie Wolf [36] (nur logistische Gleichungen) haben zahlreiche dieser Verläufe dargestellt und die dazugehörenden formalkinetischen Modelle (verschiedener Autoren) tabelliert.

Abbildung 10 (a – h) sowie die korrespondierende Tab. 8 (a – h) geben diese Abhängigkeiten wieder.

Bei entsprechenden grafischen Verläufen kann man auf diese Weise die Modellstruktur ermitteln. Günstig ist hierbei interaktives grafikorientiertes Arbeiten mit dem Computer und problemrelevanter Software [15]. Mit dem *Daten-editor und dem Modul Transformation/Zeichnung* [15] lassen sich die vorgenannten Abhängigkeiten problemlos erzeugen und ausdrucken. Zweckmäßigerweise erfolgen Parameteranpassung und anschließende visuelle Bewertung

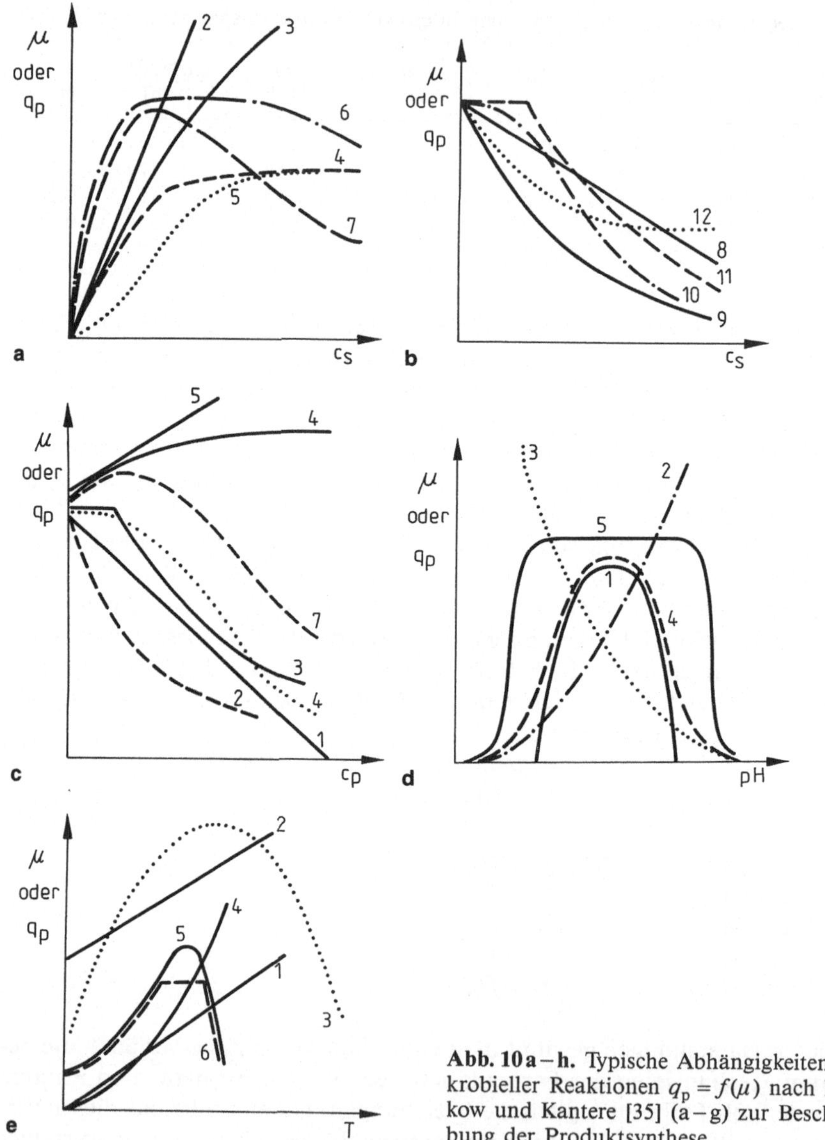

Abb. 10a–h. Typische Abhängigkeiten mikrobieller Reaktionen $q_p = f(\mu)$ nach Birjukow und Kantere [35] (a–g) zur Beschreibung der Produktsynthese

der gegenübergestellten gemessenen sowie berechneten Verläufe in sich wiederholendem Wechselspiel von verschiedenen Startpunkten aus. Stimmen berechneter und gemessener Verlauf im Rahmen der Streuung überein, und ist von verschiedenen Startpunkten keine bessere Anpassung mehr zu erreichen – $RQS_{min} = f$ (Parameter) = const. – erfolgt der Abbruch der numerischen Auswertung. Der ermittelte Wert von μ_{max} ist für mehr als zwei Konzentrationen (c_x, c_s) eine Konstante des mehrdimensionalen Raums, dessen Zahlen-

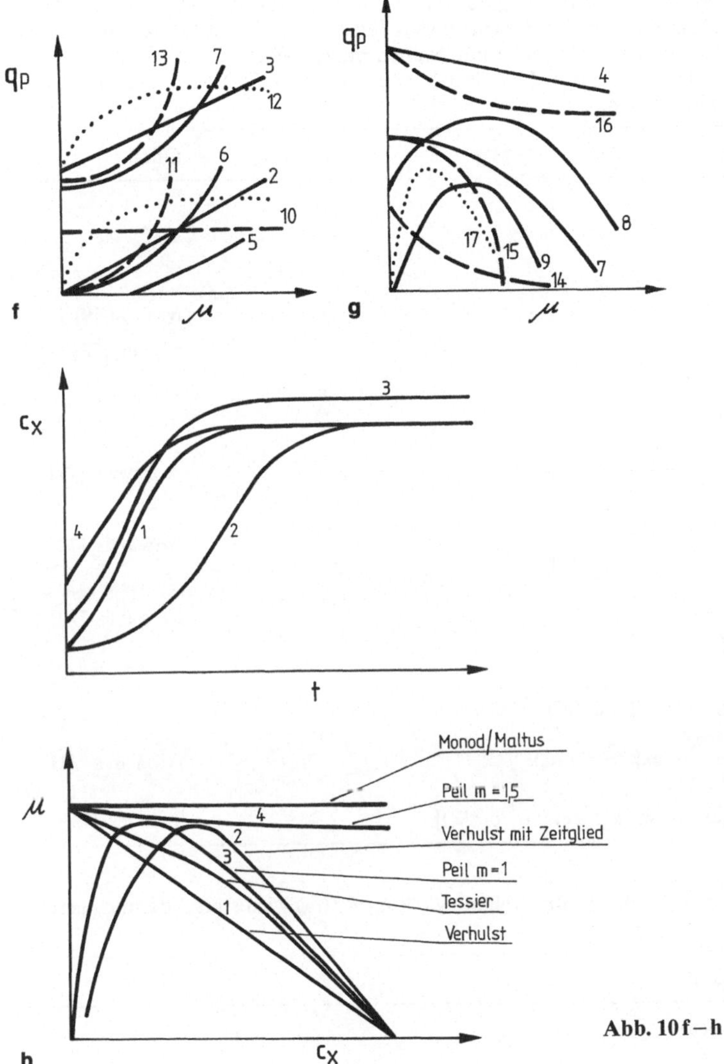

Abb. 10 f – h

wert häufig nicht mehr mit dem gemessenen $\mu_{max,gem.}$ korrespondiert. Er ist eine rein mathematische Anpassungsgröße. Hierbei werden selten mehr als 3 unabhängige Variablen berücksichtigt (z. B. c_s, c_{p1}, c_{p2}), weil die quantitative Verifikation problematisch ist. Damit ist das formalkinetische Wachstumsgesetz ermittelt, mit dem sich der Substratabbau über die stöchiometrischen Relationen Gln. (52–54) darstellen läßt. Die Zusammenhänge zwischen den Zustandsgrößen und intensiven Prozeßvariablen gibt Tab. 9, S. 41, wieder. Die Gesetzmäßigkeiten der Produktsynthese lassen nach gleicher Methodik ermitteln, gehorchen aber eigenständigen Zusammenhängen.

Tab. 8. Formalkinetische Modelle entsprechend der Abhängigkeiten nach Abb. 10a–h nach Birjukow und Kantere. Der Literaturnachweis für die Modelle ist [35] zu entnehmen. (Hier sind nur die bekanntesten Modelle mit Namen angegeben.)

Tab. 8a und b. $\mu = f(c_s)$; $q_p = f(c_s)$. Für die Abhängigkeit $q_p = f(c_s)$ wird statt μ dann q_p eingesetzt, d. h. es gilt: $q_p = q_{max} \cdots$

Nr.	Abhängigkeit	Quelle
1	$\mu = \text{const.}$	
2	$\mu = K c_s$	
3	$\mu = K c_s^n$	
4	$\mu = \mu_{max} c_s/(K_s + c_s)$	Monod [9]
5	$\mu = \mu_{max} c_s^n/(K_s + c_s^n)$	Moser [78]
6	$\mu = \mu_{max} \dfrac{1 + c_s/K_1}{1 + c_s/K_2}$	
7	$\mu = \mu_{max} \dfrac{c_s}{K_s + c_x + c_s^2/K_I}$	Andrews [71]
8	$\mu = \mu_{max} \dfrac{c_s}{(K_s + c_s)(1 + c_s/K_I)}$	Edwards [72]
9	$\mu = \mu_{max} \dfrac{c_s(1 + c_s/K_I)}{K_s + c_s + c_s^2/K_I}$	Edwards [72]
10	$\mu = \mu_{max} \dfrac{c_s}{K_s + c_s + (1 + c_s/K)c_s^2/K_I}$	
11	$\mu = \mu_{max} \dfrac{c_s}{K_s + c_s} \exp(-c_s/K_s)$	Aiba u. a. [1]
12	$\mu = \mu_{max}[\exp(-c_s/K_I) - \exp(-c_s/K_s)]$	Teissier [73]

Tab. 8c. $\mu = f(c_p)$; $q_p = f(c_p)$. Für die Abhängigkeit $q_p = f(c_p)$ wird statt μ dann q_p gesetzt, d. h. $q_p = q_{p,max} \cdots$

Nr.	Abhängigkeit	Quelle
1	$\mu = \mu_{max} - k c_p$	
2	$\mu = \mu_{max} \dfrac{k_p}{k_p + c_p}$	Jerusalimski [74]
3	$\mu = \mu_{max} \exp(-K/c_p)$	
4	$\mu = \mu_{max}(1 - K/c_p)^n$	
5	$\mu = \mu_{max} \dfrac{K_p}{K_p + c_p^n}$; μ_{max} für $c_p \le c_{p,KR}$	Bergter [75]
6	$\mu = \mu_{max} \dfrac{(1 + c_{p,k,R}/K_p)}{1 + c_p/K_p}$ für $c_p > c_{p,KR}$	
7	$\mu = \mu_0 + \mu_1 \dfrac{k_p}{K_p + c_p}$	

Tab. 8d. $\mu = f(\text{pH})$

Nr.	
1	$\mu = K_o + k_1\,(\text{pH}) + K_2\,(\text{pH})^2$
2	$\mu = \mu_{\max}\dfrac{K_H}{K_H + [\text{H}]}$
3	$\mu = \mu_{\max}\dfrac{K_{OH}}{K_{OH} + [\text{OH}]}$
4	$\mu = \mu + \dfrac{\mu_{\max}}{(1 + [\text{OH}]/K_H)(1 + [\text{OH}]/K_{OH})}$

Tab. 8e. $\mu = f(T)$; $q_p = f(T)$. Für diese Abhängigkeit wird statt μ dann q_p gesetzt, d.h. $q_p = q_{p,\max}\cdots$

Nr.	Abhängigkeit	Quelle
1	$\mu = \mu_0 + K\,T$	
2	$\mu = \mu_{\max} - K\left(\dfrac{T}{T_0} - 1\right)^2$	
3	$\mu = \mu_0 \exp\left(-K/T\right)$	
4	$\mu = \mu_1 \exp\left(-K_1/T\right) - \mu_2 \exp\left(-K_2/T\right)$	
5	$\mu = \mu' \exp\left(-K/T\right)$	Arrhenius [76]

Tab. 8f und g. $q_p = f(\mu)$

Nr.	Abhängigkeit	Nr.	
1	$q_p = a$	12	$q_p = a\mu/(b-\mu)$
2	$q_p = a\mu$	13	$q_p = q_{po} + a\mu/(b+\mu)$
3	$q_p = a + b\mu$	14	$q_p = q_{po} + a\mu/(b-\mu)$
4	$q_p = a - b\mu$	15	$q_p = \dfrac{a(\mu_{\max} - \mu)}{b+\mu}$
5	$q_p = -a + b\mu$		
6	$q_p = c\mu^2$	16	$q_p = \dfrac{a(\mu_{\max} - \mu)}{b-\mu}$
7	$q_p = a + c\mu^2$		
8	$q_p = a - c\mu^2$	17	$q_p = q_{po} + \dfrac{a(\mu_{\max} - \mu)}{b+\mu}$
9	$q_p = a + b\mu + c\mu^2$		
10	$q_p = b\mu - a\mu^2$		
11	$q_p = a\mu/(b+\mu)$		

Tab. 8h.

Geschwindigkeitsgleichung

Verhulst [77]

$$\frac{dc_x}{dt} = \mu_{max} c_x - \frac{\mu_{max}}{c_{x,max}} c_x^2$$

Verhulst mit Zeitglied nach Wolf [36]

$$\frac{dc_x}{dt} = \mu_{max} [1 - \exp(-t/t_i)] \left(1 - \frac{c_x}{c_{x,max}}\right) c_x$$

Peil [37]

$$\frac{dc_x}{dt} = \mu_{max} \left(\frac{c_x - c_{xo}}{c_{x,max}}\right) [c_{x,max} - (c_x - c_{xo})]$$

Peil [37]

$$\frac{dc_x}{dt} = \mu_{max} c_x - \frac{\mu_{max}}{c_{x,max}} c_x^m \qquad m > 1$$

Zeitgesetz

$$c_x = \frac{c_{x,max}}{1 + \left(\dfrac{c_{x,max}}{c_{xo}} - 1\right) \cdot \exp(-\mu_{max} \cdot t)} \tag{1}$$

$$c_x(t) = \frac{c_{x,max}}{1 + \left(\dfrac{c_{x,max}}{c_{xo}} - 1\right) \cdot \exp[-\mu_{max}\{t + t_i[\exp(-t/t_i) - 1]\}]} \tag{2}$$

$$c_x = c_{xo} + \frac{c_{x,max}}{1 + \left(\dfrac{c_{x,max}}{c_{xo}} - 1\right) \exp(-\mu_{max} \cdot t)} \tag{3}$$

$$c_x = \frac{c_{x,max}}{\left[1 + \left(\dfrac{c_{x,max}}{c_{xo}} - 1\right) \exp(-\mu_{max} \cdot t)\right]^{1/m}} \tag{4}$$

Tab. 9. Makroskopische Prozeßvariable und abgeleitete reaktionstechnische Größen (nach [7, S. 246])

| Makroskopische Prozeßvariable i/j | Symbol für die Masse kg | Stoffänderungsgeschwindigkeit | | | | Reaktion bzw. Bezeichnung zwischen Komponenten | Definition |
		Konzentration kg m^{-3}	Absolut kg m^{-3} h^{-1}	Spezifisch q_i h^{-1}	Ertragskoeffizienten $Y_{j/i}$ kg kg^{-1}		
Biomasse	X	c_x	$R_x = \dfrac{\mathrm{d}c_x}{\mathrm{d}t}$	$\mu = \dfrac{1}{c_x} R_x$	–	–	$R_x = \mu c_x$
Substrat	S	c_s	$R_s = \dfrac{\mathrm{d}c_s}{\mathrm{d}t}$	$q_s = \dfrac{1}{c_x} R_s$	$Y_{x/s}$	S→X	$R_s = -\dfrac{1}{Y_{x/s}} R_x$
Sauerstoff	O	c_o	$R_o = \dfrac{\mathrm{d}c_o}{\mathrm{d}t}$	$q_o = \dfrac{1}{c_x} R_o$	$Y_{x/o}$	O$_2$→X	$R_o = \dfrac{1}{Y_{x/o}} R_x$
Produkt	P	c_p	$R_p = \dfrac{\mathrm{d}c_p}{\mathrm{d}t}$	$q_p = \dfrac{1}{c_x} R_p$	$Y_{p/s}$	S→P	$R_s = -\dfrac{1}{Y_{p/s}} R_p$
CO$_2$	C	c_c	$R_c = \dfrac{\mathrm{d}c_c}{\mathrm{d}t}$	$q_c = \dfrac{1}{c_x} R_c$	$Y_{c/o}$	O$_2$→CO$_2$	$R_o = -\dfrac{1}{Y_{c/o}} R_c$
Reaktionswärme	Q	$Q'_R = \dfrac{Q_R}{\mu V_L}$	$R_Q = \dfrac{Q_R}{V_L}$ $= R_x(-\Delta_R H)$	$q_R = \dfrac{1}{c_x V_L} Q_R$	$Y_{x/Q}$	O$_2 \sim$ Q	$R_Q = Y_{Q/x} R_x$
	kJ	kJ m^{-3}	kJ m^{-3} h^{-1}	kJ kg^{-1} h^{-1}	kg kJ^{-1}		

Beachten Sie: $Y_{Q/x} = \dfrac{1}{[\Delta_R H^{(x)}]}$

6.2 Formalkinetische Modellierung von Produktsynthesen [8]

Unter Produktsynthese soll die Bildung eines Stoffs P durch die Mikroorganismen X verstanden werden. Die Bildung von Zellen ist in dem Sinne keine Produktbildung. Zunächst sollen die Zellen gebildet werden, welche dann gekoppelt (assoziiert, simultan) mit dem Zellwachstum oder nach dem Zellwachstum (sequentiell) ein Produkt bilden. Produkte können primäre oder sekundäre Metaboliten sein. Primäre Metaboliten sind für Wachstum und Vermehrung der Zellen essentiell. Primärmetaboliten sind vor allem Aminosäuren, Vitamine, Purinnucleotide u. a.

Sekundärmetaboliten sind nicht essentiell für Wachstum und Vermehrung (z. B. OTC, Griseofulvin, Penicilline). Primärmetaboliten werden während des log-Wachstums (Tropophase) wachstumsassoziiert synthetisiert, und zwar während des Grundstoffwechsels. Sekundärmetaboliten werden in einer Produktionsphase (Idiophase), die auf die lag-Phase folgt, gebildet. Man spricht von Sekundärstoffwechsel. Eine strenge Trennung zwischen Primär- und Sekundärmetaboliten ist nicht möglich. Die Sekundärmetaboliten leiten sich aus dem Grundstoffwechsel ab. Ihnen geht meist ein stabiles Primärprodukt voraus. Abbildung 11 zeigt die Arten der Produktbildung.

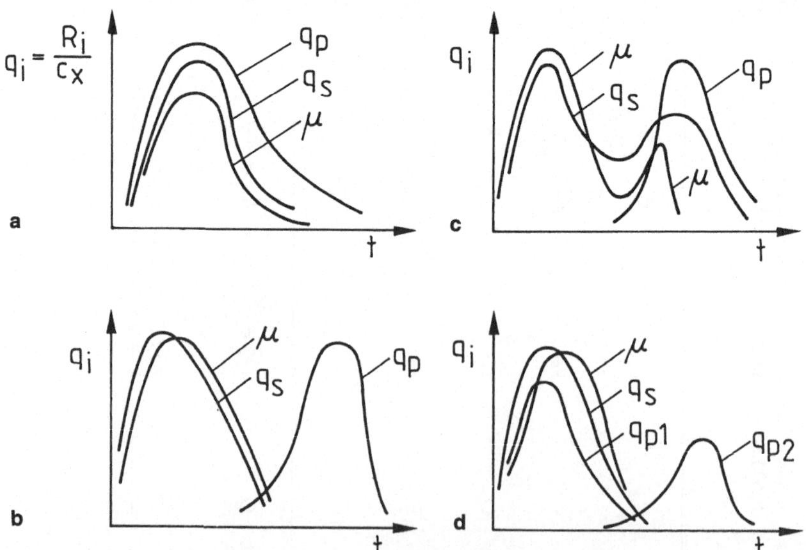

Abb. 11. Verhalten der spezifischen Stoffänderungsgeschwindigkeiten μ, q_s, q_p bei unterschiedlichen Produktbildungstypen. **a** Wachstumsverbundene Produktbildung; **b** anteilige wachstumsgebundene und nicht-wachstumsgebundene Produktbildung; **c** nicht-wachstumsgebundene Produktbildung; **d** Primärprodukt P 1 wachstumsgekoppelt; Sekundärprodukt P 2 wachstumsunabhängig (nach [8, S. 146])

Es gibt verschiedene Klassifizierungsmodelle, und zwar nach der Art

(1) der Wachstumsabhängigkeit der Produktbildung (Gaden [38]),
(2) des Verhaltens der Zwischenprodukte (Deindoerfer [39]),
(3) der Produkte (Pirt [40]).

Von diesen Klassifizierungen eignet sich die Darstellung von Gaden [38] besonders zur Gewinnung repräsentativ kinetischer Modelle. Gaden [38] stellte folgende Klassifizierung auf (s. Tab. 10):

Tab. 10. Klassifizierung von Wachstumssystemen nach Gaden [38]

Typ	Charakterisierung
1	Das Hauptprodukt erscheint als Resultat des primären Stoffwechsels. Die gewünschte Substanz kann ein direktes Abbauprodukt des kohlenhydrathaltigen Substrats sein.
2	Das Hauptprodukt entsteht auf indirektem Wege aus dem primären Energiestoffwechsel. Die Reaktionsraten verhalten sich komplex. Die Energiebilanz ist negativ
3	Verbindungen komplizierter Zusammensetzung entstehen nicht direkt aus dem Energiehaushalt. Die Stoffwechselaktivität bei der Zellteilung findet zeitlich vor der eigentlichen Produktbildungsaktivität statt

Typ 1

Dieser Typ beinhaltet Prozesse, bei denen das Produkt wachstumsassoziiert gebildet wird. Es existiert eine konstante stöchiometrische Beziehung zwischen Substratabnahme und Produktbildung (Abb. 11 a).

Für die wachstumsassoziierte Produktsynthese gilt:

$$\frac{dc_p}{dt} = Y_{p/x}\mu c_x = -Y_{p/s}\frac{dc_s}{dt} \quad (Y_{p/x} = 1/Y_{x/p}) \ . \tag{96}$$

Beispiele: alkoholische Gärung, Milchsäure, Essigsäure, Aceton, Butanol, Gluconsäure.

Typ 2

Charakteristisch für diesen Produktbildungsvorgang ist, daß das Maximum der Zellsynthesegeschwindigkeit nicht mit dem Maximum der Produktbildungsgeschwindigkeit zusammenfällt. Bei konstanter Substrataufnahme wird zuerst die Zellsynthese aktiviert, und in einer späteren Phase, auf Kosten der Zellsynthesegeschwindigkeit, die Produktbildung (Abb. 11 b).

Bei Typ 2 besteht *kein Zusammenhang* mit μ, meist jedoch mit der Zellmasse c_x, so daß gilt:

$$R_\mathrm{p} = \frac{\mathrm{d}c_\mathrm{p}}{\mathrm{d}t} = k_\mathrm{p} c_x \ . \tag{97}$$

Beispiele: Glutaminsäure, Penicillin- und Streptomycinproduktion.

Typ 3

Dieser Typ umfaßt Prozesse mit teilweiser Wachstumsassoziierung. In diesem Fall sind die Maxima für Substrataufnahme, für Zellsynthesegeschwindigkeit und für Produktsynthesegeschwindigkeit voneinander völlig unabhängig (Abb. 11 c). Die Produktbildung steht indirekt mit dem Energiestoffwechsel in Beziehung.

Als Modell für Typ 3 gilt die Beziehung nach Luedeking und Piret [41] (ursprüngliche Darstellung):

$$\frac{\mathrm{d}c_\mathrm{p}}{\mathrm{d}t} = \alpha \underbrace{\frac{\mathrm{d}c_x}{\mathrm{d}t}}_{\substack{\text{wachstums-}\\\text{gekoppelt}}} + \underbrace{\beta c_x}_{\substack{\text{wachstums-}\\\text{unabhängig}}} \tag{98}$$

bzw.

$$q_\mathrm{p} = \frac{1}{c_x} \frac{\mathrm{d}c_\mathrm{p}}{\mathrm{d}t} = \alpha\mu + \beta \ . \tag{99}$$

Beispiel: Milchsäure

Da die Produktbildung häufig in Übergangsphasen des Wachstums beginnt, läßt sich Gl. (99) formal noch erweitern, wobei q_p nicht nur eine Funktion von μ sondern auch von $\mathrm{d}\mu/\mathrm{d}t$ sein kann:

$$q_\mathrm{p} = f(\mu,\dot\mu) \ .$$

Von Guthke [42] wurde Gl. (100) vorgeschlagen:

$$\frac{\mathrm{d}c_\mathrm{p}}{\mathrm{d}t} = \left(\alpha\mu + \beta + \frac{\mathrm{d}\mu}{\mathrm{d}t} \right) c_x \ . \tag{100}$$

Es sind auch Fermentationen bekannt, die eine negative Korrelation zwischen q_p und μ aufweisen (hier Typ 4 genannt, beispielsweise die Melaninproduktion durch *Aspergillus niger*).

Dann wird aus Gl. (99):

$$q_\mathrm{p} = q_{\mathrm{p,max}} - \alpha\mu \ . \tag{101}$$

Die Vorgehensweise zur Identifikation des Produktbildungstyps ist analog der Ermittlung des Wachstumsmodelles.

Liegen wenige Prozeßkenntnisse vor, so kann man zur Erkennung des Produktbildungstyps aus den c_i-t-Verläufen oft bereits die erstellten grafischen Zusammenhänge (Abb. 10) nutzen. Das setzt voraus, daß zunächst die Verläufe

$$q_\mathrm{p} = f(t) \quad \text{und} \quad \mu = f(t)$$

Tab. 11. Typen von Produktbildung und Modellgrundlage

Typ	Produktbildungsart	Modell
I	wachstumsassoziiert	$q_p = Y_{p/x} \cdot \mu$
II	wachstumsunabhängig	$q_p = k_p$
III	wachstumsgekoppelt und wachstumsunabhängig	$q_p = \alpha \cdot \mu + \beta$
IV	wachstumsgekoppelt und wachstumsunabhängig (mit negativer Korrelation)	$q_p = q_{p,\mathrm{max}} - Y_{p/x} \cdot \mu$

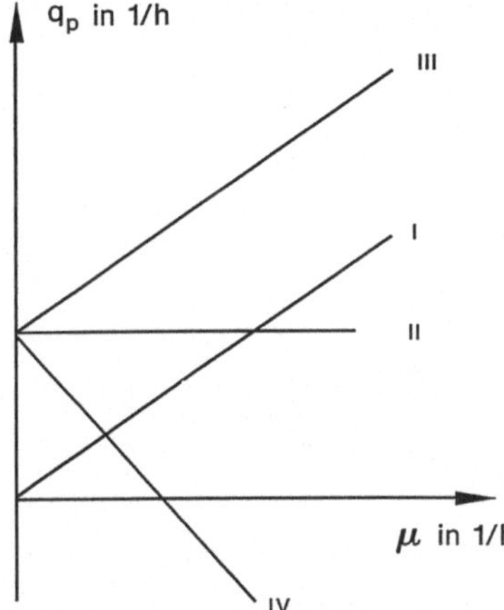

Abb. 12. Typen mikrobieller Produktbildung nach Gaden [38]

bzw. daraus

$$q_p = f(c_s) \, , \qquad\qquad q_p = f(\mu)$$

ermittelt werden. Tabelle 8 verdeutlicht den Berechnungsalgorithmus. Danach erzeugt man die vorgenannten Abhängigkeiten und arbeitet das Problem mit dem Rechner auf.

In Tab. 11 sind die zu Abb. 12 gehörenden Produktbildungstypen erfaßt.

Gehorcht die numerisch ausgewertete Reaktion qualitativ einem der vorgenannten Verläufe (Abb. 12), hat man das formalkinetische Gesetz der Produktbildung gefunden (Tab. 11).

Abweichend von diesen Grundtypen gibt es wesentlich kompliziertere Fälle, bei denen $q_p = f(\mu)$ nichtlinear verläuft. Sie werden hier nicht behandelt, sind aber in Abb. 10f, g dargestellt. Die dazugehörenden Modelle sind in Tab. 8f, g zu finden. Zwei abweichende Modelle Gln. (102, 103) von Rogers [43] sollen noch genannt sein:

$$R_p = Y_{p/x} R_x + k_p c_x c_s \qquad\qquad k_p \text{ in } l\,g^{-1}\,h^{-1} \tag{102}$$

$$R_p = Y_{p/x} R_x + k_p c_x \frac{c_s}{k_s + c_s} \qquad\qquad k_p \text{ in } h^{-1} \, . \tag{103}$$

Bei manchen Fermentationen (z. B. Streptokinase) kommt es bei instabilen Produkten gegen Ende des Reaktionsablaufes zum Produktzerfall. Für die Streptokinasebildungs- und -zerfallkinetik gilt dann nach Gl. (100):

$$R_\mathrm{p} = Y_{\mathrm{p}/x}R_x - k_\mathrm{p}c_x - k_\mathrm{pz}c_\mathrm{p} \qquad k_\mathrm{pz} = \frac{R_\mathrm{p}}{c_\mathrm{p}} \tag{104}$$

für $t \geq t(c_{\mathrm{p,max}})$.

Die Parameterermittlung erfolgt, je nach Herangehensweise und formuliertem Modellansatz, durch

- numerische Integration mit einem Optimierungsalgorithmus,
- nichtlineare Regression,
- lineare Regression (s. Abb. 12).

7 Modellanpassung und Simulation

7.1 Nutzung von Softwaresystemen

Eine effektive Auswertung von Daten biochemischer und mikrobiologischer Abläufe ist mit Personalcomputern und geeigneter Software möglich. Auf dem Gebiet der Bioverfahrenstechnik bieten sich besonders die Softwaresysteme

- *Modellbank Biotechnologie* [15]
- *BIOMOD* [44]

an, die sich in der zweiten Hälfte der 80er Jahre an Universitäten und Hochschulen und in den biotechnologischen Industriezweigen einführten.

Beide Softwaresysteme haben etwa das gleiche Leistungsspektrum. Empfohlen wird jedoch die *Modellbank Biotechnologie* wegen

- der Vorzüge in der Menüführung
- laufender Softwareerweiterungen durch die Entwickler
- der Anwendung in der Lehre und Forschung an ca. 25 deutschen Universitäten und Fachhochschulen, sowie weiterer mehr als 400 Nutzer in der Forschung.

Die Firmen Braun Diessel Biotech GmbH [45] und Münzer und Diehl Electronic GmbH [46] verwenden die integrierte *Modellbank Biotechnologie* als Bestandteil von Fermenterleitsystemen (Micro-MFCS).

Die *Modellbank Biotechnologie* ist an folgende hardwareseitige Voraussetzungen gebunden:

- IBM/XT oder kompatible und zugehörige Betriebssysteme
- EGA- oder VGA-Grafikkarte
- min. 512 kByte RAM
- Numerik-Coprozessor.

Problemlos arbeitet man auf allen PCs ab Konfiguration 386 SX. Ist die *Modellbank Biotechnologie* nicht in Fermenterleitsysteme integriert, so bestehen seine Leistungsfunktionen in der *Auswertung (Parameteranpassung an vorgegebene Modelle)*, der *Simulation* und *Optimierung* durch Simulation (Abb. 13).

Nach der Implementierung der Modellbank ist die Nutzung durch eine vollständige Menüführung und umfangreiche Hilfstexte leicht erlernbar, ohne daß Programmierkenntnisse nötig wären.

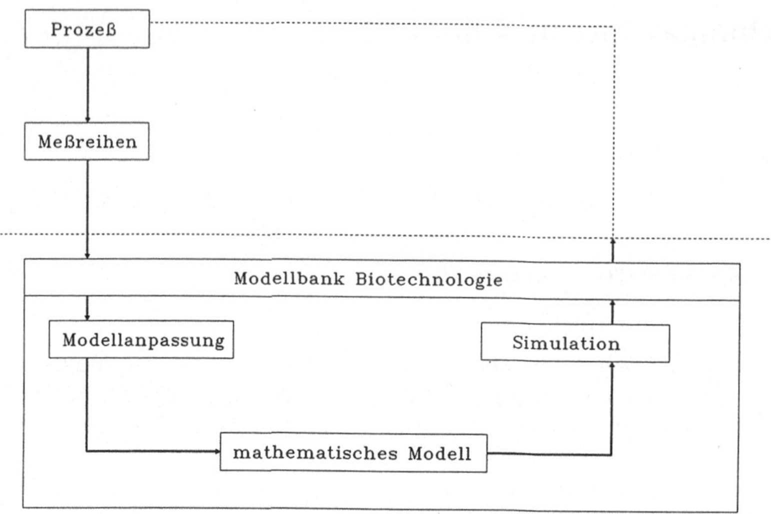

Abb. 13. Schema der Modellbank Biotechnologie [15]

Das Softwaresystem ist modular aufgebaut. Es besteht aus

- Dateneditor,
- Enzymkinetik,
- Wachstum und Produktion,
- Nutzerfunktion,
- Differentialgleichungen,
- mehrdimensionaler Regression,
- Approximation,
- Auswertung,
- Installationshilfe,
- Optionen,
- Hilfsmenüs.

Abbildung 14 gibt das Hauptmenü sowie wesentliche Inhalte der Programmodule wieder.

Der Dateneditor arbeitet im Full-Screen-Modus. Er ist in der Lage, Daten
von anderen Programmen oder Meßwerterfassungssystemen in unterschiedlichen Formaten (dBASE, Text) aufzunehmen und abzugeben. Der Dateneditor
liefert neben dem üblichen Editierangebot eine Vielzahl weiterer Arbeitsmög-
lichkeiten. Dazu gehören unter anderem

- Transformation nach beliebigen Formeln,
- Glättung,
- grafische Darstellung.

Abbildung 15 zeigt die Möglichkeiten des Dateneditors.

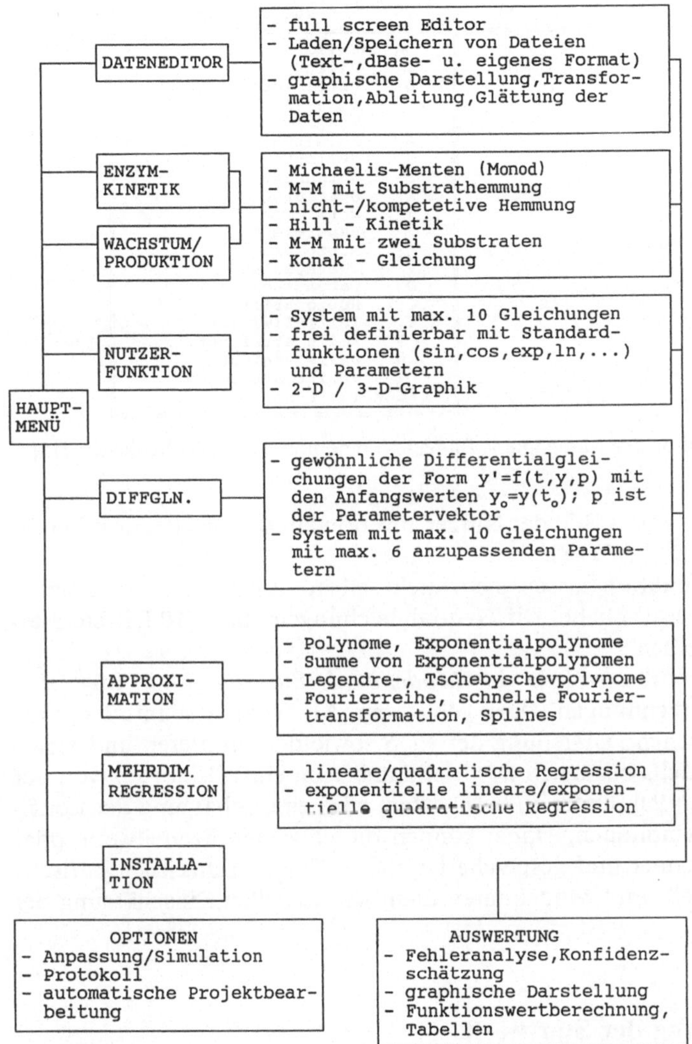

Abb. 14. Übersicht über das Hauptmenü der Modellbank Biotechnologie [15]

Die zahlreichen Möglichkeiten der Modellbank sind im Anhang (Abb. A 1, S. 71 ff) schematisch zusammengestellt.

Für spezielle Probleme, die mit den vorgegebenen Modellen nicht zu behandeln sind, besitzt die Modellbank im Hauptmenü Modul 5 (Nutzerfunktion).

Hier können selbst definierte Modelle eingeschrieben werden. Die Modelle lassen sich in verschiedenen Bibliotheken speichern und sind auf diese Weise nach einem einmaligen Entwurf immer verfügbar.

N	Y1	Y2	Y3	Y4	Y5	Y6	Y7	Y8
1								

```
DATENEDITOR
?        Hilfe
L        Datei lesen
S        Datei sichern
T        Transformation
A        Ableitung
G        Gewichte
Z        Zeichnung
X        Sortieren
N        Normieren
R        Renormieren
M        Mittelung
V        Vertauschen
D        Datendruck
U        Überschrift
I        Initialisieren
^Y       Zeile streichen
^N       Zeile einfügen
^T       Spalte streichen
ESC/F10  Ende
```

Abb. 15. Der Dateneditor der Modellbank Biotechnologie und seine Möglichkeiten [15]

Abbildung 16 zeigt das Bild der Nutzerfunktion am Beispiel der erweiterten logistischen Gleichung [47, 48].

In die Nutzerfunktion lassen sich auch selbstdefinierte Differentialgleichungs-Systeme (gewöhnliche Differentialgleichungen max. 10 Differentialgleichung) einschreiben.

Jedem der angeführten Teile der *Modellbank Biotechnologie* folgt eine Auswertung der Berechnungen. Dazu gehört eine Modellanalyse mit der grafischen und numerischen Darstellung der *RQS* sowie dem mittleren und relativen Fehler des Modells bezüglich der Meßdaten. Um einen Eindruck von der Güte der ermittelten Parameter zu beschaffen, wird eine Schätzung der Konfidenzintervalle vorgenommen. Dabei können die einzelnen Modellwerte oder Wertetabellen berechnet und gespeichert werden. Eine gleichzeitige grafische Darstellung der Meß- und Modelldaten dient der visuellen Einschätzung der Modellgüte.

7.2 Größenordnung der Startwerte
einiger ausgewählter Modellparameter

Ist das Datenmaterial (Experimentalwerte) nicht durch geeignete Methoden aufbereitet worden, so fällt die Abschätzung von Startwerten für die Modellparameter relativ schwer.

Liegen die Startwerte sehr weit vom Optimum entfernt und dazu noch in ungeeigneter Kombination führt die Anpassung

- zu extrem langen Rechenzeiten (besonders bei Differentialgleichungs-Systemen) oder
- zum „Absturz" (Abbruch) oder
- zu einem lokalen Optimum.

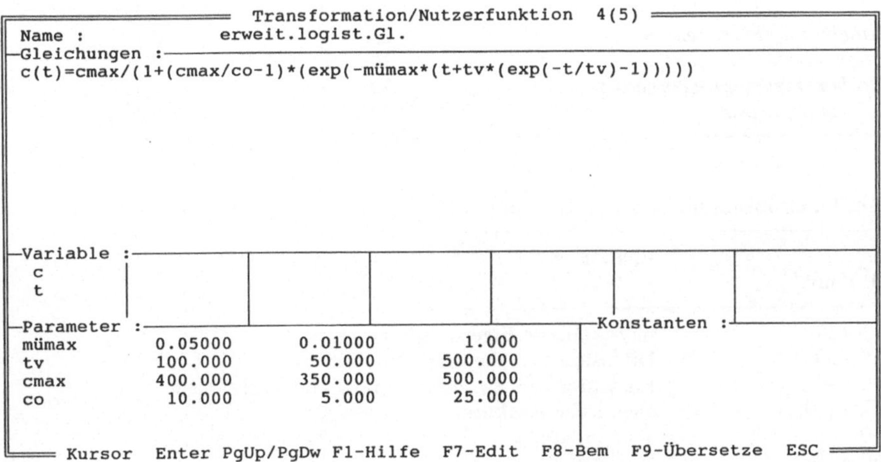

Abb. 16. Übersicht über die Darstellung einer eigenen Modelldefinition im Modul Nutzerfunktion der Modellbank Biotechnologie [15]; hier die erweiterte logistische Gleichung [36]

Zur Abschätzung der Größenordnung der *maximalen spezifischen Wachstumsgeschwindigkeit oder der maximalen spezifischen Teilungsrate* können als
Schätzung die Werte in Tab. 12 gelten. Für einige ausgewählte Mikroorganismen sind μ_{max} bzw. v_{max} in Tab. 13 zusammengestellt.

Zur Erfassung der Temperaturabhängigkeit muß ein brauchbarer Schätzwert für die *Aktivierungsenergie* bekannt sein, zumal diese Größe im Exponen-
tialterm auftritt. Je nach Art der Reaktion liefert Tab. 14 eine Möglichkeit zur
Einordnung und groben Abschätzung. Zur genaueren Abschätzung der *Aktivierungsenergie* beim mikrobiellen Wachstum enthält Tab. 15 eine Reihe von
Angaben.

Tab. 12. Bereich der kinetischen Konstanten $\mu_{\max}$ oder $v_{\max}$ verschiedener Arten von Mikroorganismen nach Diekmann und Metz [55]

	$\mu_{\max}$ oder $v_{\max}$ $[\mathrm{h}^{-1}]$
myzelbildende Pilze	0,1...0,34
Hefen	0,34...0,6
Bakterien	0,69...3,0

Tab. 13. Kinetische Konstanten verschiedener ausgewählter Mikroorganismen [8]

Organisums	ϑ °C	$\mu_{\max}$ h^{-1}
Aspergillus niger	30	0,2
Aspergillus nidulans	20	0,09
	25	0,148
	30	0,215
Penicillium chrysogenium	25	0,123
Streptococcus equisimilis	30	0,74
Saccharomyces carlsbergensis	20	0,12
Claviceps purpurea	24	0,046

Tab. 14. Größenordnung der Aktivierungsenergie E verschiedener Phänomene

E $10^3\,\mathrm{J\,mol}^{-1}$	Phänomen
1 – 50	physikalische Eigenschaften
8 – 30	Diffusion in Lebensmitteln
10 – 90	Enzymreaktionen, mikrobiologische Reaktionen
50 – 150	chemische Reaktion
100	Thiaminabbau
80 – 150	Maillard-Reaktion
70 – 200	Enzyminaktivierung
150 – 300	irreversible Proteindenaturierung
170 – 250	Abtötung von Mikroorganismen (vegetative Formen)
270 – 500	Abtötung von Mikroorganismen

Wird in der Modellierung der Ansatz des Konzepts der Erhaltungsenergie genutzt, so benötigt man eine Schätzung für den Erhaltungskoeffizienten m_s. Im allgemeinen gilt

$$10^{-4} \lesssim m_\mathrm{s}[\mathrm{h}^{-1}] \lesssim 10^{-1} \ . \tag{105}$$

Zur Abschätzung der Substratkonstante K_s kann man grob setzen

$$K_\mathrm{s} \approx \frac{c_\mathrm{s,max}}{10} \tag{106}$$

Tab. 15. Größe der Aktivierungsenergie ausgewählter Mikroorganismen

Organismus	Temperaturbereich °C	E J mol^{-1}	Literatur
Candida kefyr	35 – 40 Hefe	$4,4 \cdot 10^4$	Hamad [49]
Hansenula polymorpha	35 – 40 Hefe	$1,0 \cdot 10^5$	Hamad [49]
Sacc. carlsbergensis	10 – 25 Hefe	$7,1 \cdot 10^4$	Wolf [48]
Pophyridium crentum	20 – 30 Mikroalge	$8,0 \cdot 10^4$	Wolf [48]
Pediococcus acidilactici	20 – 45 Bakt.	$5,2 \cdot 10^4$	Wolf [48]
Enterococcus faecium	20 – 40 Bakt.	$3,18 \cdot 10^4$	Wolf [48]
E. coli	12 – 26 Bakt.	$1,2 \cdot 10^5$	Pirt [50]
psychrophilic *Pseudomonas* sp.	12 – 30 Bakt.	$5,3 \cdot 10^4$	Pirt [50]
Klebsiella aerogenes	20 – 40 Bakt.	$6,0 \cdot 10^4$	Pirt [50]
mouse tissue cells	31 – 38 Tier. Zellen	$1,2 \cdot 10^5$	Pirt [50]
Aspergillus nidulans	20 – 37 Pilz	$5,9 \cdot 10^4$	Pirt [50]
Serpula lacrymans	20 – 38 Pilz	$9,15 \cdot 10^4$	Körner [51]
F. pinicola	16 – 24 Pilz	$4,9 \cdot 10^4$	Körner [51]
C. puteana	20 – 38 Pilz	$5,46 \cdot 10^4$	Körner [51]

und im Falle einer Substrat-Inhibition

$$K_I \approx 5 \times K_s = \frac{c_{s,max}}{2} \, . \tag{107}$$

Zur Abschätzung der Startwerte von Ertragskoeffizienten lassen sich folgende Angaben verwenden:

$$0,2 \; < Y_{x/s} < 1,7 \qquad Y_{x/s} \;\; \text{in } g_x \cdot g_s^{-1} \tag{108}$$

$$0,5 \; < Y_{x/o} < 3,5 \qquad Y_{x/o} \;\; \text{in } g_x \cdot g_o^{-1} \tag{109}$$

$$0,01 < Y_{x/Q} < 0,1 \qquad Y_{x/Q} \;\; \text{in } g_x \cdot kJ^{-1} \, . \tag{110}$$

Weiterhin bieten die Sammelwerke von Atkinson und Mavituna [52, S. 143 – 147, 162 – 165 f] sowie Rehm und Reed [53, 54] im Hinblick auf spezielle Stoffsysteme zahlreiche Angaben zu den vorgenannten und auch weiteren Parametern.

8 Bewertung der Anpassung von Modellen [7]

Die grundlegende Voraussetzung zur Anwendung eines mathematischen Modelles ist seine ausreichende Adäquatheit, da sowohl qualitativ als auch quantitativ richtige Ergebnisse benötigt werden.

Die qualitativen Züge eines Modelles werden durch die physikalischen, chemischen, biochemischen und biologischen Gesetzmäßigkeiten determiniert.

Sie sind oft durch entsprechende Modellkonzepte bzw. Modelle beschreibbar. Ist das Modellkonzept mit der experimentell gewonnenen Abhängigkeit weitgehend adäquat, dann werden die qualitativen Seiten richtig wiedergegeben. Dieses Modell empfiehlt sich dann zur Parameteranpassung durch geeignete numerische Verfahren. Durch Vergleich der experimentellen Abhängigkeit mit den Ergebnissen der Modellsimulation ist mit statistischen Methoden eine quantitative Bewertung der Güte der Anpassung möglich. Die Übereinstimmung mit dem Verhalten des realen Objektes läßt sich mit einer Reihe statistischer Maßzahlen und anderer statistischer Tests beurteilen. Zu den wichtigsten statistischen Maßzahlen gehören:

(1) das Bestimmtheitsmaß $\qquad\qquad\qquad$ B
   (bzw. der Korrelationskoeffzient) $\qquad$ r $(r^2 = B)$
   und das korrigierte Bestimmtheitsmaß $\quad$ B*
(2) die Reststreuung $\qquad\qquad\qquad\qquad$ s_R^2
   (mittlere Restabweichung) $\qquad\qquad$ s_R
(3) der Variationskoeffizient $\qquad\qquad\quad$ v

Das *Bestimmtheitsmaß* gibt Auskunft über die Straffheit des Zusammenhangs zwischen der (den) abhängigen und unabhängigen Variable(n). *Das Bestimmtheitsmaß ist nur im Zusammenhang mit linearen Abhängigkeiten erklärt.*
Für das multiple Bestimmtheitsmaß gilt:

$$B = 1 - \frac{\sum\limits_{i=1}^{N} (\tilde{y}_i - \hat{y}_i)^2}{\sum\limits_{i=1}^{N} (\tilde{y}_i - \bar{y})^2} = 1 - \frac{RQS}{\sum\limits_{i=1}^{N} (\tilde{y} - \bar{y})^2} \tag{111}$$

N: Zahl aller Versuchspunkte (ggf. mit Wiederholungen),
$\tilde{y}$: Meßwerte, $\hat{y}$: berechnete Werte

$$\bar{y} = \frac{1}{N} \sum\limits_{i=1}^{N} \tilde{y} .$$

In der Technik werden zur unmittelbaren Beurteilung zunächst das Bestimmtheitsmaß B in Verbindung mit der mittleren Restabweichung s_R als bedeutendste Maßzahlen herangezogen. Zwischen dem Bestimmtheitsmaß B, der Zahl der Meßwerte N und der Zahl der Koeffizienten (= Konstanten) $p-1$ einer Gleichung besteht ein Zusammenhang, der durch das sogenannte korrigierte Bestimmtheitsmaß B* hergestellt wird:

$$B^* = 1 - \frac{N-1}{N-p-1}(1-B) \qquad (112)$$

p: Zahl der Konstanten der Korrelation ohne Absolutglied bzw. auch Grad des Polynoms.

Das korrigierte Bestimmtheitsmaß B* berücksichtigt die Tatsache, daß der zur Modellstreuung gehörige Freiheitsgrad um die Anzahl der Modellkoeffizienten kleiner ist als der zur Gesamtstreuung gehörende. Es gilt stets B*>B. Für wenige Versuchspunkte überschätzt B die wahre Bestimmtheit B*, für größere Datenmengen gilt B* ≈ B.

Zur numerischen Bewertung gelten die in Tab. 16 angegebenen Grenzen.

Bestimmtheitsmaße der Größe $0,6 \le B \le 0,7$ zeigen Tendenzen bis Trends für die Modellbildung auf. Sie liefern unter Beachtung von weiteren statistischen Betrachtungen (z.B. t-Test) Ansatzpunkte für die Modellentwicklung und zusätzliche experimentelle Untersuchungen. Die Gültigkeit des Bestimmtheitsmaßes für nur lineare Abhängigkeiten soll noch erläutert werden.

Unter linearer Abhängigkeit soll hier verstanden werden, daß die unabhängige Variable „x" bzw. mehrere Variablen x_1, x_2 nichtlinear sein können, aber Parameterlinearität vorliegen muß. Das heißt von nichtlinearen Verläufen wie beispielsweise

$$y = a_0 + a_1 x + a_2 x^2 + a_3 x^3 \qquad p = 3 \qquad (113)$$

$$y = a_0 + a_1 x_1 + a_2 x^2 \qquad p = 2 \qquad (114)$$

bzw. allgemein

$$y = a_0 + \sum_{i=1}^{m} a_i \cdot f_i(x_1, \ldots, x_m) \qquad (115)$$

kann das Bestimmtheitsmaß (B bzw. B*) zur quantitativen Bewertung einer Modellanpassung herangezogen werden.

Tab. 16. Numerische Größe der Güte des korrigierten Bestimmtheitsmaßes

B^*	Güte
0	kein funktioneller Zusammenhang
$\ge 0,8$	befriedigend
$\ge 0,9$	gut
$\ge 0,95$	sehr gut
1,0	streng funktioneller Zusammenhang

Sämtliche Berechnungen der linearen Regression − wie Parameter- und Varianzschätzungen, Tests, Vertrauens- und Toleranzbereiche − sind damit auf diese nichtlineare Regressionsfunktion (z. B. Gln. (113 − 115)) übertragbar.

Die *mittlere Restabweichung* gibt die Genauigkeit an, mit der die gemessenen Werte der abhängigen Variablen y_i mit den berechneten Werten dieser Variablen übereinstimmen. Sie ist ein Maß für die Güte der Anpassung.

$$s_R = \left(\frac{\sum\limits_{i=1}^{N} (\tilde{y}_i - \hat{y}_i)^2}{N-p-1} \right)^{1/2} = \left(\frac{RQS}{N-p-1} \right)^{1/2} \, . \tag{116}$$

Je kleiner s_R, desto besser ist die Anpassung. Es ist zu beachten, daß s_R die Dimension der abhängigen Variablen y besitzt.

Aus der Gaußschen Normalverteilung kann man aus $\mu + \sigma$ bzw. $\mu + 2\sigma$ entnehmen, daß im Mittel ca. 68% der Differenzen zwischen $\pm s_R$ und 95% der Werte zwischen $\pm 2 s_R$ liegen.

Beim Vergleich mehrerer konkurrierender Modelle (Modellselektion) ist die Restabweichung quantitatives Entscheidungskriterium. Unter den „rivalisierenden" Modellen ist jenes mit dem geringsten s_R-Wert das „beste" Modell. Ist die Restabweichung zweier Modelle gleich, so ist das Modell mit der geringeren Zahl von Konstanten das optimale.

Die Reststreuung bzw. Restabweichung ist auch für echt nichtlineare Abhängigkeiten als Maßzahl gültig.

Der *Variationskoeffizient*

$$v = \frac{s_R}{\bar{y}} \tag{117}$$

steht in engem Zusammenhang mit der Reststreuung. Er vergleicht die Restabweichung unter Berücksichtigung ihrer Mittelwerte. Man kann den Variationskoeffizienten als normierte Restabweichung bezeichnen. Er liefert gegenüber der Reststreuung keine zusätzlichen Informationen.

Hinweis: Wurden die unter (1) bis (3) genannten Maßzahlen $B = r^2$, B^*, s_R, v aus Werten transformierter Gleichungen berechnet (quasilineare Regression), d. h. im transformierten Raum, so gelten die Maßzahlen nur für den transformierten Raum.

Von Interesse sind auch die Konfidenzintervalle. Obwohl bei nichtlinearen Funktionen im Gegensatz zu linearen eine saubere Begründung für die Ableitung von Konfidenzintervallen nicht gegeben ist, dürften auch Näherungen wertvolle Hinweise über die Brauchbarkeit ermittelter Parameter geben. Auf weitere Ausführungen soll an dieser Stelle verzichtet werden, da der numerische Aufwand für solche Näherungen beträchtlich ist.

9 Auslegungsgleichungen zur Hydrodynamik, zum Stoff- und Wärmeübergang und Scale-up von Rührfermentern und Blasensäulen

9.1 Grundlagen

Alle eingesetzten Bioreaktoren sind nichtideale Reaktoren. Die Modellkonzepte des Stofftransports und der Kinetik beruhen jedoch ausnahmslos auf idealen Reaktormodellen oder modifizierten idealen Modellen mit begründeten, nichtidealen Erweiterungen (z. B. Diffusionsmodell). Inwieweit das reale Strömungsverhalten von diesen Reaktorkonzepten abweicht, wird durch die Transportphänomene für Stoff, Wärme und Impuls bestimmt. In der Regel gelingt es, Bioreaktoren für die Praxis so auszulegen, daß die angestrebten idealen Reaktormodelle für weitere Arbeiten zugrundegelegt werden können. Indem tatsächliche Reaktorgeometrie, Betriebsparameter und Stoffwerte bei der Auslegung Berücksichtigung finden, bleiben diese im idealen Reaktormodell weitgehend unberücksichtigt.

Es wurden einige Korrelationen ähnlichkeitstheoretischer Formulierungen ausgewählt, die sich bei der Auslegung von Fermentern bewährt haben. Es handelt sich um Beziehungen mit relativ großem Gültigkeitsbereich und engen Konfidenzintervallen.

Nicht berücksichtigt werden die Grundoperationen

- Homogenisieren,
- Dispergieren (nicht mischbare flüssige Phasen),
- Suspendieren

und der Stofftransport Fluid-Fest, weil diese für mikrobielle Prozesse nicht von besonders vordergründiger Relevanz sind. Der Wärmeübergang an der äußeren Behälterwand wird ebenfalls nicht behandelt, da er im VDI-Wärmeatlas [56] in den Blättern Ma 1 ff. in überzeugender Weise dargelegt ist.

Alle Korrelationen für Rührfermenter beziehen sich nur auf den 6-Blatt-Scheibenrührer (Rushton-Turbine). Die Gleichungen werden in knapper Form und kommentarlos zitiert.

Für weiterführende Arbeiten empfiehlt sich die grundlegende und umfassende Literatur [10, 57, 58].

Da die Beziehungen Kennzahlenansätze sind, sollen zunächst die verwendeten dimensionslosen Kennzahlen entsprechend der Problemklasse dargestellt werden.

9.2 Definition der dimensionslosen Kennzahlen

Hydrodynamik

$$Ne = \frac{P}{\varrho\, n^3 d_2^5}$$

$$Re = \frac{n\, d_2^2}{\nu}$$

$$Fr = \frac{n^2 d_2}{g}$$

$$Q = \frac{\dot{V}_G}{n\, d_2^3}$$

$$Ga = \frac{g\, d_2^3}{\nu^2}$$

$$We = \frac{\varrho\, d_2^3 n^2}{\sigma}$$

$$K_F = \frac{\sigma^3 \varrho}{\eta^4 g}$$

$$N_{Ho} = n \cdot t_H$$

Stoffübergang

$$(k_L a)^* = k_L a\, (\nu/g^2)^{1/3}$$

Wärmeübergang

$$St = \frac{\alpha}{\varrho\, c_P\, w_G}$$

$$Re_G = \frac{w_G d_2}{\nu_L}$$

$$Fr_G = \frac{w_G^2}{g\, d_2^2}$$

$$Pr = \frac{\eta_L c_P}{\lambda_L}$$

Hiervon abweichende Definitionen werden im Text hervorgehoben.

9.3 Auslegungsgleichungen

9.3.1 Hydrodynamik im Rührkessel

9.3.1.1 Unbegaster Rührkessel

Newton-Zahl:

$$Ne_o = 4{,}5 \cdot (N_B^P \cdot h_1/d_2)^{0,9}\, z^{1,05} \tag{118}$$

Gültigkeitsbereich:

$$5{,}4 \cdot 10^3 \le Re \le 3{,}8 \cdot 10^5$$
$$0{,}125 \le Fr \le 2{,}0$$
$$h_1/d_2 = 0{,}2$$

$$4 \le N_B \le 8 \; \rightarrow \; p = 0{,}8$$
$$N_B > 8 \; \rightarrow \; p = 0{,}7$$
$$1 \le z \;\; \le 3$$

9.3.1.2 Begaster Rührkessel

Newton-Zahl:

$$Ne_B = \frac{Ne_B(Re = 10^4)}{F}$$

wobei gilt

$$F = 1 + [(3{,}9\,Re^{0{,}12} + 6\cdot 10^{-12}\,Re^{3{,}45})(0{,}22\,Q^{0{,}1} + 6{,}25\,Q^3)]^{-1} \qquad (119)$$

Gültigkeitsbereich (Zlokarnik [59]):

$$800 < Re < 10^4$$
$$Q < 0{,}05$$
$$z = 1$$

Für $Re > 10^4$ wird $F = 1$.

Für Rührersysteme mit mehreren Rührern sind mehrere Korrelationen bekannt (Gln. (120–122)):

$$(1) \qquad Ne_B = z\,\frac{Ne_0 + 187\,Q\,Fr^{-0{,}32}(d_2/d_1)^{1{,}52} - 4{,}6\,Q^{1{,}25}}{1 + 136\,Q(d_2/d_1)^{1{,}14}} \qquad (120)$$

Gültigkeitsbereich (Henzler [58]):

$$Re > 10^4$$
$$Ne_0 \approx 4{,}9$$
$$Fr < 0{,}07\,(d_1/d_2)^3$$
$$d_2/d_1 = 0{,}2 \ldots 0{,}42$$
$$h/d_1 > 0{,}75$$

$$(2) \qquad Ne_B = 20{,}6\,Re^{-0{,}2}\,Q^{-0{,}37}(h_0/d_1)^{1{,}87}\,z^{-0{,}6} \qquad (121)$$

mit

$$B = 0{,}90$$
$$s_R = 0{,}177$$

Gültigkeitsbereich:

$$2{,}5 \le n\;[\mathrm{s}^{-1}] \quad\;\; \le 10$$
$$0 \le \dot{V}_G\;[\mathrm{m}^3\,\mathrm{s}^{-1}] \le 0{,}01$$
$$5{,}4\cdot 10^3 \le Re \quad\quad\;\; \le 3{,}8\cdot 10^5$$
$$0{,}125 \le Fr \quad\quad\;\; \le 2{,}0$$

$$0 \leq Q \qquad \leq 0{,}53$$
$$0{,}24 \leq BW \qquad \leq 0{,}82$$
$$0{,}72 \leq h_0/d_1 \qquad \leq 2{,}2$$
$$1 \leq z \qquad \leq 3$$

(3) $\quad Ne_\mathrm{B} = 1 + 0{,}224\,Ga^{0{,}115}\,z^{1{,}2}\,e^{-7{,}4\,Q\,\log\,(Fr+1)}$ \hfill (122)

Gültigkeitsbereich (Steiff [61]):

$$3 \cdot 10^{-5} \leq Ga \leq 3 \cdot 10^{11}$$
$$3 \cdot 10^{-3} \leq Fr \leq 1{,}8$$
$$3 \cdot 10^{-3} \leq Q \leq 5{,}0$$
$$1 \leq z \leq 3$$

$B = 0{,}891$
$s_\mathrm{R} = 0{,}066$

Leistungseintrag in Rührkessel bei Begasung

$$P_\mathrm{B} = 1{,}63\ (P_\mathrm{o}^2\,n\,d_2^3/\dot{V}_\mathrm{G}^{0{,}56})^{0{,}424}$$

(123)

$B = 0{,}98$
$s_\mathrm{R} = 0{,}13$

Gültigkeitsbereich (Venus [60]):

$$5{,}4 \cdot 10^3 \leq Re \leq 3{,}8 \cdot 10^5$$
$$0{,}003 \leq Q \leq 0{,}53$$
$$0{,}72 \leq h_0/d_1 \leq 2{,}2$$
$$1 \leq z \leq 3$$

Überflutungspunkt

(1) $\quad Q_\mathrm{max} = \dfrac{0{,}21\,Fr^{2{,}1\,d_2/d_1}}{[(d_2/d_1)^{-1} - 2{,}04]^{1{,}3}} + \dfrac{0{,}14\,Fr^{7{,}54\,d_2/d_1}}{[(d_2/d_1)^{-1} - 2{,}25]^{1{,}5}}\ .$ \hfill (124)

Gültigkeitsbereich (Judat [62]):

$$Re > 10^4$$
$$0{,}2 \leq d_1/d_2 \leq 0{,}42$$

(2) $\quad Q_\mathrm{max} = \{0{,}973\,[K_\mathrm{F}^{1/4} - 0{,}15 + 0{,}05\,\ln\,(We/Fr)]\,Fr^{\mathrm{a}} + 0{,}2\,Fr^{1{,}6}\}$

$$\cdot (3\,d_2/d_1)^{3{,}3}$$

(125)

mit

$$a = 0{,}605 + [\ln\,(We/Fr)]^{-1}$$

$$K_\mathrm{F} = 1/N_\mathrm{Mo} = \frac{\sigma^3 \varrho}{\eta^4 g}\ .$$

Gültigkeitsbereich [10, S. 188]:

$$0,035 < Fr \qquad < 1,4$$
$$9,5 \cdot 10^{-11} < K_F \qquad < 2,6 \cdot 10^{-2}$$
$$0,2 < d_1 \, [\text{m}] \quad < 7,0$$
$$0,002 < w_G \, [\text{m/s}] < 0,2$$

9.3.2 Stoffübergangskoeffizient begaster Rührkessel

(1) $\qquad (k_L a)^* = 9,8 \cdot 10^{-5} \cdot (P/V)^{*0,40}/(B^{-0,6} + 0,81 \cdot 10^{-0,65/B})$ $\qquad$ (126)

mit

$$(k_L a)^* \equiv k_L a (v/g^2)^{1/3}$$
$$(P/V)^* \equiv (P/V)/[\varrho (v g^4)^{1/3}]$$
$$B \equiv (\dot{V}_G/d_1^2)(v g)^{-1/3}$$

Gültigkeitsbereich (Judat [63]):

$$0,0025 \le V_L \, [\text{m}^3] \quad \le 906$$
$$10^{-2} \le B \qquad \le \ 1,5$$
$$0,15 \le h_0 \, [\text{m}] \quad \le \ 6,09$$
$$0,137 \le d_2/d_1 \qquad \le \ 0,5$$
$$0,344 \le h_2/d_2 \qquad \le \ 1,115$$
$$0,5 \le h_0/d_1 \qquad \le \ 1,0$$
$$2 \cdot 10^{-3} \le w_G \, [\text{m/s}] \le \ 4,6 \cdot 10^{-2}$$

(Streubereich: $\pm 30\%$)

(2) $\qquad k_L a = 7,9 \cdot 10^{-5} \left[\dfrac{P}{V_L \varrho (v g^4)^{1/3}} \right]^{0,34} \left[\dfrac{w_G}{(v g)^{1/3}} \right]^{0,39} \left(\dfrac{g^2}{v} \right)^{1/3}$ $\qquad$ (127)

Gültigkeitsbereich (Venus, Wolf [64]):

$$0,008 \le V_L \, [\text{m}^3] < 0,25$$
$$0,28 \le h_0 \, [\text{m}] \quad \le 1,0$$
$$0,33 \le d_2/d_1 \quad \le 0,4$$
$$1,4 \le h_0/d_1 \quad \le 1,67$$
$$4 \cdot 10^3 \le Re \qquad \le 7,5 \cdot 10^4$$
$$0,2 \le Fr \qquad \le 2,27$$
$$0,008 \le Q \qquad \le 0,17$$

(Streubereich: $\pm 30\%$)

$$B = 0,82$$

9.3.3 Wärmeübergang im Rührkessel und in der Blasensäule

Wärmeübergang „Wand-begaste Flüssigkeit" im gerührten und ungerührten Gas-Flüssigkeitssystem

$$St = 0,054\,[(Re_\mathrm{G}\,Fr_\mathrm{G}\,Pr^2)^{1/3}]^{-(0,79+0,186\cdot10^{-5}Re)}\,(Re+10^3)^{0,107}\left(\frac{\eta_{Fw}}{\eta_f}\right)^{0,42}$$

$B\ = 0,98$

$s_\mathrm{R} = 0,098$ (Steiff [61, S. 190])

$\hspace{12cm}(128)$

Wärmeübergang „Schlange-begaste Flüssigkeit" im gerührten und ungerührten Gas-Flüssigkeitssystem

$$St = 0,137\,[(Re_\mathrm{G}\,Fr_\mathrm{G}\,Pr^2)^{1/3}]^{-(0,726+0,164\cdot10^{-5}Re)}\,(Re+10^3)^{0,047}\left(\frac{\eta_{Fw}}{\eta_F}\right)^{-0,42}$$

$B\ = 0,99$

$s_\mathrm{R} = 0,079$

$\hspace{12cm}(129)$

Gasgehalt:

$$\varepsilon^{-1} = [2,15\,Fr_\mathrm{G}^{0,32}\,z^{-0,54}\,(Re+1)^{0,008}]+1 \tag{130}$$

$B\ = 0,87$

$s_\mathrm{R} = 0,142$ (Steiff [61, S. 190])

Gültigkeitsbereich:

$$
\begin{aligned}
0 &\le Re &&\le 3\cdot10^5 \\
3\cdot10^{-3} &\le Fr &&\le 1,8 \\
4 &\le Pr &&\le 825 \\
0,5 &\le Re_\mathrm{G} &&\le 16000 \\
1,6\cdot10^{-9} &\le Fr_\mathrm{G} &&\le 4\cdot10^{-2} \\
3\cdot10^{-5} &\le Ga &&\le 3\cdot10^{11} \\
3\cdot10^{-3} &\le Q &&\le 5,0 \\
1 &\le h_0/d_1 &&\le 3 \\
1 &\le z &&\le 3
\end{aligned}
$$

Wärmeübergang „Wand-begaste Flüssigkeit" in der Blasensäule

$$St = 0,1\,[Re\cdot Fr\cdot Pr^2]^{-1/4} \tag{131}$$

Gültigkeitsbereich (Deckwer, Alper [65]):

$$5\cdot10^{-2} \le [Re\cdot Fr\cdot Pr^2]^{-1/4} \le 10^1$$

Für Gl. (131) wurden die Kennzahlen aufgrund von spezifischen Erkenntnissen wie folgt vereinbart:

$$Re = \frac{w_G d_K}{\nu} \; ; \quad d_K: \text{ Durchmesser des Katalysatorteilchens}$$

$$Fr = \frac{w_G^2}{g\, d_K}$$

$$Pr = \frac{\nu \varrho\, c_P}{\lambda}$$

9.3.4 Hydrodynamik in der Blasensäule

Maximale Strömungsgeschwindigkeit:

$$w_{G,\max} = 0{,}21 \sqrt{d_1 g} \left(\frac{w_G^3}{\nu_L g}\right)^{1/8} . \tag{132}$$

Axialer effektiver Diffusionskoeffizient:

$$D_{ax} = 0{,}068\, d_1 \sqrt{d_1 g} \left(\frac{w_G^3}{\nu_L g}\right)^{1/8} . \tag{133}$$

Radialer effektiver Diffusionskoeffizient:

$$D_{rad} = 0{,}011\, d_1 \sqrt{d_1 g} \left(\frac{w_G^3}{\nu_L g}\right)^{1/8} \tag{134}$$

$$D_{ax} \approx 6\, D_{rad}$$

Gültigkeitsbereich (Riquarts [66]):

$$0{,}14 \le d_1\,[m] \quad \le 0{,}6$$
$$0{,}35 \le w_G\,[m/s] \le 1{,}43$$

(Streubereich: $\pm 20\%$)

$$\frac{1}{Bo_L} = \frac{D_{ax}}{w_G \cdot d_1} = \frac{1}{2{,}83} Fr_G^{-0{,}34} = \frac{1}{2{,}83} \left(\frac{w_G^2}{g\, d_1}\right)^{-0{,}34} \tag{135}$$

$10^{-6} \le Fr_G \le 10^{-1}$ (Deckwer [6, S. 151]).

Gasgehalt:

$$\varepsilon_G = 0,36 \left(\frac{\varrho_L g d_1^2}{\sigma}\right)^{-0,15} \left(\frac{g \varrho_L^2 d_1^3}{\eta_{eff}^2}\right)^{0,09} \left(\frac{w_G}{\sqrt{g d_1}}\right)^{0,53}. \tag{136}$$

Gültigkeitsbereich (Schumpe u. a. [67]):

$0,06 \leq d_1 \, [\text{m}] \leq 0,3$
$\quad d_B \quad \gg 1 \, \text{mm}$
$\quad \eta_{eff} \quad > 4 \, \text{mPa s}$

(η_{eff}: Gln. (138, 139); mittlere Abweichung: 8,8%)

9.3.5 Stoffübergang in der Blasensäule

$$k_L a = 0,021 \frac{D}{d_1^2} \left(\frac{\eta_{eff}}{\varrho_L D}\right)^{1/2} \left(\frac{\varrho_L g d_1^2}{\sigma}\right)^{0,21} \left(\frac{g \varrho_L^2 d_1^3}{\eta_{eff}^2}\right)^{0,60} \left(\frac{w_G}{\sqrt{g d_1}}\right)^{0,49} \tag{137}$$

$D \, [\text{m}^2/\text{s}]$: molekularer Diffusionskoeffizient des Sauerstoffs [67].

Gültigkeitsbereich:

$0,14 \leq d_1 \, [\text{m}] \quad \leq 0,39$
$0,02 \leq w_G \, [\text{m/s}] \leq 0,2$
$0,18 \leq n \, [-] \quad \leq 0,7$

n: Fließindex; mittlerer Fehler: 15,8%.

Für pseudoplastische Medien gilt dabei die Ostwald/de-Waele-Beziehung

$$\eta_{eff} = K \dot{\gamma}^{n-1} \tag{138}$$

und für das Schergefälle nach dem grundlegenden Ansatz von Nishikawa u. a. [68]

$$\dot{\gamma} = C w_G \quad \text{mit} \quad C = 5000 \, \text{m}^{-1}. \tag{139}$$

Für die empirische Konstante C wurden in späteren Untersuchungen verschiedener Autoren Werte um $1500 \leq C \leq 4000$ bekannt [70]. Mit Gl. (139) sind also nur Abschätzungen mit einem Fehler um $\approx 100\%$ möglich.

9.3.6 Hydrodynamik im Schlaufenreaktor (Einsteckrohr)

$$Bo_L = \frac{w_G \cdot d_i}{D_{ax}} = 2,7 \, Fr^{0,33} = 2,7 \left(\frac{w_G^2}{g d_i}\right)^{0,33} \tag{140}$$

$10^{-5} < Fr_G < 5 \cdot 10^{-4}$

d_i: Innendurchmesser des Einsteckrohrs [69].

Literatur — Teil I

[1] S. Aiba, A. E. Humphrey, N. F. Millis (1973) Biochemical Engineering (2nd ed.), Academic Press, New York

[2] B. Atkinson, F. Mavituna (1991) Biochemical Engineering and Biotechnology Handbook. Second Edition Press, New York, Stockton

[3] A. Moser (1981) Bioprozeßtechnik. Springer Verlag Wien — New York, Wien

[4] K. Schügerl (1985) Bioreaktionstechnik, Bd. 1, Grundlagen, Formalkinetik, Reaktortypen und Prozeßführung. Otto Salle Verlag, Frankfurt am Main

[5] H.-J. Rehm, G. Reed (1985) Biotechnology, Fundamentals of Biochemical Engineering Vol. 2. VCH Verlagsgesellschaft mbH, Weinheim

[6] W. D. Deckwer (1985) Reaktionstechnik in Blasensäulen. Otto Salle Verlag F./M. — Berlin — München. Verlag Sauerländer Aarau-F./M — Salzburg

[7] K.-H. Wolf (1991) Berechnungsbeispiele zur Bioverfahrenstechnik. B. BEHR'S... VERLAG, Hamburg

[8] K.-H. Wolf (1991) Kinetik in der Bioverfahrenstechnik. B. BEHR'S... VERLAG, Hamburg

[9] J. Monod (1942) Recherches sur la Croissances des Cultures Bacteriennes. Herman et Cie, Paris

[10] F. Liepe, M. Meusel, H.-O. Möckel, B. Platzer, H. Weissgärber (1988) Verfahrenstechnische Berechnungsmethoden — Stoffvereinigen in fluiden Phasen (Teil 4), Ausrüstung und ihre Berechnung, 1. Aufl. VEB Deutscher Verlag für Grundstoffindustrie, Leipzig

[11] A. Steiff, P.-M. Weinspach (1977) Wärmeübergang in gerührten und ungerührten Gas-Flüssigkeits-Reaktoren. VDJ-Berichte, Nr. 290, S. 223−238

[12] K.-H. Wolf (1973) Beitrag zur Modellierung anaerober Fermentationsprozesse — dargestellt am Beispiel der Gärung und Reifung von Bier in der Apparateeinheit: Rührkessel-Rührkolonne. Diss. A, Technische Hochschule Magdeburg

[13] A. N. Kolmogorov (1941) Die Energiedissipation für lokalisotrope Turbulenz (russ.). Ber. Akad. Wiss. UdSSR 32 1, 19

[14] H. Schubert, E. Heidenreich, F. Liepe, T. Neeße (1990) Mechanische Verfahrenstechnik, 3. erweit. u. durchges. Auflage. Deutscher Verlag für Grundstoffindustrie, Leipzig

[15] B. Goldschmidt, U. Lindner, B. Mathizik, V. Tiller (1992) Modellbank Biotechnologie, Anwenderbeschreibung, Version 6.1. Martin-Luther-Universität, Institut für Biotechnologie, Halle 1989

[16] K.-H. Wolf, Axiale Rückvermischung in mehrstufigen Fermentoren. Chem. Techn. 31 (1979) 11, S. 553−556 (Teil I), ibid. 32 (1980) 2, S. 65−67 (Teil II)

[17] J. Pawlowski (1962) Reaktionsrohr mit Cellarstörung und seine Verweilzeit — Eigenschaften. Chemie-Ing.-Tech. 34 9, S. 628−631

[18] C. G. Sinclair, D. E. Brown (1970) Effect of Incomplete Mixing on the Analysis of the Static Behaviour of Continuous Culture. Biotechnol. Bioeng. 12 6, S. 1001−1017

[19] K.-H. Wolf (1980) Beiträge zur Maßstabsübertragung und Dynamik kontinuierlicher quasi-zweiphasiger fermentativer Prozesse in Rührreaktoren. Diss. B, Technische Hochschule Magdeburg

[20] E. Dieterich, G. Sorescu, G. Eigenberger (1992) Numerische Methoden zur Simulation verfahrenstechnischer Prozesse. Chem.-Ing.-Tech. 64 2, S. 136−137

[21] L. Gläser, W. Klöden (1992) Simulation des dynamischen Verhaltens verfahrenstechnischer Systeme. Wiss. Z. Techn. Univers. Dresden 41 6, S. 45−49

[22] R. Tietze (1984) Beitrag zu den Grundlagen der optimalen Gestaltung und Anwendung von Membrantrennprozessen. Diss. B, TU Dresden

[23] B.-R. Angierski (1990) Untersuchungen zur Optimierung, Modellierung und Qualitätsbewertung von Hohlfaserhämodialysatoren. Diss., TU Dresden

[24] K.-H. Wolf, Einsatz und Auslegung von Membranfermentoren für den Dialysebetrieb und zur blasenfreien Begasung, Vorlesung am Bereich Chemie und Biotechnik der Technischen Fachhochschule Berlin, 23. Jan. 1992

[25] J. E. Prednosil, T. Hediger (1985) Scale-up of Membrane fixed Enzyme Reactors: Modelling and Experiments, Desalination 53, S. 265–278

[26] G. A. Oertzen, W. Bauer (1991) Development and Modelling of a Microfiltration Membrane Reactor with Immobilized Enzymes (S. 110–113), Biochemical Engineering – Stuttgart. Gustav Fischer Stuttgart – New York

[27] J. Vorlop (1989) Entwicklung eines Membranrührers zur blasenfreien Begasung und Durchmischung von Zellkulturreaktoren im Pilotmaßstab. Diss., TU Carolo-Wilhelmina zu Braunschweig

[28] K. Budde (1976) Autorenkollektiv, Reaktionstechnik III. VE Verlag für Grundstoffindustrie Leipzig

[29] A. Ishizoki, T. Ohta, G. Kobayashi (1991) Batch Culture Growth Model and Computer Simulation. BFE 8 4, S. 186–195

[30] J. Langmuir (1918) The Adsorption of Gases on plane Surfaces of Glass, Mica and Platinum. Journ. Am. Chem. Soc. 40 9, S. 1361–1403

[31] C. S. Hanes, CLXVII (1932) Studies on Plant Amylases. 1. The Effect of Starch Concentration upon the Velocity of Hydrolysis by the Amylase of germinated Barley. Biochem. Journ. 26, S. 1406–1421

[32] H. Lineweaver, H. D. Burk (1934) The Determining of Enzyme Dissoziations Constants. Journ. Am. Chem. Soc. 56 3, S. 658–666

[33] G. S. Eadie (1942) The Inhibition of Cholinesterase by Physostigmine and Prostigmine. Journ. biol. Chem. 146 1, S. 85–93

[34] B. H. J. Hofstee (1952) Specifity of Esterase. Journ. biol. Chem. 199, S.357–364

[35] W. W. Birjukow, W. M. Kantere (1985) Optimierung periodischer Prozesse der mikrobiologischen Synthese (russ.). Moskau, Verlag „Nauka"

[36] K.-H. Wolf, F. Voigt (1992) Einbeziehung der lag-Phase und des Temperatureinflusses in die logistische Wachstumsgleichung. Wiss. Z. Techn. Univers. Dresden 41 6, S. 69–78

[37] J. Peil (1978) Das logistische Wachstumsgesetz und seine Erweiterungen. Gegenbaurs morph. Jahrbuch 122 4, S.524–545

[38] E. L. Gaden (1959) Fermentation Process Kinetics. Journ. Biochem. Microbiol. Technol. Eng. New York 4, S. 413–429

[39] F. H. Deindoerfer (1960) In: W. W. Umbreit (Hrsg.) Advances in Applied Microbiology Vol. II. New York, Academic Press 2, S. 321–334

[40] S. J. Pirt (1965) The Maintenance Energy of Bacteria in Growing Cultures. Proc. Royal Soc. B. London 163 991, S. 224–231

[41] R. Luedeking, E. L. Piret (1959) A Kinetic Study of the Lactic Acid Fermentation. Journ. Biochem. Microbiol. Technol. Eng., New York 1 3, S. 300–402

[42] H. Weide, J. Paca, W. Knorre (1987) Biotechnologie. VEB Gustav Fischer Verlag, Jena

[43] P. L. Rogers, L. Bramall, I. J. McDonald (1978) Kinetic Analysis of Batch and Continuous Culture of *Streptococcus cremoris* HP. Can. Journ. Microbiol. 24, S. 372–380

[44] F. Geipel (1988) BIOMOD – Softwaresystem zur Unterstützung der Prozeßmodellentwicklung in der Biotechnologie (Offerte und Dokumentation). Köthen, Ingenieurhochschule, Sektion Biotechnologie/Lebensmitteltechnik, Wissenschaftsbereich Biotechnologie

[45] Micro-MFCS-Modelling System, Prospekt der Fa. B. Braun Diessel Biotech GmbH, Melsungen

[46] Fermenterleitsysteme für die Biotechnologie, Prospekt der Fa. Münzer + Diehl Electronic GmbH, Overath

[47] K.-H. Wolf, J. Venus (1992) Description of the Delayed Microbial. Growth by an Extended Logistic Equation. Acta Biotechnol. 12 5, S. 405–410

[48] K.-H. Wolf, J. Venus (1992) Beschreibung des verzögerten mikrobiellen Wachstums durch eine erweiterte logistische Gleichung. BioEngineering 9 1, S. 24–26

[49] S. H. Hamad (1986) Screening of Yeasts associated with food from the Sudan and their possible Application for Single Cell Protein and Ethanol Production. Diss. Techn. Univ. Berlin

[50] S. J. Pirt (1975) Principles of Microbe and Cell Cultivation. Blackwall Scientific Publications, Oxford, London, Edinburgh, Melburne

[51] S. Körner (1991) Verfahren zur stofflichen Modifikation des Rohholzes für die Holzwerkstoffherstellung. Diss., Technische Universität Dresden

[52] B. Atkinson, F. Mavituna (1983) Biochemical Engineering and Biotechnology Handbook. The Nature Press, New York

[53] H.-J. Rehm, G. Reed (1985) Biotechnology, Vol. 1–8: Fundamentals of Biochemical Engineering. VCH Verlagsgesellschaft mbH, Weinheim

[54] K.-H. Wolf, Th. Rothe (1990) Wärmebilanzierung von diskontinuierlich betriebenen Bioreaktoren. Wiss. Z. Techn. Univers. Dresden, 39 6, S. 77–84

[55] H. Diekmann, H. Metz (1991) Grundlagen und Praxis der Biotechnologie. Gustav Fischer Verlag, Stuttgart, New York

[56] VDI-Wärmeatlas (1988) 5. Auflage. Deutscher Ingenieurverlag GmbH, Düsseldorf

[57] H.-J. Henzler (1987) Wärme- und Stofftransport in Bioreaktoren sowie Beispiele für das Zusammenwirken von stofflichen, geometrischen und betriebsbedingten Parametern beim Wärme- und Stofftransport. In: Preprints der Dechema/GVC-Vortragstagung „Bioreaktoren", Darmstadt

[58] H.-J. Henzler (1982) Verfahrenstechnische Auslegungsunterlagen für Rührbehälter als Fermenter. Chem.-Ing.-Tech. 54 5, S. 461–476

[59] M. Zlokarnik (1973) Rührleistung in begasten Flüssigkeiten. Chem.-Ing.-Tech. 45 10a, S. 689–692

[60] J. Venus (1989) Maßstabsübertragung aerober Fermentationsprozesse in der pharmazeutischen Industrie. Diss., Technische Universität Dresden

[61] A. Steiff (1976) Untersuchungen zum Wärme- und Impulsaustausch in ungerührten und gerührten Gas-Flüssigkeits-Reaktoren. Diss., Universität Dortmund

[62] H. Judat (1976) Zum Dispergieren von Gasen. Diss. Universität Dortmund

[63] H. Judat (1982) Gas/Liquid Mass Transfer in Stirred Tanks. Ger. Chem. Eng. 5, S. 357–363

[64] J. Venus, K.-H. Wolf (1991) Zum Stoffaustausch Gas/Flüssigkeit in Reaktoren mit mehretagigem Rührsystem. Chem.-Ing.-Tech. 63 2, S. 168–169

[65] W.-D. Deckwer, E. Alper (1980) Katalytische Suspensions-Reaktoren. Chem.-Ing.-Tech. 52 3, S. 219–228

[66] H.-P. Riquarts (1981) Strömungsprofile, Impulsaustausch und Durchmischung der flüssigen Phase. Chem.-Ing.-Tech. 53 1, S. 60–61

[67] A. Schumpe, C. Singh, W.-D. Deckwer (1985) Stoffübergangszahlen und effektives Schergefälle beim Belüften von Xanthan-Lösungen in Blasensäulen. Chem.-Ing.-Tech. 57 11, S. 988–989

[68] M. Nishikawa, H. Kato, K. Hashimoto (1977) Heat Transfer in Aerated Tower Filled with Non-Newtonian Liquid. Ind. Eng. Chem. Process, Des. Dev. 16 1, S. 133–137

[69] H. Schäfer, H. M. Deger (1989) Große Schlaufenfermenter. BTF-Biotech-Forum 6 3, S. 162–166

[70] I.-S. Suh, A. Schumpe (1992) Zum effektiven Schergefälle in Blasensäulen. Chem.-Ing.-Tech. 64 6, S. 560–562

[71] J. F. Andrews (1968) Mathematical Model for Continuous Culture of Microorganisms Utilizing Inhibitory Substrates. Biotechnol. Bioeng. 10 6, S. 707–723

[72] V. H. Edwards (1970) The Influence of High Substrate Concentrations on Microbial Kinetics. Biotechnol. Bioeng. 12 5, S. 679–712

[73] G. Teissier (1942) Chroissance des populations bacteriennes et quantite d'alimente disponible. Rev. Sci. 3208, S. 209–231

[74] D. N. Jerusalimski (1967) Bottle-necks in Metabolism as a Growth-Rate Controlling Factors. In: E. O. Powell (Ed.) Microbial Physiology and Continuous Culture. H. M. S. O. London, 23

[75] F. Bergter (1983) Wachstum von Mikroorganismen, 2. überarb. Auflage. VEB Gustav Fischer Verlag, Jena

[76] S. Arrhenius (1889) Über die Reaktionsgeschwindigkeit bei der Inversion von Rohrzucker durch Säuren. Ztschr. f. phys. Chemie 4, S. 226–248

[77] P. F. Verhulst (1838) Notice sur la loi que la population suit dans son accroissement. Corr. Math. Phys. 10, S. 113–121

[78] H. Moser (1958) The Dynamics of Bacterial Populations Maintained in the Chemostat. Wash. Carnegie Inst. Publs. N 614, S. 160–165

Anhang 1

Tab. A 1. Modellbank Biotechnologie V 6.0 in der Gesamtübersicht von Hauptmenü, Module, Optionen, Installation und Systemdaten [15]

```
                    Modellbank Biotechnologie V 6.1


            Martin-Luther-Universität / Inst. für Biotechnologie, Halle
                      Bernd Goldschmidt  1985 - 1992


         HAUPTMENÜ                              INSTALLATION

  --->1  Dateneditor                   --->1  Pfadnamen
     2  Enzymkinetik                       2  Startwerte
     3  Wachstum / Produktion              3  Konstanten
     4  Approximation                      4  Farben
     5  Nutzerfunktion                     5  Zeichnungskonstanten
     6  Differentialgleichung              6  Druckerinitialisierung
     7  mehrdim. Regression                7  Maustasten
     8  Installation                       8  Systemkonstanten
                                           9  Installierung sichern

  Wahl :                                Wahl :

        F2-Optionen                           F2-Optionen
    === ENTER/F1/F10/ESC ===            === ENTER/F1/F10/ESC ===


                    Systemdaten

            Schätzbreite              6.000
                       h       1.00000E-05
                   delta       1.00000E-05
                 epsilon       1.00000E-05
                Min.Lin.       1.00000E-06
             Vertr.Niveau            0.980
                 Min.FQS       1.00000E-17
            Min.rel.Korr.      1.00000E-05
             Min.rel.FQS       1.00000E-09
                  epsDgl       1.00000E-05

                === F1/F10/ESC ===
```

Tab. A1 (Fortsetzung)

```
┌─────────────────────────────────┐   ┌─────────────────────────────────┐
│           HAUPTMENÜ             │   │ DATENEDITOR                     │
│                                 │   │ ?      Hilfe                    │
│ --->1   Dateneditor             │   │ L      Datei lesen              │
│    2   Enzymkinetik             │   │ S      Datei sichern            │
│    3   Wachstum / Produktion    │   │ T      Transformation           │
│    4   Approximation            │   │ A      Ableitung                │
│    5   Nutzerfunktion           │   │ G      Gewichte                 │
│    6   Differentialgleichung    │   │ Z      Zeichnung                │
│    7   mehrdim. Regression      │   │ X      Sortieren                │
│    8   Installation             │   │ N      Normieren                │
│                                 │   │ R      Renormieren              │
│ Wahl :                          │   │ M      Mittelung                │
│                                 │   │ V      Vertauschen              │
│         F2-Optionen             │   │ D      Datendruck               │
│ ═══ ENTER/F1/F10/ESC ═══        │   │ U      Überschrift              │
└─────────────────────────────────┘   │ I      Initialisieren           │
                                       │ ^Y     Zeile streichen          │
                                       │ ^N     Zeile einfügen           │
                                       │ ^T     Spalte streichen         │
                                       │ ESC/F10   Ende                  │
                                       └─────────────────────────────────┘

     ┌──────────────────────────────────────────────────────────────┐
     │ Modellbank : Optionen                                        │
     │ --->  1    Anpassung          : ein                          │
     │       2    Simulation         : aus                          │
     │       3    Startwertübernahme : aus                          │
     │       4    Sortieren erlaubt  : ein                          │
     │       5    Bewichtung         : aus                          │
     │       6    Protokoll          : aus                          │
     │       7    Plotter            : aus                          │
     │       8    Remember           : aus                          │
     │       9    Projekt            : aus                          │
     │       A    Protokolldatei     : Printer                      │
     │       B    PlotterDatei       : nicht spezifiziert           │
     │       C    Rememberdatei      : nicht spezifiziert           │
     │       D    Projektdatei       : nicht spezifiziert           │
     │       ?    Hilfe                                             │
     │      ESC Ende                                                │
     │              Wahl :                                          │
     │          ═══════ ENTER/F1/F10/ESC ═══════                   │
     └──────────────────────────────────────────────────────────────┘
```

Tab. A1 (Fortsetzung)

```
┌─────────────────────────────────┐
│            HAUPTMENÜ             │
├─────────────────────────────────┤
│  --->1   Dateneditor            │
│     2   Enzymkinetik            │
│     3   Wachstum / Produktion   │
│     4   Approximation           │
│     5   Nutzerfunktion          │
│     6   Differentialgleichung   │
│     7   mehrdim. Regression     │
│     8   Installation            │
├─────────────────────────────────┤
│  Wahl :                         │
├─────────────────────────────────┤
│         F2-Optionen             │
│      ENTER/F1/F10/ESC           │
└─────────────────────────────────┘
```

```
┌─────────────────────────────────┐
│          ENZYMKINETIK           │
├─────────────────────────────────┤
│  --->1   Michaelis-Menten       │
│     2   Substrathemmung         │
│     3   komp.Hemmung            │
│     4   nichtkomp.Hemmung       │
│     5   Hill-Kinetik            │
│     6   Zwei-Substr.MM          │
│     7   Konak-Gl.,p=1           │
│     8   Konak-Gl.,p>1           │
├─────────────────────────────────┤
│  Wahl :                         │
├─────────────────────────────────┤
│         F2-Optionen             │
│      ENTER/F1/F10/ESC           │
└─────────────────────────────────┘
```

```
┌─────────────────────────────────┐
│            MODELLART            │
├─────────────────────────────────┤
│  --->1   Wachstum               │
│     2   Produktion              │
├─────────────────────────────────┤
│  Wahl :                         │
├─────────────────────────────────┤
│         F2-Optionen             │
│      ENTER/F1/F10/ESC           │
└─────────────────────────────────┘
```

```
┌─────────────────────────────────┐
│          APPROXIMATION          │
├─────────────────────────────────┤
│  --->1   Polynom                │
│     2   Exponentialpolynom      │
│     3   Fourierreihe            │
│     4   Legendrepolynom         │
│     5   Tschebyscheffpolynom    │
│     6   y=A*exp(B*x)            │
│     7   y=A+B*exp(C*x)          │
│     8   y=A*exp(Bx)+C*exp(Dx)   │
│     9   y=A*x^B*exp(C*x)        │
│     A   y=A+B*exp(C*x*x+D*x)    │
│     B   Schnelle Fouriertraf    │
│     C   Spline                  │
├─────────────────────────────────┤
│  Wahl :                         │
├─────────────────────────────────┤
│         F2-Optionen             │
│      ENTER/F1/F10/ESC           │
└─────────────────────────────────┘
```

```
┌─────────────────────────────────┐
│             KINETIK             │
├─────────────────────────────────┤
│  --->1   Monod                  │
│     2   Substrathemmung         │
│     3   komp.Prod.Hemm.         │
│     4   nichtkomp.Prod.Hemm.    │
│     5   komp.Inh.Hemm.          │
│     6   nichtkomp.Inh.Hemm.     │
├─────────────────────────────────┤
│  Wahl :                         │
├─────────────────────────────────┤
│         F2-Optionen             │
│      ENTER/F1/F10/ESC           │
└─────────────────────────────────┘
```

```
┌─────────────────────────────────┐
│       MEHRDIM. REGRESSION       │
├─────────────────────────────────┤
│  --->1   lin. Regression        │
│     2   exp.lin. Regression     │
│     3   quadr. Polynom          │
│     4   exp.quadr. Polynom      │
├─────────────────────────────────┤
│  Wahl :                         │
├─────────────────────────────────┤
│         F2-Optionen             │
│      ENTER/F1/F10/ESC           │
└─────────────────────────────────┘
```

```
┌─────────────────────────────────┐
│           AUSWERTUNG            │
├─────────────────────────────────┤
│  --->1   Modellanalyse          │
│     2   Zeichnung               │
│     3   Funktionswerte          │
│     4   Tabelle berechnen       │
│     5   Werte speichern         │
│     6   Ergebnis anzeigen       │
│     7   Parameter ändern        │
├─────────────────────────────────┤
│  Wahl :                         │
├─────────────────────────────────┤
│         F2-Optionen             │
│      ENTER/F1/F10/ESC           │
└─────────────────────────────────┘
```

Teil II

Aufgaben und Lösungen

Beispiel 1 (Lit. [1.7], S. 57 ff):
$k_L a$-Wert nach der dynamischen Methode

- Strömungsregime Q, Re
- Leistungseinträge P_o, P_B
- Überflutungspunkt $P_{Bü}$, $n_ü$
- Sauerstoffverbrauchsgeschwindigkeit R_o
- Sättigungskonzentration c_o^*
- Stoffübergangskoeffizient $k_L a$

Aufgabenstellung

In einem 450-l-Rührerfermenter ($d_1 = 0{,}6$ m, $d_2 = 0{,}2$ m) mit Turbinenrührer (Scheibenrührer) wird bei 30 °C der Pilzstamm *Diaporthe carpinicola* diskontinuierlich in einem komplexen Nährmedium ($v = 2{,}87 \cdot 10^{-6}$ m^2 s^{-1}) kultiviert, um das Labenzym (Exoenzym) zu gewinnen. Die mittlere Dichte des Nährmediums im unbegasten Zustand beträgt $\varrho = 1030$ kg m^{-3}. Etwa 70 Gerinnungseinheiten sind zu erreichen. Die ständige Belüftung beträgt $\dot{V}_G/V_L = 6{,}25 \cdot 10^{-3}$ m$_G^3$ m^{-3} s^{-1}. Das Füllvolumen (unbegast) beträgt $V_L = 0{,}2$ m^3. Die Verteilung der Phasen Biomasse – Nährmedium – Luft wird über drei Rührflügel ($z = 3$), ($d_2 = 0{,}2$ m), die auf einer Rührwelle aufgebracht sind, verwirklicht. Die Drehzahl beträgt $n = 150$ min^{-1}.

Mit einer pO$_2$-Elektrode wird in der 39. Fermentationsstunde der pO$_2$-Verlauf nach der dynamischen Methode gemessen. Dazu wird zum Zeitpunkt Null die Elektrode aktiviert und es wird gemessen (= Stationäranzeige c_{os}). Bei $t = 45$ s wird die Luftzufuhr geschlossen und die Messung weiterverfolgt. Da die Kultur weiterhin Sauerstoff zur Biomasse- und Produktsynthese aufnimmt, sinkt der Gelöstsauerstoffgehalt im Nährmedium. Nach ca. 8 min (bei $t = 495$ s) wird die Belüftung wieder voll geöffnet, wobei eine Aufsättigung des Kulturmediums erfolgt. Die über einen A/D-Wandler gewonnenen Meßwerte werden alle 45 s ausgegeben und protokolliert. Die Meßwerte lauten:

pO$_2$ [mg l^{-1}]	6,2	6,2	6,15	5,7	5,1	4,65	4,2	3,8	3,2
t [s]	0	45	90	135	180	225	270	315	360
pO$_2$ [mg l^{-1}]	2,7	2,2	2,2	3,4	4,35	4,85	5,2	5,5	5,6
t [s]	405	450	495	540	585	630	675	720	765
pO$_2$ [mg l^{-1}]	5,75								
t [s]	810								

Hinweis: Für $k_L a$-Werte $> 0,1\ \text{s}^{-1}$ (charakteristische Zeitkonstante: $t_c = 1/k_L a > 10\ \text{s}$) ist es notwendig, das Zeitverhalten der pO_2-Elektrode zu berücksichtigen [1.6]. Das Elektrodenzeitverhalten kann hier unberücksichtigt bleiben, weil die Ansprechzeit der Elektrode $< 10\ \text{s}$ für 90% der Endanzeige ist.

Biologische Probleme im Zusammenhang mit der dynamischen Methode werden nicht tiefgreifend diskutiert.

Aufgaben

1.1

Schätzen Sie ab, ob das von den Rührern erzeugte Strömungsfeld eine Gleichverteilung der Phasen im Bilanzraum sichert.

Ermitteln Sie, ob der Bioreaktor oberhalb des Überflutungspunktes arbeitet. Wie hoch ist der Gasanteil ε_G? Berechnen Sie den $k_L a$-Wert (s. [1.1], [1.4])!

1.2

Zeichnen Sie den pO_2-t-Verlauf und kennzeichnen Sie die stationäre Phase (I), die Auszehrphase (II) und die Aufsättigungsphase (III). Die Sauerstoffbilanz für die Phasen ist aufzustellen!

Zeigen Sie, welche Modellparameter ($c_o^*, R_o, k_L a, c_o^0$) aus den Phasen des Prozeßverlaufs ermittelbar sind.

1.3

Numerische Auswertung
— Bestimmen Sie c_o^* und R_o (Phase II).
— Bestimmen Sie den Wert von $k_L a$ mit der Äquivalenzmethode (Phase I + II).
— Bestimmen Sie $k_L a$, R_o und c_o^* nach der Differenzenmethode aus Phase III.

1.4

Leiten Sie aus der Differentialgleichung für die Phase der Aufsättigung die analytische Lösung her!

Bestimmen Sie aus den Meßwerten der Auszehrphase die Parameter $k_L a$, R_o, c_o^* sowie c_o^0 durch nichtlineare Regression!

1.5

Erfassen Sie alle Ergebnisse in einer Tabelle und interpretieren Sie aus quantitativer und qualitativer Sicht.

Lösungen

1.1 Arbeitsregime des Bioreaktors

Die Verteilungsverhältnisse der Phasen lassen sich, wenn die Begasungskennzahl klein ist ($Q < 5 \cdot 10^{-2}$), in erster Näherung über die Re-Zahl charakterisieren.

Für die Begasungskennzahl Q unter den beschriebenen Verhältnissen ergibt sich

$$Q_{\text{vorh}} = \frac{\dot{V}_G}{n d_2^3} \tag{1.1}$$

$$= \frac{(\dot{V}_G / V_L) \cdot V_L}{n d_2^3} = \frac{(6{,}25 \cdot 10^{-3}) \cdot 0{,}2}{2{,}5 \cdot 0{,}2^3}$$

$$Q_{\text{vorh}} = 6{,}25 \cdot 10^{-2}$$

$Q_{\text{vorh}} \approx Q = 5 \cdot 10^{-2}$, so daß man zunächst eine Gleichverteilung der Phasen annehmen kann.

Für die Re-Zahl folgt

$$Re = \frac{n d_2^2}{\nu} = \frac{\dfrac{150}{60} \cdot 0{,}2^2}{2{,}87 \cdot 10^{-6}} \tag{1.2}$$

$$Re = 34\,843$$

Bei den drei in gleichmäßiger Distanz ($S_i / d_2 = 0{,}28/0{,}2 = 1{,}4$) auf der Rührwelle aufgesetzten Rührelementen und der hohen Re-Zahl ($-$ ausgeprägte Turbulenz) ist mit einer weitgehenden Gleichverteilung der Phasen zu rechnen, wenn die vorhandene Drehzahl n_{vorh} etwas größer ist als die Drehzahl bei Überflutung $n_{\text{vorh}} > n_{\ddot{u}}$ bzw. wenn gilt Leistung $P_{\text{vorh}} > P_{\ddot{u}}$.

Begasungsprozesse setzen also eine Drehzahl $n > n_{\ddot{u}}$ voraus. Optimale Effizienzen des Stoffüberganges treten bei $n \approx n_{\ddot{u}}$ auf.

Jede Steigerung des Leistungseintrages über diesen Punkt hinaus vergrößert den $k_L a$-Wert, verringert jedoch die Effizienz (kg_{O_2} $(\text{kWh})^{-1}$). Verschiedene Korrelationen bzw. Gleichungen, die auf dem ähnlichkeitstheoretischen Konzept zur Bestimmung der Überflutungsdrehzahl $n_{\ddot{u}}$ bzw. Rührerbelastungskennzahl $Q_{\ddot{u}}$ beruhen, sind in der einschlägigen Literatur ([1.1], [1.4]) zu finden.

Für einen stabilen Betrieb des Bioreaktors oberhalb des Überflutungspunktes muß gelten:

$$\left(\frac{P_B}{P_o}\right)_{\text{vorh}} > \left(\frac{P_B}{P_o}\right)_{\ddot{u}} \tag{1.3}$$

wobei der Index „ü" für den Überflutungszustand steht.

Nach Möckel ([1.1]) gilt für Rührbehälter mit drei auf der Welle aufgesetzten Schaufelrührern ($d_1 = 0{,}4 \ldots 0{,}9$ m, $d_1 / d_2 = 0{,}3 \ldots 0{,}4$):

$$\left(\frac{P_B}{P_o}\right)_{\ddot{u}} = \frac{1}{\sqrt{1 + 375 \left(\dfrac{v_s^2}{g\,d_1}\right)^{1/2}}} \cdot \tag{1.4}$$

Für die Glasleerrohrgeschwindigkeit v_s in Gl. (1.4) folgt

$$v_s = \frac{\dot{V}_G}{A} = \frac{\dot{V}_G 4}{\pi d_1^2} = \frac{1{,}25 \cdot 10^{-3} \cdot 4}{\pi \cdot 0{,}6^2}$$

$$v_s = 4{,}42 \cdot 10^{-3} \text{ m s}^{-1}$$

Bei der vorhandenen Gasbelastung ergibt sich mit Gl. (1.4) folgendes kriterielles Verhältnis (Mindestverhältnis), das nicht unterschritten werden darf:

$$\left(\frac{P_B}{P_o}\right)_{\ddot{u}} = \frac{1}{\sqrt{1 + 375 \left(\dfrac{(4{,}42 \cdot 10^{-3})^2}{9{,}81 \cdot 0{,}6}\right)^{1/2}}} < \left(\frac{P_B}{P_o}\right)_{vorh} \tag{1.5}$$

$$\left(\frac{P_B}{P_o}\right)_{\ddot{u}} = 0{,}771 = \frac{0{,}771}{1} = \text{gefordertes Mindestverhältnis, bei dem } P_{vorh} \approx P_{\ddot{u}} \text{ beträgt}$$

Nun müssen die vorhandenen Bedingungen geprüft werden. Zunächst werden die Verhältnisse im unbegasten Zustand P_o berechnet. Für die Ermittlung der Newton-Zahl in 3-etagigen Rührfermentern gibt es nur wenige Angaben. Bei Venus (Teil I, Kap. 2) findet man für $Re > 10^4$ (unbegastes bewehrtes System) $Ne_o = 12$.

Für den unbegasten Zustand erhält man nach Gl. (118) (Teil I, Kap. 9.3; $Ne = 12$)

$$P_o = Ne_o \varrho\, n^3 d_2^5 \tag{1.6}$$

$$P_o = 12 \cdot 1030 \cdot 2{,}5^3\, 0{,}2^5$$

$$P_o = 61{,}8 \text{ kg m}^2 \text{ s}^{-3}$$

Der vorhandene Leistungseintrag im begasten Zustand kann nach einem Modell von Venus (Teil I, Kap. 9.3, Gl. (123)) berechnet werden:

$$\begin{aligned}
P_B &= 1{,}63 \cdot [(P_o^2 n d_2^3 / \dot{V}_G^{0{,}56})]^{0{,}424} \\
&= 1{,}63 \cdot [61{,}8^2 \cdot 2{,}5 \cdot 0{,}2^3 / (1{,}25 \cdot 10^{-3})^{0{,}56}]^{0{,}424}
\end{aligned} \tag{1.7}$$

$$P_B = 50{,}1 \text{ W}$$

Damit ergibt sich folgendes Leistungsverhältnis:

$$\left(\frac{P_B}{P_o}\right)_{vorh} = \frac{50{,}1}{61{,}8} = 0{,}811 \ . \tag{1.8}$$

Das tatsächliche Leistungsverhältnis zum kriteriellen Verhältnis (Mindestverhältnis) ergibt sich zu

$$\frac{(P_B/P_o)_{vorh}}{(P_B/P_o)_{ü}} = \frac{0{,}811}{0{,}771} = 1{,}052 \ . \tag{1.9}$$

Damit liegen die vorhandenen Werte $\approx 5\%$ über dem kriteriellen Wert, so daß die Annahme der Gleichverteilung der Phasen Berechtigung hat. Somit ist das Konzept des idealen Rührreaktors für weitere Betrachtungen überhaupt erst zulässig.

Ein Vergleich der Drehzahl $n_ü$ zu n_{vorh} und Ne_B zu Ne_o setzt die Kenntnis von der Dichte $\bar{\varrho}$ bei Begasung voraus.

Die mittlere Dichte des Mediums bei Begasung erhält man aus

$$\bar{\varrho} = \varrho_L(1-\varepsilon_G) + \varrho_G\varepsilon_G \tag{1.10}$$

wobei ε_G für den Anteil des Gases steht.

Der Wert für ε_G ergibt sich aus der Korrelation [1.2]

$$\varepsilon_G = \frac{0{,}073 \cdot [P_o(vg)^{1/3}/(V_L v_s^2 \varrho g)]^{0{,}311} \cdot v_s}{(vg)^{1/3}} \ . \tag{1.11}$$

Damit folgt der Gasgehalt nach Gl. (1.11) zu

$$\varepsilon_G = \frac{0{,}073 \cdot \left[\dfrac{61{,}8(2{,}87 \cdot 10^{-6} \cdot 9{,}81)^{1/3}}{0{,}2 \cdot (4{,}42 \cdot 10^{-3})^2 \cdot 1030 \cdot 9{,}81}\right]^{0{,}311} \cdot 4{,}42 \cdot 10^{-3}}{(2{,}87 \cdot 10^{-6} \cdot 9{,}81)^{1/3}}$$

$$\varepsilon_G = 0{,}0353$$

Da der Term ‚$\varrho_G \cdot \varepsilon_G$' in Gl. (1.10) sehr kleine Werte liefert ($\approx 0{,}09\ \mathrm{kg\ m^{-3}}$), gilt vereinfacht

$$\bar{\varrho} = \varrho_L(1-\varepsilon_G)$$

Somit erhält man als mittlere Dichte

$$\bar{\varrho} = \varrho_L(1-\varepsilon_G) = 1030\ (1-0{,}0353) \tag{1.12}$$

$$\bar{\varrho} = 993{,}64\ \mathrm{kg\ m^{-3}}$$

Nun läßt sich die Leistungskennzahl im begasten Zustand (Ne_B) berechnen, da zwischen Gl. (1.7 und 1.13) Äquivalenz gelten muß:

$$P_B = Ne_B \bar{\varrho}\, n^3 \cdot d_2^5 \tag{1.13}$$

$$Ne_B = \frac{P_{B,vorh}}{\bar{\varrho} \cdot n^3 d_2^5} = \frac{50{,}1}{993{,}64 \cdot 2{,}5^3 \cdot 0{,}2^5} \ . \tag{1.14}$$

$$Ne_B = 10{,}08$$

Hierbei wird deutlich, daß erwartungsgemäß $Ne_B < Ne_o$ ist:

$$\frac{Ne_B}{Ne_o} = \frac{10,08}{12,0} = \frac{0,84}{1} \; .$$

Bei der Begasung unter vorliegenden Bedingungen fällt der Ne_o-Wert um ca. 16%.

Nunmehr kann auch die Drehzahl am Überflutungspunkt $n_{\ddot u}$ bestimmt werden. Es gelten folgende Verhältnisse:

$$\frac{P_{B,\text{vorh}}}{P_{B,\ddot u}} = \frac{Ne_B \bar\varrho \, n^3_{\text{vorh}} d^5_2}{Ne_{B,\ddot u} \varrho_{\ddot u} n^3_{\ddot u} d^5_2} \; . \tag{1.15}$$

Setzt man in ausreichender Näherung $Ne_B \approx Ne_{B,\ddot u}$ und $\bar\varrho \approx \varrho_{\ddot u}$ erhält man

$$\frac{P_{B,\text{vorh}}}{P_{B,\ddot u}} = \left(\frac{n_{\text{vorh}}}{n_{\ddot u}}\right)^3 \tag{1.16}$$

und aufgelöst nach $n_{\ddot u}$:

$$n_{\ddot u} = \left(\frac{P_{B,\ddot u}}{P_{B,\text{vorh}}}\right)^{1/3} \cdot n_{\text{vorh}} = \left(\frac{0,771 \cdot P_o}{P_{B,v}}\right)^{1/3} \cdot n_{\text{vorh}}$$

$$= \left(\frac{0,771 \cdot 61,8}{50,1}\right)^{1/3} \cdot 2,5$$

$$n_{\ddot u} = 2,46 \; \text{s}^{-1} \lessapprox n_{\text{vorh}} = 2,5 \; \text{s}^{-1}$$

Damit ist nachgewiesen, daß der Reaktor fast an der Überflutungsgrenze arbeitet.

Da Annahme sowie Genauigkeit der Korrelation enge Gültigkeitsgrenzen und breite Konfidenzintervalle haben, darf davon ausgegangen werden, daß optimale hydrodynamische Verhältnisse vorliegen und damit günstige Bedingungen für den Stoffübergang gegeben sind. Mit den Angaben läßt sich auch eine Abschätzung des volumenbezogenen Stofftransportkoeffizienten $k_L a$ vornehmen.

Hier soll die Korrelation von Judat (Teil I, Kap. 9.3.2) genutzt werden. Sie faßt die Ergebnisse von 9 größeren Arbeiten zum Stofftransport im System Wasser/Luft (koaleszierendes System) in neuer Form zusammen:

$$(k_L a)^* = 9,8 \cdot 10^{-5} \frac{\left(\dfrac{P_o}{V_L}\right)^{* \, 0,4}}{B^{-0,6} + 0,81 \cdot 10^{-0,65/B}} \; . \tag{1.17}$$

Hierbei ist:

$$(k_L a)^* = k_L a (\nu/g^2)^{1/3}$$
$$(P_o/V_L)^* = (P_o/V_L)/[\varrho \, (\nu g^4)^{1/3}]$$
$$B = (\dot V_G/d^2_1) \, (\nu \cdot g)^{-1/3} \quad \text{(Gasflächenbelastung)}$$

Gültigkeitsbereich:

$$
\begin{aligned}
0,0025 &\le V_\mathrm{L}\ [\mathrm{m}^3] &&\le 906 \\
0,152 &\le d_1\ [\mathrm{m}] &&\le 12,19 \\
0,051 &\le d_2\ [\mathrm{m}] &&\le 3,099 \\
0,152 &\le h_0\ [\mathrm{m}] &&\le 6,09 \\
0,137 &\le d_2/d_1 &&\le 0,5 \\
0,344 &\le h_2/d_2 &&\le 1,15 \\
0,5 &\le h_0/d_1 &&\le 1,0 \\
4\cdot 10^{-4} &\le v_\mathrm{s}\ [\mathrm{m\ s}^{-1}] &&\le 4,6\cdot 10^{-2} \\
10^{-2} &< B &&< 1,5
\end{aligned}
$$

Mit den Werten des vorangegangenen Berechnungsgangs erhält man:

$$(P_\mathrm{o}/V_\mathrm{L})^* = (P_\mathrm{o}/V_\mathrm{L})/[\varrho(vg^4)^{1/3}]$$

$$(P_\mathrm{o}/V_\mathrm{L})^* = (61,8/0,2)/[1030(2,87\cdot 10^{-6}\cdot 9,81^4)^{1/3}] = 1,0052\ \mathrm{kg\ m}^{-1}\ \mathrm{s}^{-3}$$

$$B = (\dot{V}_\mathrm{G}/d_1^2)(vg)^{-1/3}$$

$$B = (1,25/0,6^2)(2,87\cdot 10^{-6}\cdot 9,81)^{-1/3} = 0,11414$$

Die geometrischen Werte d_1, d_2, h_o, V_L, Betriebskennwert B und Leerrohrgeschwindigkeit v_s liegen im Gültigkeitsbereich.

Eingesetzt folgt:

$$(k_\mathrm{L}a)^* = 9,8\cdot 10^{-5}\ \frac{(1,0052)^{0,4}}{0,11414^{-0,6}+0,81\cdot 10^{-0,65/0,11414}}$$

$$(k_\mathrm{L}a)^* = 2,67048\cdot 10^{-5}$$

und daraus

$$k_\mathrm{L}a = \frac{(k_\mathrm{L}a)^*}{(v/g^2)^{1/3}} = \frac{2,67048\cdot 10^{-5}}{(2,87\cdot 10^{-6}/9,81^2)^{1/3}}$$

$$k_\mathrm{L}a = 8,611\cdot 10^{-3}\ \mathrm{s}^{-1}\ \text{bzw.}\ k_\mathrm{L}a = 31,00\ \mathrm{h}^{-1}\ .$$

Da dieser Wert für $k_\mathrm{L}a$ im System Wasser/Luft (nichttechnologisches Medium) ermittelt wurde, ist er als Einschätzung (Einkreisung) der Größe des zu erwartenden Wertes zu verstehen.

1.2 Informationsgewinnung aus dem pO_2-Verlauf nach der dynamischen Methode

Abbildung 1.1 zeigt den pO_2-Verlauf. Die allgemeine Bilanz für den Sauerstoff im idealen Rührkessel lautet

$$\frac{\mathrm{d}c_\mathrm{o}}{\mathrm{d}t} = k_\mathrm{L}a(c_\mathrm{o}^*-c_\mathrm{o})-R_\mathrm{o}\ . \tag{1.18}$$

Sie ist auf alle drei Phasen des pO_2-Verlaufes anwendbar. (Bei dieser Darstellung der Bilanz muß die Sauerstoffverbrauchsrate R_o positive Werte annehmen.)

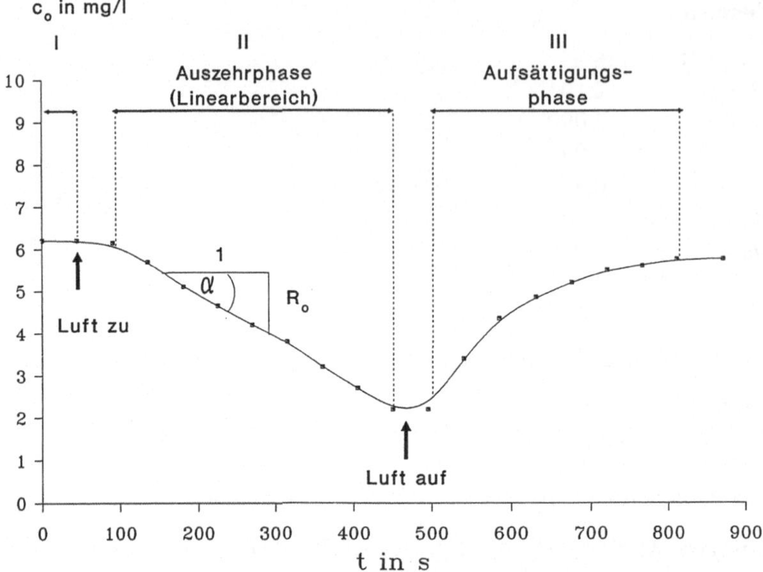

Abb. 1.1. pO_2-t-Verlauf in einem Fermentationsmedium mit *Diaporthe carpinicola* bei 30 °C und Messung nach der dynamischen Methode (Kennzeichnung der Phasen)

Tab. 1.1. Kennzeichnung der Mechanismen beim pO_2-Verlauf nach der dynamischen Methode im Hinblick auf Abb. 1.1 und Gl. (1.18)

	Phase			
	I	II	III	IV
Stoffübergang	×	−	×	×
Reaktion	×	×	×	×
− stationär	×	−	−	×
− instationär	−	×	×	−

Für die Phase I liegen stationäre Verhältnisse vor, d. h. $dc_o/dt = 0$. Die einzelnen Phasen nach Abb. 1.1 sind in bezug auf Gl. (1.18) durch die in Tab. 1.1 aufgelisteten Mechanismen determiniert.

Damit gilt für Phase I:

$$k_L a(c_o^* - c_o) - R_o = 0 \ . \tag{1.19}$$

Hier ist die Sauerstofftransportgeschwindigkeit ebenso groß wie der Verbrauch durch die Mikroorganismen. Danach ergibt sich der volumenbezogene Stoffübergangskoeffizient zu

$$k_L a = \frac{R_o}{(c_o^* - c_o)} = \frac{R_o}{(c_o^* - c_{os})} \ . \tag{1.20}$$

Aus der Phase I kann lediglich die Gleichgewichtskonzentration $c_o = c_{os}$ entnommen werden. Die Gl. (1.20) ist nur in Zusammenhang mit einer Auswertung von Phase II nutzbar.

Sind der Sauerstoffverbrauch OUR $= R_o$ aus Phase II und die Stationärkonzentration $c_o = c_{os}$ aus Phase I bekannt, so kann aus Gl. (1.20) der $k_L a$-Wert ermittelt werden. Die Genauigkeit ist allerdings gering, so daß Phase II und III herangezogen werden.

In der *Auszehrphase (II) − Belüftung geschlossen* − liegt kein Stofftransport vor, somit folgt die Bilanz aus Gl. (1.18) zu

$$\frac{dc_o}{dt} = -R_o = \tan \alpha \tag{1.21}$$

(vgl. Abb. 1.1).

Zur Auswertung soll nur der Linearteil des Verlaufs nach Abb. 1.1 herangezogen werden, damit durch das Übergangsverhalten keine zusätzlichen Abhängigkeiten erfaßt werden. Das Übergangsverhalten resultiert aus dem Stofftransport nach Schließen der Luftzufuhr (t_0), weil die verteilte Restluft noch mehrfach umgewälzt wird, ehe der gasförmige Anteil die flüssige Phase verlassen hat, und das Medium biologisch ausgezehrt ist.

Integriert man Gl. (1.21) unter Berücksichtigung der speziell festgelegten Integrationsgrenzen (s. Abb. 1.3, $t_{02} \equiv t_0$), ergibt sich die Geradenform

$$
\begin{aligned}
c_o &= -R_o \cdot (t - t_0) + c_o^* \\
y &= \quad b \;\cdot\; x \quad\;\; + a
\end{aligned}
\tag{1.22}
$$

Die Gl. (1.22) eignet sich direkt für die lineare Regression und hat den Vorzug, gleich die Sättigungskonzentration mitzuliefern, denn die Regressionskoeffizienten bedeuten:

$$b = -R_o \tag{1.23}$$

$$a = c_o^*$$

Für die Phase der *Aufsättigung (III) − Belüftung geöffnet* − gilt, daß gleichzeitig Stofftransport und Verbrauch des Sauerstoffs stattfinden. Dabei ist der Sauerstofftransport größer als der Verbrauch, sonst würde keine Aufsättigung erfolgen.

Somit gilt die allgemeine Sauerstoffbilanz Gl. (1.18) direkt für Phase III. Die Umformung liefert:

$$
\begin{aligned}
c_o &= -\frac{1}{k_L a}\left(\frac{dc_o}{dt} + R_o\right) + c_o^* \\
y &= \quad\;\; b\cdot \quad\;\; x \quad\;\; + a
\end{aligned}
\tag{1.24}
$$

Gleichung (1.24) hat die Struktur einer Geradengleichung. Da aber nur c_o-t-Wertepaare vorliegen, kann eine unmittelbare Anwendung von Gl. (1.24) nicht erfolgen, weil der Differentialquotient dc_0/dt sowie R_0 zunächst unbekannt sind. Wird in Gl. (1.24) der Differentialquotient durch den Differenzenquotient genähert, erhält man

$$\bar{c}_0 = -\frac{1}{k_L a}\left(\frac{\Delta c_0}{\Delta t}+R_0\right)+c_0^* \qquad (1.25)$$

$$y = \quad b\cdot \quad x \quad +a$$

Mit Gl. (1.25), einer Geradengleichung, sind von den drei Parametern $k_L a$, R_0, c_0^* nur zwei bestimmbar. Ein Parameter muß durch Informationen aus anderen Phasen ($k_L a$ aus Phase I, *oder* R_0 aus Phase II, *oder* c_0^* aus Phase II) vorgegeben werden.

Empfehlenswert ist, R_0 aus Phase II vorzugeben, da $k_L a$ aus Phase I sehr ungenau ist.

Der jeweilige Differenzenquotient läßt sich aus dem c_0-t-Verlauf für fortlaufende Werte berechnen. Weiterhin setzt Gl. (1.25) noch die Kenntnis von R_0 aus Phase II nach Gl. (1.22) voraus und schließt die Voraussetzung ein, daß in den Phasen II und III R_0 = const. gilt.

Hinweis: Durch die Anwendung der Differenzen geht die aktuelle Konzentration c_0 in $\bar{c}_{0,h+1/2} = (c_{0,h+1}+c_{0,h})/2$ über.

Weiterhin ist, um die x-Variable in Gl. (1.25) zu erzeugen, zu dem aus Phase III ermittelten $(\Delta c_0/\Delta t)$-Wert konstant der Betrag R_0 (gewonnen aus Phase II!) hinzuzuaddieren. (Eine weitere Anwendung der Gl. (1.25) wird S. 90 dargestellt.)

Den Verlauf der Geraden nach Gl. (1.25) gibt Abb. 1.2 wieder.

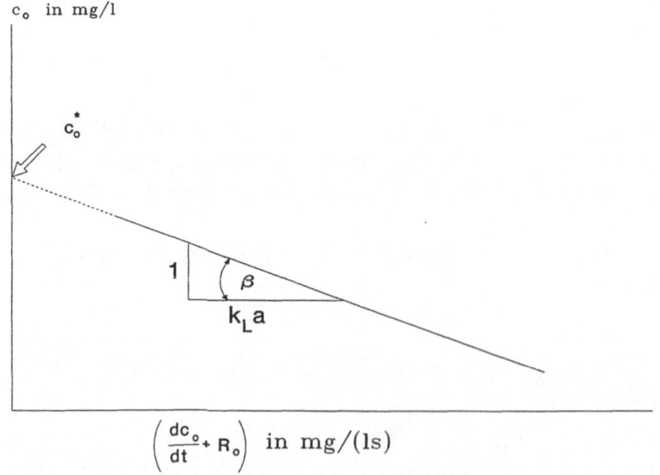

Abb. 1.2. Gl. (1.24) für die Phase III zur Bestimmung des $k_L a$-Wertes und der Sättigungskonzentration c_0^*

1.3 Numerische Auswertung

Bestimmung von c_0^* und R_0 (aus Phase II)

Für die Auswertung werden nur die Meßwerte im Linearteil der Auszehrphase ($t = 90$ s bis $t = 450$ s) herangezogen (Tab. 1.2 in Zusammenhang mit Abb. 1.1).

Der Übergangsverlauf zwischen c_{os} und c_0 (bei Laufzeit $t = 90$ s) bleibt unberücksichtigt. Obwohl die Luftzufuhr geschlossen ist, erfolgt noch ca. 45 s ein Sauerstoffübergang aus der restlichen Luft.

Die lineare Regression entsprechend Gl. (1.22) liefert die folgenden Parameter:

$$a = 6{,}643 \qquad\qquad B = 0{,}999$$
$$b = -0{,}10907$$
$$R_0 = -b = 0{,}01091 \text{ mg l}^{-1}\text{s}^{-1}$$
$$c_0^* = a = 6{,}643 \text{ mg l}^{-1}$$

Die Regressionsgleichung für Phase II lautet:

$$c_0 = c_0^* - R_0(t - t_0) \qquad\qquad t_0 = 45 \text{ s (Luft zu)}$$

bzw.

$$\hat{y} = c_0 = 6{,}643 - 0{,}01091\,(t - 45)\ . \tag{1.26}$$

Diese Beziehung beschreibt für den vorgegebenen Fall Phase II mit hoher Genauigkeit. Es liegt ein sehr straffer linearer Zusammenhang vor ($B = 0{,}999$).

Ermittelte Parameter:

$$c_0^* = 6{,}643 \text{ mg}^{-1}$$
$$R_0 = 1{,}091 \cdot 10^{-2} \text{ mg l}^-\text{ s}^{-1})$$

(Beachten Sie die Definition des Vorzeichens von R_0 in Gl. (1.18)!)

Tab. 1.2. Gegenüberstellung der in Phase II gemessenen Werte mit den unter Zuhilfenahme von Gl. (1.22) bzw. Gl. (1.26) berechneten pO_2-Werten

$\tilde{c}_0$ [mg l^{-1}]	Laufzeit t' [s^{-1}]	Zeit der dynamischen Messung t		$\hat{c}_0$ [mg l^{-1}]
6,2	0	–		–
6,2	$t_0 = 45$	0 [a]	(Luft zu)	–
6,15	90	45 [b]		6,15
5,70	135	90		5,66
5,10	180	135		5,17
4,65	225	180		4,68
4,20	270	225	zu berücksichtigender	4,19
3,80	315	270	linearer Verlauf	3,69
3,20	360	315	der Auszehrphase II	3,20
2,70	405	360		2,71
2,20	450	405		2,22

[a] Luftzufuhr geschlossen; Beginn der dynamischen Messung Phase II
[b] Zeitintervall $t = 0$ bis 45 s Übergangsverhalten (bleibt unberücksichtigt)

Hinweis: Verschiedene Autoren gehen direkt von Gl. (1.21) aus und verwenden die Beziehung

$$R_o = \frac{dc_o}{dt} \approx \frac{\Delta c_o}{\Delta t} = \bar{R}_o \ . \tag{1.27}$$

In dem Falle muß das arithmetische Mittel

$$\bar{R}_o = \frac{1}{n} \sum \left(\frac{\Delta c_o}{\Delta t} \right)$$

verwendet werden. Damit erhält man für unser Beispiel

$$\bar{R}_o = 1,04075 \cdot 10^{-2} \, \mathrm{mg} \, \mathrm{l}^{-1} \, \mathrm{s}^{-1}.$$

Die relative Abweichung zur Regression zwischen R_o und $\bar{R}_o$ beträgt 4,58%. Diese Vorgehensweise sollte aus Gründen der Genauigkeit nicht angewendet werden, zumal sie auch keinen Wert für die Sättigungskonzentration c_o^* liefert (vgl. Gl. (1.22)).

Bestimmung des $k_L a$-Wertes aus den Phasen I und II (Äquivalenzmethode)

Die stationäre Phase I liefert an Informationen nur die Gleichgewichtskonzentration $c_o = c_{os}$. (In unserem Beispiel beträgt $c_{os} = 6{,}2 \, \mathrm{mg} \, \mathrm{l}^{-1}$; s. Aufgabenstellung.)

Mit der Gleichgewichtskonzentration c_{os} geht Gl. (1.20) in

$$k_L a = \frac{R_o}{c_o^* - c_{os}} \tag{1.28}$$

über, und die Umstellung von Gl. (1.28) liefert den Zusammenhang

$$c_{os} = c_o^* - \frac{R_o}{k_L a} \ . \quad \text{(Phase I)} \tag{1.29}$$

Der Term $c_o^* - R_o/k_L a$ ist dabei identisch mit der *Stationärkonzentration des Sauerstoffs c_{os}* (Phase I). Den Zusammenhang zeigt Abb. 1.3.

Für Phase II gilt nach Gl. (1.22) analog

$$c_{os} = c_o^* - R_o \cdot t \ . \tag{1.30}$$

Die Gleichgewichtskonzentrationen von Phase I und II müssen identisch sein und liefern im Übergangsbereich zwischen Phase I und II einen Schnittpunkt (vgl. Abb. 1.3). Dann muß bei Gleichsetzung der Gln. (1.29 und 1.30) folgende Äquivalenz gelten:

$$c_o^* - \frac{R_o}{k_L a} = c_o^* - R_o t \tag{1.31}$$

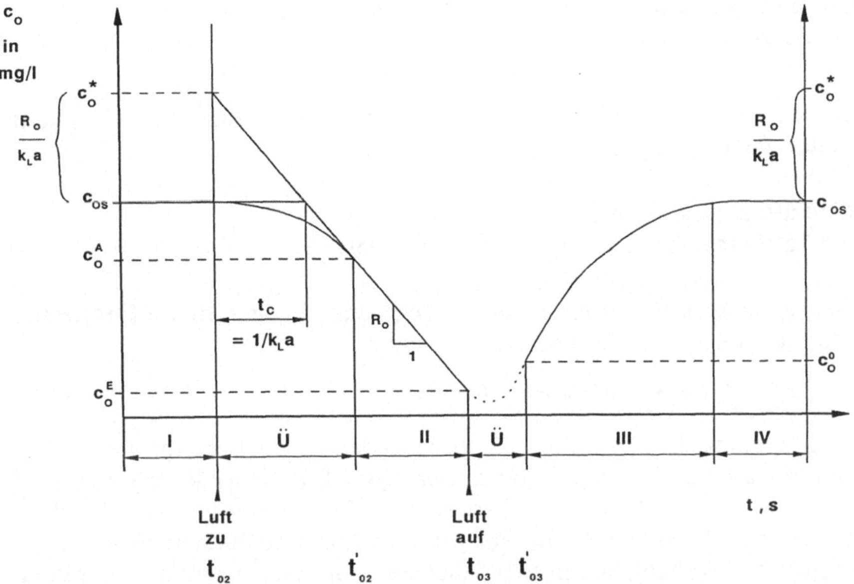

Abb. 1.3. Phasen des pO_2-Verlaufes in einer mikrobiellen Kultur bei Anwendung der dynamischen Methode. S: stationäre Phase; Ü: Übergangsphase; II: instationäre Phase (Reaktion ohne Stoffaustausch); Ü: Übergangsphase; III: instationäre Phase; t_c: $1/k_L a$ Zeitkonstante des Stoffübergangs

und damit

$$t_c = \frac{1}{k_L a} \ . \tag{1.32}$$

Die Zeit t_c ist eine charakteristische Zeit bzw. eine Zeitkonstante, die die Dauer des Stoffübergangs ausdrückt und dem reziproken $k_L a$-Wert entspricht. Somit gilt

$$k_L a = \frac{1}{t_c} = \frac{R_o}{c_o^* - c_{os}} \ . \tag{1.33}$$

Die vorangegangene Auswertung der Phase II (Tab. 1.2) durch lineare Regression lieferte die Parameter $c_o^* = 6{,}643 \ \mathrm{mg\,l^{-1}}$ und $R_o = 1{,}091 \cdot 10^{-2} \ \mathrm{mg\,l^{-1}\,s^{-1}}$. Die Meßwertreihe Phase I, Abb. 1.1, ergab als Gleichgewichtskonzentration $c_{os} = 6{,}2 \ \mathrm{mg\,l^{-1}}$. Damit folgt für den Stoffübergangswert nach Gl. (1.33)

$$k_L a = \frac{1{,}091 \cdot 10^{-2}}{6{,}643 - 6{,}2}$$

$$k_L a = 2{,}463 \cdot 10^{-2} \ \mathrm{s^{-1}} = 88{,}66 \ \mathrm{h^{-1}}$$

$$t_c = \frac{1}{k_L a} = 40{,}6 \ \mathrm{s} \ .$$

Bestimmung von $k_L a$, R_0 und c_0^* nach der Differenzenmethode aus Phase III

Die Auswertung der Phase III nach dem Differenzenverfahren Gl. (1.25) kann von unterschiedlichen Voraussetzungen ausgehen:

(1) die Sättigungskonzentration c_0^* ist konstant,
(2) die Sättigungskonzentration c_0^* ist veränderlich.

Die Sättigungskonzentration ist für ein gegebenes System im vollturbulenten Reaktor von folgenden Parametern abhängig:

$$c_0^* = f(T, p, \text{Salze}, \text{Nährstoffe}, \ldots) \; . \tag{1.34}$$

Bei einer dynamischen Messung (im vorliegenden Beispiel beträgt die Gesamtdauer von stationärer Phase (I) bis zur erneuten Stationarität Phase IV $t = 0$ bis etwa 1200 s, also 20 min) ist bei konstanten Temperatur- und Druckverhältnissen für unser Beispiel nur mit sehr geringen (nicht meßbaren!) Änderungen zu rechnen und deshalb darf in ausreichender Näherung angenommen werden, daß gilt

$$c_0^*\Big|_{\text{Phase I}} = c_0^*\Big|_{\text{Phase IV}} \; . \tag{1.35}$$

Somit ist es möglich, aus der Antwortkurve (Phase III) mögliche Veränderungen von R_0 gegenüber Phase II zu ermitteln. Eine veränderte Sauerstoffverbrauchsrate R_0 kann verschiedene Ursachen haben. Beispielsweise könnte R_0 durch die Auszehrung in Phase II in Phase III *größer* sein, weil die Kultur Nachholbedarf hat, oder auch durch eine Stoffwechselumschaltung *kleiner* sein, weil sich der Energiehaushalt der Zelle verändert.

a) Differenzenmethode (Phase III mit c_0^* aus Phase II)

Gleichung (1.25) läßt sich umformen zu

$$\bar{c}_0 = -\frac{1}{k_L a}\frac{\Delta c_0}{\Delta t} - \frac{1}{k_L a} R_0 + c_0^* \tag{1.36}$$

bzw.

$$c_0' = c_0^* - \bar{c}_0 = \frac{1}{k_L a}\left(\frac{\Delta c_0}{\Delta t}\right) + \frac{1}{k_L a} R_0 \tag{1.37}$$

$$y \qquad = b\cdot \quad x \quad + a$$

Hierbei ist:

$$c_0' = c_0^* - y$$
$$k_L a = 1/b$$
$$R_0 = a/b$$

Tab. 1.3. Berechnungsblatt der Abszissen- und Ordinatenwerte $x = (\Delta c_0/\Delta t)$; $\tilde{y} = c_0' = c_0^* - c_0(t)$ zur Regression nach Gl. (1.37) und berechnete Werte $\hat{y}$. $c_0^* = 6{,}643\ \mathrm{mg\,l^{-1}}$ = const. (aus Phase II)

h	c_0	$\bar{c}_0$	t	Δc_0	Δt	$x = \left(\dfrac{\Delta c_0}{\Delta t}\right)$	$\tilde{y} = c_0^*$	$\hat{y} = \hat{c}_0$
1	2,2		495					
		2,80		1,20	45	$2{,}666\cdot 10^{-2}$	3,843	3,657
2	3,4		540					
		3,875		0,95	45	$2{,}111\cdot 10^{-2}$	2,768	3,04
3	4,35		585					
		4,60		0,50	45	$1{,}111\cdot 10^{-2}$	2,043	1,929
4	4,85		630					
		5,025		0,35	45	$7{,}777\cdot 10^{-3}$	1,618	1,559
5	5,20		675					
		5,35		0,30	45	$6{,}666\cdot 10^{-3}$	1,293	1,435
6	5,5		720					
		5,55		0,10	45	$2{,}222\cdot 10^{-3}$	1,093	0,941
7	5,6		765					
		5,675		0,15	45	$3{,}333\cdot 10^{-3}$	0,968	1,064
8	5,75		810					

Tabelle 1.3 zeigt die Auflistung der Meßwerte aus Phase III im Sinne von Gl. (1.37). Eine lineare Regression mit den Wertepaaren (Tab. 1.3, Spalten 7, 8) liefert die Koeffizienten:

$$a = 0{,}694 \qquad B = 0{,}973$$
$$b = 111{,}1412 \qquad B^* = 0{,}968$$

bzw.

$$k_L a = 1/b = 1/111{,}14$$
$$k_L a = 8{,}9976\cdot 10^{-3}\,\mathrm{s^{-1}} = 32{,}39\ \mathrm{h^{-1}}$$

und

$$R_0 = a/b = 0{,}6942/111{,}1376$$
$$R_0 = 0{,}6246\cdot 10^{-2}\ \mathrm{mg\,l^{-1}\,s^{-1}}$$

b) Differenzenmethode (Phase III mit R_0 aus Phase II)

Unter der Annahme, daß sich die Sauerstoffverbrauchsrate R_0 von Phase I an nicht mehr verändert, eine Veränderung der Sättigungskonzentration c_0^* jedoch erlaubt ist, gilt

$$c_0 = -\frac{1}{k_L a}\left(\frac{\Delta c_0}{\Delta t} + R_0\right) + c_0^* \qquad (1.38)$$
$$y = \quad b\cdot \quad\quad x \quad\quad + a$$

Tab. 1.4. Berechnungsblatt der Abszissen- und Ordinatenwerte, mit $x = (\Delta c_o/\Delta t + R_o)$; $\tilde{y} = \bar{c}_o$ zur Regression nach Gl. (1.38); berechnete Werte: $\hat{y}$. $R_o = 1{,}091 \cdot 10^{-2}\,\mathrm{mg\,l^{-1}\,s^{-1}} = \mathrm{const.}$ (aus Phase II) nach Pkt. 1.3.1

c_o	t	Δc_o	Δt	$\dfrac{\Delta c_o}{\Delta t}$	$x = \left(\dfrac{\Delta c_o}{\Delta t} + R_o\right)$	$\tilde{y} = \bar{c}_o$
2,27	495					
		1,20	45	$2{,}666 \cdot 10^{-2}$	$3{,}757 \cdot 10^{-2}$	2,80
3,4	540					
		0,95	45	$2{,}111 \cdot 10^{-2}$	$3{,}202 \cdot 10^{-2}$	3,875
4,35	585					
		0,50	45	$1{,}111 \cdot 10^{-2}$	$2{,}202 \cdot 10^{-2}$	4,60
4,85	630					
		0,35	45	$7{,}777 \cdot 10^{-3}$	$1{,}869 \cdot 10^{-2}$	5,025
5,20	675					
		0,30	45	$6{,}666 \cdot 10^{-3}$	$1{,}758 \cdot 10^{-2}$	5,35
5,5	720					
		0,10	45	$2{,}222 \cdot 10^{-3}$	$1{,}313 \cdot 10^{-2}$	5,55
5,6	765					
		0,15	45	$3{,}333 \cdot 10^{-3}$	$1{,}424 \cdot 10^{-2}$	5,675
5,75	810					

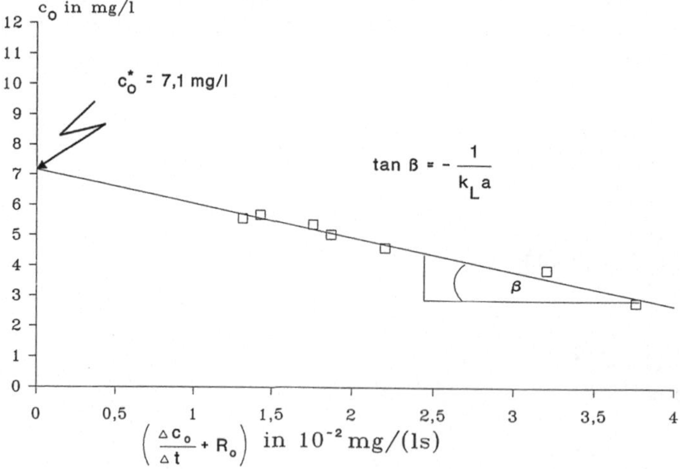

Abb. 1.4. Gegenüberstellung der Meßwerte nach Tab. 1.2 mit dem berechneten Verlauf nach Gl. (1.39)

In Tab. 1.4 sind die Daten zur Regression nach Gl. (1.25) zweckmäßig aufbereitet, und Abb. 1.4 zeigt eine Gegenüberstellung des Verlaufes der Regressionsgeraden und der Meßwerte.

Die lineare Regression mit Gl. (1.38) nach Tab. 1.4 liefert für die Parameter a und b

Tab. 1.5. Gegenüberstellung der Ergebnisse der linearen Regression nach Gl. (1.37) bzw. Gl. (1.38)

Aus Phase II vorgegeben:	$c_0^* = 6{,}643$	$R_0 = 1{,}091 \cdot 10^{-2}$
c_0^* [mg l^{-1}]	–	7,161
R_0 [mg l^{-1} s^{-1})	$0{,}625 \cdot 10^{-2}$	–
$k_L a$ [s^{-1}]	$8{,}998 \cdot 10^{-3}$	$8{,}998 \cdot 10^{-3}$

$a = \quad 7{,}161 \quad B = 0{,}973$ (straffer gesicherter Zusammenhang)
$b = 111{,}14$

Aus den in Gl. (1.38) aufgestellten Zusammenhängen $b = 1/k_L a$ und $a = c_0^*$ erhält man für die gesuchten Größen

$k_L a = 8{,}998 \ 10^{-3} \,\mathrm{s}^{-1} = 32{,}39 \,\mathrm{h}^{-1}$
$c_0^* = 7{,}161 \,\mathrm{mg}\,\mathrm{l}^{-1}$

Die Regressionsgleichung lautet:

$$\hat{y} = -111{,}14 \cdot x + 7{,}161 \ . \tag{1.39}$$

Tabelle 1.5 zeigt die nach beiden Methoden aus Phase III erhaltenen Ergebnisse. Die Ergebnisse sind quantitativ sehr gut gesichert.

Aufgrund der Information liefern beide Verfahren den gleichen $k_L a$-Wert, aber unterschiedliche Werte für R_0 bzw. c_0^* als Anpassungsparameter.

Dem Verfahren mit $c_0^* = 6{,}643 \,\mathrm{mg}\,\mathrm{l}^{-1} = $ const. ist bezüglich der Anpassung den Vorzug zu geben. Das bedeutet, daß alle Veränderungen und Abweichungen sich im anzupassenden Parameter R_0 widerspiegeln. Alle Ergebnisse sind in Tab. 1.6 zusammengestellt.

1.4 Herleitung der analytischen Lösung $c_0 = f(t)$ für Phase III und Bestimmung $k_L a$, R_0 und c_0^* durch nichtlineare Regression aus Phase III

Die bekannten Nachteile des Differenzenverfahrens (Aufrauhung) lassen sich durch ein Verfahren der nichtlinearen Regression oder ein anderes Optimierungsverfahren eliminieren, wenn die Lösungsfunktion $c_0 = f(t)$ (Parameter: c_0^*, R_0, $k_L a$) der Differentialgleichung (1.18) bekannt ist. Die Parameter lassen sich dabei entsprechend eine vorgegebenen Genauigkeitskriterium solange nach dem Verfahren anpassen, bis die Restquadratsumme ein Minimum annimmt. Die Lösungsfunktion gewinnt man durch Integration der Differentialgleichung (1.18) und Berücksichtigung der Grenzen ihres Gültigkeitsbereichs.

Für die Phase III − Gl. (1.18) − galt:

$$\frac{dc_0}{dt} = k_L a(c_0^* - c_0) - R_0 \ . \tag{1.40}$$

Tab. 1.6. Zusammenstellung der Ergebnisse der Regressionen und statistischen Wertungen

	Differenzenverfahren					Nichtlineare Regression Gl. (1.52)			nach Gl. (1.17)
Prozeßinformation aus der Phase (Meßwerte)	I	II	I+II	II+III	II+III	II+III	II+III	III	–
bekannte Parameter			c_{os}						
	c_{os}	–	c_o	c_o^*	R_o	c_o^*	c_o^*	–	–
			R_o				c_o^0	c_o^0	
aus Phase	I	II	I+II	II	II	II	II+III	III	–
berechnete Parameter									
c_o^* [mg l^{-1}]	–	6,643	–	–	7,161	–	–	7,903	–
R_o [mg l^{-1} s^{-1}]	–	$1{,}091\cdot10^{-2}$	–	$0{,}623\cdot10^{-2}$	–	$0{,}631\cdot10^{-2}$	$0{,}621\cdot10^{-2}$	$1{,}63\cdot10^{-2}$	–
$k_L a$ [s^{-1}]	–	0	$2{,}463\cdot10^{-2}$	$0{,}899\cdot10^{-2}$	$0{,}899\cdot10^{-2}$	$0{,}913\cdot10^{-2}$	$0{,}906\cdot10^{-2}$	$0{,}877\cdot10^{-2}$	$8{,}611\cdot10^{-3}$
c_o^0 [mg l^{-1}]	–	–	–	–	–	2,185	–	–	–
Statistik	–								
B	–	0,998	–	0,973	0,973	(0,999)	(0,999)	(0,999)	–
B^*	–	0,998	–	0,967	0,967	(0,998)	(0,998)	(0,998)	–
ROS	–	$1{,}88\cdot10^{-2}$	–	$17{,}78\cdot10^{-2}$	$17{,}79\cdot10^{-2}$	$0{,}875\cdot10^{-2}$	$0{,}9\cdot10^{-2}$	$1{,}41\cdot10^{-2}$	–
s_R	–	$5{,}19\cdot10^{-2}$	–	$1{,}89\cdot10^{-1}$	$1{,}89\cdot10^{-1}$	$4{,}68\cdot10^{-2}$	$4{,}24\cdot10^{-2}$	$5{,}95\cdot10^{-2}$	–
v	–	$1{,}24\cdot10^{-2}$	–	$9{,}69\cdot10^{-2}$	$4{,}02\cdot10^{-2}$	$1{,}01\cdot10^{-2}$	$0{,}92\cdot10^{-2}$	$1{,}29\cdot10^{-2}$	–
$s_R/s_{R/min}$	–	–	–	4,458	4,458	1,103	1,00	1,403	–
$k_L a$ [h^{-1}]	–	0	88,66	32,39	32,39	32,868	32,616	31,572	31,00

Durch Trennung der Variablen folgt aufgelöst

$$\int\limits_{c_o(t=0)}^{c_o(t)} \frac{dc_o}{k_L a \cdot c_o^* - k_L a \cdot c_o - R_o} = \int\limits_{t=0}^{t} dt \ .$$

(1.41)

Es wird vorausgesetzt, daß $c_o(t = o) = c_o^0$ beträgt.
Durch Umformung von Gl. (1.41) erhält man

$$I = \int\limits_{c_o^0}^{c_o} \frac{dc_o}{k_L a \cdot c_o^* - k_L a \cdot c_o - R_o} = t \ .$$

(1.42)

Das Integral I läßt sich einfach auswerten, wenn folgende Substitution realisiert wird:

$$a = k_L a \cdot c_o^* - k_L a \cdot c_o - R_o \ .$$

(1.43)

Durch Differenzieren von Gl. (1.43) ergibt sich

$$da = - k_L a \cdot dc_o \ .$$

(1.44)

Damit folgt

$$I = - \frac{1}{k_L a} \int \frac{da}{a} = - \frac{1}{k_L a} \ln a + C \ .$$

(1.45)

Wird nunmehr resubstituiert, ergibt sich unter Beachtung der Grenzen

$$I = - \frac{1}{k_L a} \ln \left[k_L a \cdot c_o^* - k_L a \cdot c_o - R_o \right] \Big|_{c_o^0}^{c_o} \ .$$

(1.46)

Mit den eingefügten Grenzen entsteht

$$I = - \frac{1}{k_L a} \left[\ln \frac{k_L a \cdot c_o^* - k_L a \cdot c_o - R_o}{k_L a \cdot c_o^* - k_L a \cdot c_o^0 - R_o} \right]$$

(1.47)

bzw. mit $c_{os} = c_o^* - R_o / k_L a$ (vgl. Abb. 1.3)

$$I = - \frac{1}{k_L a} \ln \frac{c_{os} - c_o}{c_{os} - c_o^0}$$

(1.48)

und eingesetzt in Gl. (1.42)

$$- \frac{1}{k_L a} \ln \frac{c_{os} - c_o}{c_{os} - c_o^0} = t \ .$$

(1.49)

Die Entlogarithmierung liefert

$$\frac{c_{so} - c_o}{c_{so} - c_o^0} = \exp \left(- k_L a \cdot t \right)$$

(1.50)

bzw.

$$c_o = c_{os} - (c_{os} - c_o^0) \cdot \exp \left(- k_L a \cdot t \right)$$

(1.51)

oder

$$c_0 = \left(c_0^* - \frac{R_0}{k_L a} \right) - \left(c_0^* - \frac{R_0}{k_L a} - c_0^0 \right) \cdot \exp\left(-k_L a \cdot t \right) \; . \qquad (1.52)$$

Gleichung (1.52) enthält vier Parameter, nämlich c_0^*, R_0, $k_L a$ und c_0^0. Sie lassen sich nicht alle zusammen durch ein einziges Optimierungsverfahren anpassen, da im zweiten Klammerausdruck der Gl. (1.52) eine lineare Abhängigkeit zwischen den Konstanten besteht. Es ist also erforderlich, einen dieser Parameter genau abzuschätzen, und als Konstante in Gl. (1.52) vor der Regression festzulegen. In der Regel legt man c_0^0 fest.

Bei der numerischen Anpassung der Parameter in Gl. (1.52) an die Datensätze ergeben sich folgende Möglichkeiten:

(1) Bestimmung der Parameter c_0^*, R_0 und $k_L a$
   (Annahme: c_0^0 (Phase III) als Parameter ist entsprechend der Größe des Meßwertes festgelegt),
(2) Bestimmung der Parameter R_0 und $k_L a$
   (Annahme: c_0^* (Phase II) = const. und c_0^0 (Phase III) ist als Parameter entsprechend der Größe des Meßwertes festgelegt),
(3) Bestimmung der Parameter R_0, $k_L a$ und c_0^0
   (Annahme: c_0^* (Phase II) = const.).

Die drei Methoden sollen hier vergleichend angewandt werden. Die nichtlineare Regression ist aufgrund des hohen numerischen Aufwands nur auf einem PC realisierbar.

Für die nichtlineare Regression eignen sich folgende Verfahren

— Gauß-Newton-Verfahren,
— Levenberg-Marquardt-Verfahren,
— Complex-Verfahren,
— stochastisch adaptive Suche.

Günstig ist die Nutzung geeigneter Software. Beim vorliegenden Beispiel wird die *Modellbank Biotechnologie* [1.5] genutzt.

Bei der nichtlinearen Regression mit Gl. (1.52) können sich, wenn keine Schätzwerte aus der linearen Regression (Bsp. 1, Abschn. 3) vorliegen, bzw. die Startwerte weit vom Optimum entfernt sind, Schwierigkeiten einstellen. Besonders empfindlich reagiert der Algorithmus auf die Schätzung von R_0, was zu langen Rechenzeiten oder zum Abbruch führen kann. Zweckmäßigerweise werden die Ergebnisse der linearen Regression (Phase III) als Startwerte verwendet. Alle Auswertungen wurden mit Gl. (1.52) unter Nutzung verschiedener Bedingungen realisiert und sind in Tab. 1.6 zusammengestellt.

1.5 Ergebniszusammenstellung

Alle nach den verschiedenen Methoden ermittelten Sauerstoffparameter enthält Tab. 1.6. Es lassen sich nachstehende Schlußfolgerungen ziehen:

a) Naturwissenschaftliche Rückschlüsse

- der $k_L a$-Wert, ermittelt aus den Phasen I und II, weicht bedeutend gegenüber den aus den Phasen II und III bzw. nur Phase III ermittelten $k_L a$-Werten ab ($\approx 180\%$):

  Phase I/II $k_L a = 88,66\,\text{h}^{-1}$
  Phase II/III $k_L a = 32,4 \ldots 32,8\,\text{h}^{-1}$
  Phase III $k_L a = 31,57\,\text{h}^{-1}$

- Die Werte aus Phase I/II sollten für Berechnungen nicht zugrundegelegt werden, da die Phase III eine höhere Informationsdichte besitzt:

  - instationäres Verhalten
  - Stofftransport
  - Reaktion

- Für weitere Berechnungen sind die Ergebnisse aus Phase II/III relevant, da diese in ausreichender Genauigkeit auch aus Phase III separat gewinnbar und weitgehend reproduzierbar sind.

b) Statistische/numerische Aspekte

- Alle Ergebnisse sind statistisch hoch abgesichert (Parametersicherheit $>95\%$).
- Die nichtlineare Regression führt im Vergleich zum Differenzenverfahren zu einer beachtlich besseren Anpassung (Verhältnis der Restabweichung $s_R/s_{R\,min} = 4,46$, s. Tab. 1.6).
- Eine optimale Anpassung wird in unserem Beispiel erreicht, wenn

  c_0^* aus Phase II
  c_0^0 aus Phase III

  fest vorgegeben werden, und nur

  R_0 aus Phase III
  $k_L a$ aus Phase III

  zu bestimmen sind.
  Die Anpassung hängt jedoch von der Meßgenauigkeit von c_0^0 ab.

- Die Abweichungen in bezug auf den Parameter $k_L a$ (Phase III) sind trotz verschiedener Vorgaben insgesamt gering ($\approx 4\%$): $31{,}57 < k_L a\,[\text{h}^{-1}] < 32{,}87\,[\text{h}^{-1}]$

- Die Unterschiede bei der Sättigungskonzentration (Phasen II/III) sind auffälliger ($\approx 19\%$): $6{,}64 < c_o^* < 7{,}9 \, \text{mg} \, l^{-1}$
- Für praktische Berechnungen könnte in unserem Beispiel $\overline{k_L a} = 32{,}37 \, \text{h}^{-1}$ zugrundegelegt werden.

c) Einordnung der Abschätzung nach der ähnlichkeitstheoretischen Korrelation Gl. (1.17)

Der berechnete Wert für $k_L a$ mit $k_L a = 31{,}00 \, \text{h}^{-1}$ weicht nur unbeträchtlich von den vorangegangenen Werten der Phase III ab ($\approx 4{,}95\%$).

Damit zeigt sich auch deutlich, daß die Ergebnisse für $k_L a$ aus den Phasen I/II nicht verwertbar sind.

d) Wertung der Äquivalenzmethode (Gl. (1.33))

Sie liefert, wenn man die Ergebnisse der nichtlinearen Regression aus Phase III (c_o^*, R_o) einsetzt, sehr genaue Werte für $k_L a$. Die Äquivalenzmethode verliert damit allerdings ihren Sinn, weil die nichtlineare Regression den $k_L a$-Wert ohnehin mitliefert.

Somit ist die Äquivalenzmethode zur $k_L a$-Bestimmung aufgrund der Ungenauigkeit ohne praktischen Wert.

Literatur

[1.1] F. Liepe, W. Meusel, H.-O. Möckel, B. Platzer, H. Weißgärber (1988) Verfahrenstechnische Berechnungsmethoden Teil 4: Stoffvereinigen in fluiden Phasen, Ausrüstungen und ihre Berechnung. 1. Aufl. VEB Deutscher Verlag für Grundstoffindustrie, Leipzig

[1.2] J. Venus (1989) Maßstabsübertragung aerober Fermentationsprozesse in der pharmazeutischen Industrie. Diss., Technische Universität Dresden

[1.3] A. Steiff (1976) Untersuchungen zum Wärme- und Impulsaustausch in ungerührten Gas-Flüssigkeits-Reaktoren. Diss., Universität Dortmund

[1.4] A. Judat (1982) Stoffaustausch Gas/Flüssig im Rührkessel — eine kritische Bestandsaufnahme. Chem.-Ing.-Tech. 54, 7, S. 520–521, MS 997/82

[1.5] B. Goldschmidt (1986) Modellbank Biotechnologie — Softwarepaket zur Erfassung, Verarbeitung und Auswertung von Daten biochemischer, chemischer und physikalischer Versuche (Offerte und Anwenderbeschreibung) Halle, Martin-Luther-Universität, Biotechnikum

[1.6] V. Schlüter (1992) Charakterisierung und Maßstabsübertragung von Biorührreaktoren. Fortschr.-Ber. VDI Reihe 3, Nr. 285. VDI-Verlag Düsseldorf

[1.7] K.-H. Wolf (1991) Berechnungsbeispiele zur Bioverfahrenstechnik. B. Behr's Verlag, Hamburg

Beispiel 2 (Lit. [2.1], S. 175 ff):
Formalkinetische Analyse des mikrobiellen Wachstums im Kreislaufreaktor

- PFR
- *Re*-Zahl, mittlere Verweilzeit, Umlaufzahl Re, $\bar{t}$, n_u
- Geschwindigkeitskenngrößen R_N
- quasi-lineare Regressionen v_{max}
- nichtlineare Regression (einf. log. Gl.) v_{max}, c_{No}, $c_{N,max}$
- nichtlineare Regression (erw. log. Gl.) v_{max}, c_{No}, $c_{N,max}$, t_i, t_L
- Temperaturabhängigkeit nach Arrhenius E

Aufgabenstellung

Der Organismus, eine Mikroalge (Rotalge) der Art *Porphyridium crentum*, ist in der Lage, schwer gewinnbare Verbindungen, wie beispielsweise saure Polysaccharide, Geliermittel, Fluoreszenzfarbstoffe u.a., zu synthetisieren. Diese Synthese ist ein photosynthetischer Prozeß, bei dem Lichtenergie in chemische Energie gewandelt wird, und auf diese Weise die Stoffwandlung möglich wird.

In einem Kreislaufreaktor (Abb. 2.1) wird in einem Glasregister (fortlaufende Rohrschlange) ständig das im Kreislauf zirkulierende Fermentationsmedium mit einer Lichtleistung von $P = 160 \, \mathrm{J \, s^{-1}}$ beaufschlagt. Der Rohrdurchmesser beträgt $d = 0,025 \, \mathrm{m}$. Das Innenvolumen des Systems beträgt $V = 40 \, \mathrm{l}$, und davon das mit Licht beaufschlagte Register $V = 17,57 \, \mathrm{l}$. Die Pumpenfördermenge beträgt $\dot{V} = 2,2 \, \mathrm{m^3/h}$. Die mittlere Scheindichte liegt bei $\varrho = 997 \, \mathrm{kg/m^3}$ und die mittlere Scheinviskosität bei $\eta = 0,896 \cdot 10^{-3} \, \mathrm{kg/(m \, s)}$. Die Prozeßtemperatur beträgt 25 °C.

Unter isotherm isobaren Bedingungen wird bei konstanter Lichtleistung an der Stelle 1 (Abb. 2.1) folgende Wachstumskurve gemessen:

t [h]	0	24	48	72	96	120	144	168
c_N [$10^6 \, \mathrm{Z \, ml^{-1}}$]	20	23	27	47	71	138	214	291

t [h]	192	216	240	264	288	312
c_N [$10^6 \, \mathrm{Z \, ml^{-1}}$]	297	403	406	415	428	428

Eine Messung des Substratabbaus war nicht möglich.

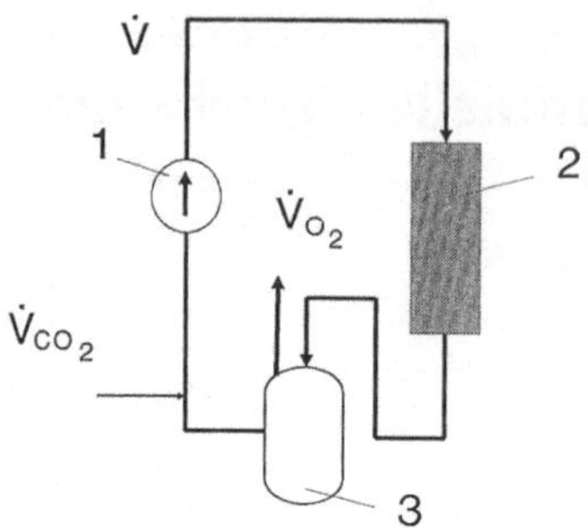

Abb. 2.1. Kreislaufreaktor zur Kultivierung von Mikroalgen; $d = 0{,}025$ m; 1: Pumpe; 2: Reaktor mit 10 hintereinandergeschalteten Rohrmodulen ($V_R = 17{,}75 \ 10^{-3} \text{ m}^3$); 3: Mischgefäß nach dem Tauchstrahlprinzip

Aufgaben

2.1

Leiten Sie das Reaktormodell ab und geben Sie dazu eine Begründung.

Hinweis: Charakterisieren Sie die Strömungsverhältnisse im Rohr im Hinblick auf das Vermischungsverhalten und das Reaktormodell.

2.2

Berechnen Sie R_N und v im Zeitbereich.
Darzustellen ist nachfolgender Verlauf: $c_N = f(t)$. Es ist zu untersuchen, ob ein lag-Phasenbereich auftritt. Weiterhin ist v_{max} abzuschätzen.

2.3

Prüfen Sie, ob die logistische Gleichung den Verlauf $c_N = f(t)$ ausreichend genau beschreiben kann.

Hinweis: Stellen Sie den Verlauf $v(t) = f(c_N)$ dar. Schätzen Sie v_{max} aus dem Verlauf

$$v = v_{max} - \frac{v_{max}}{c_{N,max}} c_N \tag{2.1}$$

ab.

2.4

Berechnen Sie v_{max} mit Hilfe der logarithmierten logistischen Gleichung.

$$\ln \frac{\bar{c}_N}{1 - \bar{c}_N} = v_{max} \, t - \ln \left(\frac{c_{N,max}}{c_{No}} - 1 \right) \tag{2.2}$$

mit $\bar{c}_N = c_N(t)/c_{N,max}$.
Bestimmen Sie die statistischen Meßzahlen B, B^*, s_R und v.

2.5

Zeigen Sie durch wiederholte quasi-lineare Regression, wie eine Normierung auf unterschiedliche $c_{N,max}$ Einfluß auf den Parameter v_{max} sowie die statistische Anpassung nimmt.

Hinweis: $c_{N,max}$ ist in folgenden Stufungen zur Normierung anzuwenden: $c_{N,max} \cdot 10^{-6}\,Z/ml = 430;\ 431;\ 432;\ 436;\ 437;\ 438.$

Stellen Sie den Verlauf $s_R = f(c_{N,max})$ dar und kennzeichnen Sie die Optimalparameter und beste statistische Sicherung. Kommentieren Sie das Ergebnis.

2.6

Ermitteln Sie die optimale Anpassung von v_{max} durch nichtlineare Regression aus nachfolgender Beziehung (einfache logistische Gleichung)

$$c_N = \frac{c_{No}\,e^{v_{max}t}}{1 - \left(\dfrac{c_{No}}{c_{N,max}}\right)(1 - e^{v_{max}t})}\ , \qquad\qquad (2.3\,\text{a})$$

und geben Sie die statistischen Maßzahlen an.

Stellen Sie in Abbildungen $c_N = f(t)$; $v = f(c_N)$ sowie $R_N = f(t)$ die experimentellen Verläufe den berechneten Ergebnissen gegenüber und interpretieren Sie. Passen Sie den Verlauf von $c_N = f(t)$ erneut durch nichtlineare Regression mit Hilfe der erweiterten logistischen Gleichung

$$c_N = \frac{c_{N,max}}{1 + \left(\dfrac{c_{N,max}}{c_{No}} - 1\right) \cdot \exp\left[-\mu_{max}\{t + t_i\,[\exp(-t/t_i) - 1]\}\right]} \qquad (2.3\,\text{b})$$

an. Die Parameter und Statistik sind auszuweisen. Wie groß ist die lag-Dauer?

2.7

Aus isothermen Versuchsdurchführungen bei anderen Temperaturen wurden folgende kinetische Werte ermittelt:

$v_{max} = 0{,}017\,\text{h}^{-1}$ bei $21\,°\text{C}$
$v_{max} = 0{,}018\,\text{h}^{-1}$ bei $21\,°\text{C}$
$v_{max} = 0{,}045\,\text{h}^{-1}$ bei $30\,°\text{C}$

Fassen Sie die Ergebnisse bei $21\,°\text{C}$, $25\,°\text{C}$ und $30\,°\text{C}$ zusammen und beschreiben Sie die Temperaturabhängigkeit des kinetischen Koeffizienten durch ein geeignetes Modell.

Realisieren Sie die Anpassung der experimentellen Werte $v_{max} = f(T)$ durch quasi-lineare Regression und nichtlineare Regression. Die Anpassung ist statistisch zu bewerten.

Wie groß ist die Aktivierungsenergie und wie lautet das Prozeßmodell, das die Temperaturabhängigkeit berücksichtigt?

Stellen Sie die Temperaturabhängigkeit grafisch dar.

Lösungen

Zu 2.1

Man geht zweckmäßig von Abb. 2.1 aus. Bei der Darstellung und technologischen Beschreibung neigt man sofort dazu, von einem „instationären Rohrreaktor" zu sprechen, zumal der Reaktorteil (2) einen echten Rohrreaktor darstellt. Rohrreaktoren werden jedoch prinzipiell stationär (kontinuierlich) betrieben. So repräsentiert sich das Reaktorsystem als Differentialreaktor mit geschlossenem Kreislauf, wie Abb. 2.2 schematisch darstellt.

Der Differentialkreislaufreaktor besteht aus einem kleinen „Integralreaktor" mit Produktkreislauf. Man kann zeigen, daß sich das System bei einem sehr hohen Kreislaufverhältnis z'

$$z' = \frac{\dot{V}^+}{\dot{V}^0} \tag{2.4}$$

wie ein Rührkessel verhält. Diese Bedingungen liegen beim geschlossenen Kreislauf vor ($\dot{V}^0 = 0$, $\dot{V}^+ > 0 \rightarrow z' = \infty$).

Die ideale Durchmischung hinsichtlich konstanter Konzentrations- und Temperaturverhältnisse wird theoretisch beim Kreislaufverhältnis $z' = \infty$, bezogen auf den zudosierten Strom, erreicht. ·Das entspricht dem Zustand der vollständigen Rückvermischung in Flüssigphasenrührkesseln ($D_{ax} = \infty$, $Bo = 0$). Ob die zirkulierende Strömung laminar oder turbulent ist, bleibt unerheblich, solange die Zirkulationszeit (mittlere Verweilzeit) sehr viel kleiner ist als die Reaktionszeit. Die Reaktorgestaltung entspricht bezüglich der beschreibenden Bilanzgleichungen dem diskontinuierlichen idealen Rührkessel (BSTR).

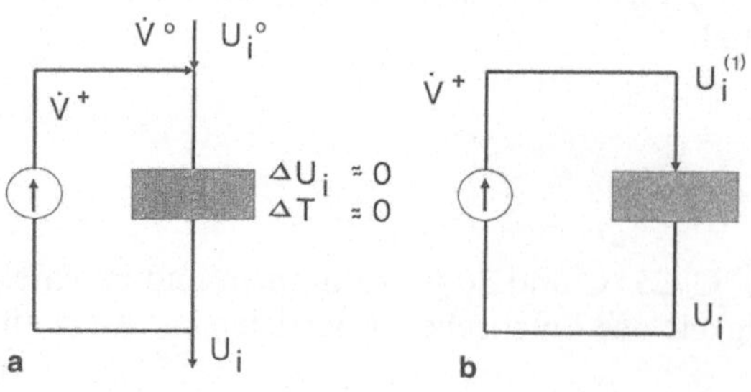

Abb. 2.2. Schema des Differentialkreislaufreaktors (DKR); **a** DKR mit offenem Kreislauf; **b** DKR mit geschlossenem Kreislauf

Man kann sich übrigens den geschlossenen Kreislauf des Reaktorsystems auch als einen in einem Kreislauf (im Rührkesselreaktor) turbulent zirkulierenden Stromfaden vorstellen.

Die Strömungscharakteristik im Rohr ergibt sich wie folgt:

$$Re = \frac{wd_1}{\nu} \tag{2.5}$$

$$= \frac{\dot{V}4}{\pi d_1^2} \cdot \frac{d_1}{\eta} \varrho$$

$$= \frac{2{,}2 \cdot 4 \cdot 0{,}025 \cdot 997}{3600 \, \pi \, 0{,}025^2 \, 1{,}54 \cdot 10^{-3}}$$

$Re = 20149 > 2320$ (also stabil turbulente Rohrströmung).
Die mittlere Verweilzeit (Umlaufzeit) im Reaktorsystem beträgt

$$\bar{t} = \frac{V}{\dot{V}} = \frac{0{,}04 \cdot 3600}{2{,}2}$$

$$\bar{t} = 65{,}65 \, \text{s} \approx 1 \, \text{min}$$

Damit ergibt sich die Zahl der Umläufe n_{u} in einer Stunde zu

$$n_{\mathrm{u}} = \frac{3600 \, \text{s/h}}{65{,}65 \, \text{s}}$$

$$n_{\mathrm{u}} = 55 \, \text{h}^{-1}$$

Das allgemeine Prozeßmodell ergibt sich aus der Stoffbilanz für die Biomasse

$$R_x = \frac{\mathrm{d}c_x}{\mathrm{d}t} = \mu(c_i, T, P) \, c_x \tag{2.6}$$

bzw. bezogen auf die angegebenen Meßwerte zu

$$R_{\mathrm{N}} = \frac{\mathrm{d}c_{\mathrm{N}}}{\mathrm{d}t} = \nu(c_i, T) \, c_{\mathrm{N}} \; . \tag{2.7}$$

Als kinetisches Modell kommt nur ein autonomes Modell − Klasse der logistischen Gleichungen − in Betracht, da keine Substratabhängigkeit ermittelt wurde.

Zu 2.2

Aus dem angegebenen Verlauf $c_{\mathrm{N}} = f(t)$ ergibt sich Tab. 2.1 mit den eingetragenen Werten $R_{\mathrm{N}}(t)$ und $\nu(t)$.

Abbildung 2.3 zeigt den Verlauf $c_{\mathrm{N}} = f(t)$, dessen verhaltenes Wachstum auf eine ausgeprägte lag-Phase hinweist.

Tab. 2.1. Aufarbeitung der Meßwertpaare nach dem Differenzverfahren zur Bestimmung von $R_N(t)$ und $v(t)$ (ohne Dimensionen) und normierte logarithmierte Ordinatenwerte

t [h]	c_N [10^7 Z/ml]	$R_N(t)$ [10^6 Z/(ml h)]	$v(t)$ [10^{-3}/h]	$\ln(c_N/c_{NO})$ [$-$]
0	2,0	0,125	6,25	0
24	2,3	0,146	6,34	0,140
48	2,7	0,500	18,52	0,300
72	4,7	0,917	19,50	0,854
96	7,1	0,896	26,70	1,267
120	14	2,979	21,59	1,932
144	21	3,188	14,89	2,370
168	29	3,813	13,10	2,678
192	40	2,333	5,88	2,988
216	40	0,188	0,47	3,003
240	41	0,250	0,62	3,011
264	42	0,458	1,10	3,033
288	43	0,271	0,63	3,063
312	43	0	0	3,063

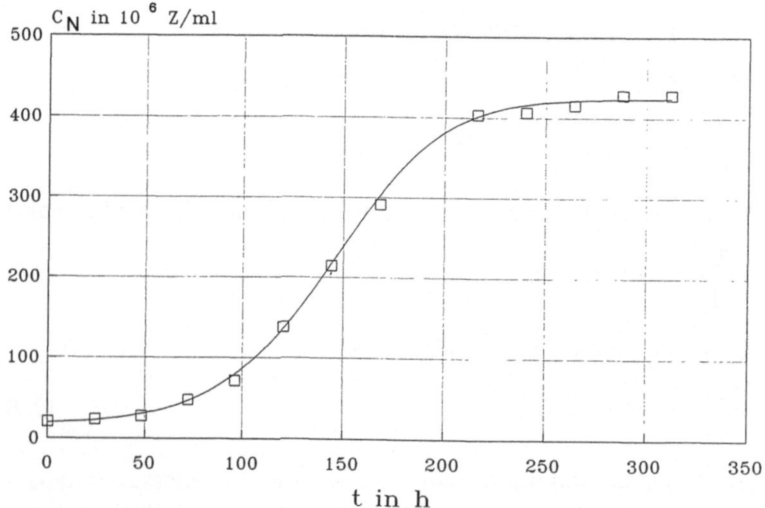

Abb. 2.3. Kulturverlauf $c_N(t)$ von *Porphyridium crentum* (Rotalge) bei 25 °C im Kreislaufreaktor.

In Tab. 2.1 (letzte Spalte) befindet sich noch eine aufbereitete Wertetabelle, deren Wertesätze $\ln(c_N/c_{N0}) = f(t)$ in Abb. 2.4 funktionell dargestellt sind.

Aus dem auf die Abszisse verlängerten Linearteil der logarithmierten normierten Wachstumsphase erhält man

$$t_L \approx 2\,\mathrm{d} = 48\,\mathrm{h} \ .$$

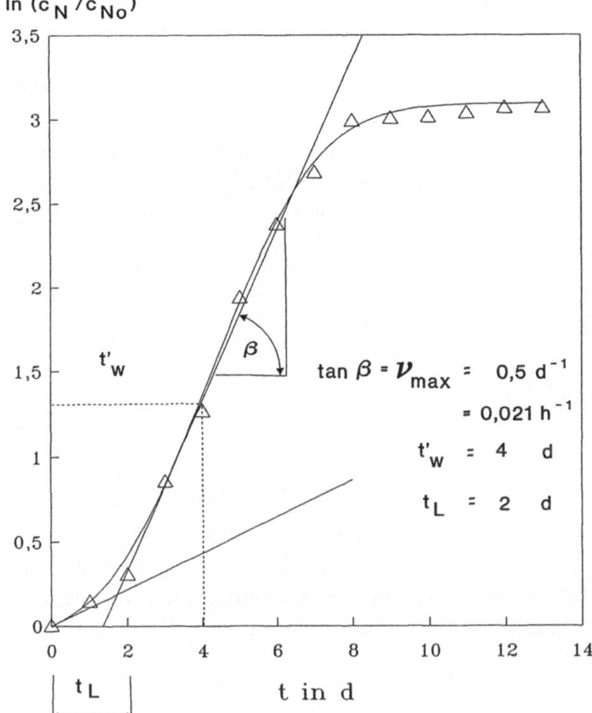

Abb. 2.4. Abhängigkeit der auf die Anfangskonzentration normierten logarithmierten Zellzahlkonzentration von der Zeit mit Abschätzung für v_{max}, t_L und t_w

Die Steigung liefert für $v_{max} \approx 0{,}5\,\mathrm{d}^{-1} = 0{,}02\,\mathrm{h}^{-1}$. Als weitere Information läßt sich aus der Länge der Linearteile der normierten logarithmierten Wachstumskurve der Wendepunkt abschätzen, der genau in der Mitte des Geradenstückes liegt.

Aus Abb. 2.4 ist zu entnehmen, daß das Geradenstück den Bereich $0{,}4 < \ln(c_N/c_{N0}) < 2{,}4$ einnimmt, und der Wendepunkt etwa bei $t_w \approx 4\,\mathrm{d} = 96\,\mathrm{h}$ liegt.

Da die lag-Dauer nicht in der Wendepunktmethode berücksichtigt wird, muß man sie von der Gesamtlaufzeit abziehen. Also $t_w = t'_w - t_L \approx 48\,\mathrm{h}$.

Auf diese Zeitrelation ist auch das korrespondierende $c_{N0} = 27 \cdot 10^6\,\mathrm{Z/ml}$ zu beziehen.

Legt man das logistische Wachstumsmodell zugrunde, so folgt für v_{max}

$$v_{max} = \frac{\ln\left(\dfrac{c_{N,max}}{c_{N0}} - 1\right)}{t_w} \qquad [2.1]\ . \qquad\qquad (2.8)$$

Unter Berücksichtigung des vorgenannten Bereichs des Geradenstückes ergibt sich damit

$$v_{max} = \frac{\ln\left(\dfrac{428 \cdot 10^6}{27 \cdot 10^6} - 1\right)}{48} = 0{,}056\,\mathrm{h}^{-1} \; . \tag{2.9}$$

Die aus Abb. 2.4 mit Hilfe der Steigung bzw. über den Wendepunkt abgeschätzten maximalen spezifischen Teilungsgeschwindigkeiten stimmen erwartungsgemäß gut überein, da beide Methoden identische Informationen beinhalten.

Zu 2.3

Für die logistische Gleichung gilt:

$$v = v_{max} - v_{max}\,\frac{c_N}{c_{N,max}} \; . \tag{2.10}$$

Werden die Werte $v = f(c_N)$ nach Tab. 2.1 aufgetragen (Abb. 2.5), so ist ersichtlich, daß relativ starke Streuungen auftreten, und sich offensichtlich mindestens die ersten 2 Werte für v einer anderen Gesetzmäßigkeit unterordnen. Eine Gerade analog Gl. (2.10) läßt sich genähert nur für die Werte

$$c_N \gtrsim 70 \cdot 10^6\,\mathrm{Z/ml} \text{ bzw. } t \gtrsim 96\,\mathrm{d}$$

feststellen (Abb. 2.5).

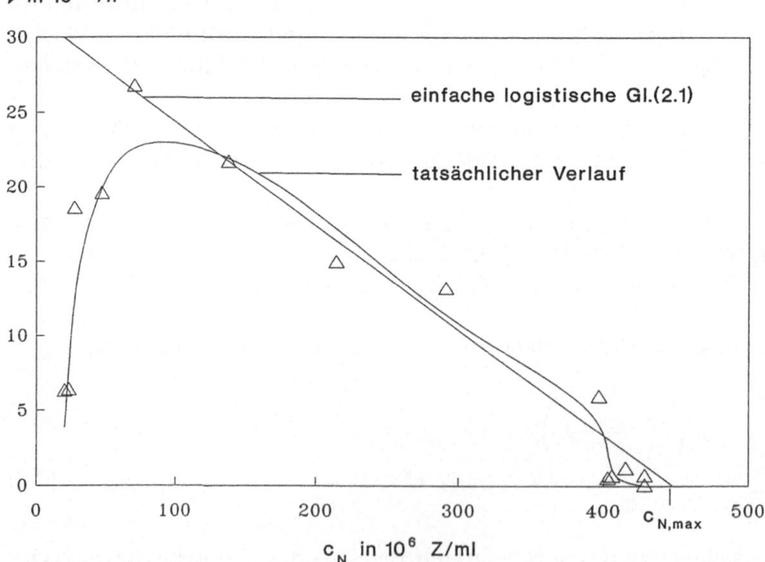

Abb. 2.5. Verlauf von $v = f(c_N)$ nach Tab. 2.1

Während nach Abb. 2.4 nur die ersten 3 Werte ($c_N \lesssim 27 \cdot 10^6$ Z/ml durch die lag-Phase keinem logarithmischen Wachstum folgen, ergibt sich nach Abb. 2.5, daß erst Werte $c_N \geq 70 \cdot 10^6$ Z/ml dem logistischen Wachstum folgen. Im Hinblick auf Abb. 2.4 bedeutet dies, daß v_{max} größer ausfallen müßte, als aus der Grafik abgeschätzt wurde.

Aus Abb. 2.5 erhält man für v_{max}

$$v_{max} \approx 0{,}8 \, \text{d}^{-1} = 0{,}033 \, \text{h}^{-1} \; . \tag{2.11}$$

Dieser Wert liegt in der gleichen Größenordnung wie der Wert der Abschätzung nach Pt. 2, Abb. 2.4 ($v_{max} \approx 0{,}02 \, \text{h}^{-1}$). Er weicht aber beträchtlich von der Abschätzung nach der Wendepunktmethode ab ($v_{max} \approx 0{,}05 \, \text{h}^{-1}$). Beide Werte reichen als Startwerte für eine nichtlineare Regression aus.

Zu 2.4 und 2.5

Ausgangspunkt ist die logarithmierte logistische Gleichung in der Form

$$\ln \frac{\bar{c}_N}{1 - \bar{c}_N} = v_{max} \cdot t - \ln \left(\frac{c_{N,max}}{c_{No}} - 1 \right) \tag{2.12}$$

mit $\bar{c}_N = c_N(t)/c_{N,max}$.

Das Regressionsprogramm wird zweckmäßigerweise um einige Schritte erweitert, um die y-Werte schnell zu gewinnen. Vor jeder Regression werden dann nur die neuen $c_{N,max}$-Werte eingegeben.

Die Ergebnisse der wiederholten Regression sind in Tab. 2.2 zusammengestellt.

Tab. 2.2. Ergebnisse der quasi-linearen Regression für v_{max} bei Variation der Maximalkonzentration $c_{N,max}$ (ohne Dimensionen)

$c_{N,max}$ [10^6 Z/ml]	v_{max} [1/h]	B [−]	B^* [−]	s_R [−]
428,0	0,0412	0,84	0,829	1,86
429,0	0,0309	0,96	0,959	0,643
430,0	0,029	0,971	0,969	0,527
430,3	0,0289	0,973	0,970	0,508
430,5	0,0288	0,973	0,971	0,50
431,0	0,0284	0,974	0,972	0,482
431,5	0,028	0,975	0,973	0,47
432,0	0,0276	0,975	0,973	0,463
436,0	0,0258	0,973	0,970	0,453
436,5	0,0256	0,972	0,970	0,454
437,0	0,0254	0,972	0,969	0,455
438,0	0,0252	0,971	0,986	0,458

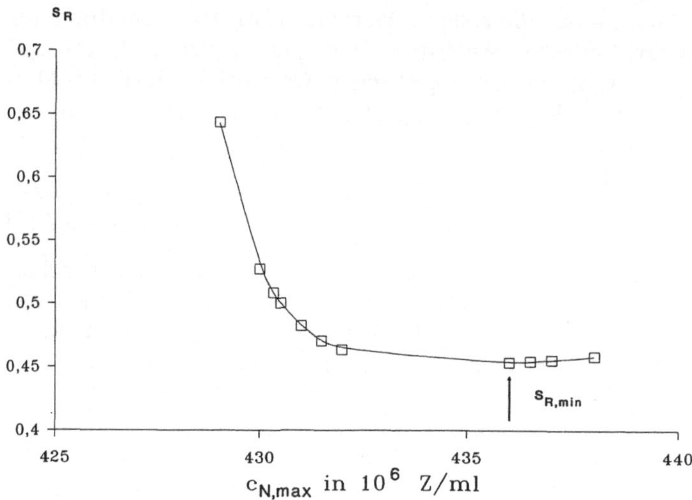

Abb. 2.6. Reststreuung als Funktion der maximalen Zellzahlkonzentration bei den quasi-linearen Regressionen nach Gl. (2.12)

Trägt man die Ergebnisse der Reststreuung über $c_{N,max}$ auf (Abb. 2.6), so läßt sich ein schwach ausgeprägtes Minimum bei $c_{N,max} = 436 \cdot 10^6$ Z/ml erkennen. Mit diesem Wert korrespondiert $v_{max} = 0{,}0258\,\mathrm{h}^{-1}$. Die Parameter $c_{N,max}$, v_{max} sind also die optimale Wertekombination im transformierten (logarithmischen) Raum.

Zu 2.6

Als Startwerte werden

$$c_{N0} = 20 \cdot 10^6\ \mathrm{Z/ml}$$
$$c_{n,max} = 430 \cdot 10^6\ \mathrm{Z/ml}$$
$$v_{max} = 0{,}8\,\mathrm{d}^{-1} = 0{,}033\,\mathrm{h}^{-1}\ \text{(s. Pkt. 2.2, Gl. (2.11))}$$

verwendet. Die nichtlineare Regression liefert:

$$c_N = 3{,}46 \cdot 10^6\ \mathrm{Z/ml}$$
$$c_{N,max} = 430{,}33 \cdot 10^6\ \mathrm{Z/ml}$$
$$v_{max} = 0{,}8145\,\mathrm{d}^{-1} = 0{,}03394\,\mathrm{h}^{-1}$$

Statistik

$$RQS = 5663{,}68 \cdot 10^{12} = 5{,}664 \cdot 10^{15} \qquad (N = 14,\ p = 2)$$
$$s_R = 22{,}69 \cdot 10^6$$
$$v = 0{,}096$$

Der berechnete Wert v_{max} weicht nur unbedeutend von der Schätzung nach Pkt. 2.3 ab. Diese geringe Abweichung ist zufällig. Im Hinblick auf die numerische Parameteranpassung läßt sich feststellen, daß die nichtlineare Regression prinzipiell zu günstigeren Werten führt.

Hinweis: Die Restabweichungen s_R in 2.5 und 2.6 sind nicht vergleichbar. Beachten Sie die unterschiedlich definierten y-Werte.

Abschnitt 2.5:

$$y = \ln \frac{\bar{c}_N}{1 - \bar{c}_N}$$

Abschnitt 2.6:

$$y = c_N$$

s_R kann durch Rücktransformation vergleichbar gemacht werden.

Die Abb. 2.7 und 2.8 zeigen die geforderten Gegenüberstellungen von gemessenen und berechneten Verläufen. Aus Abb. 2.7 ist erkennbar, daß das logistische Modell im Bereich der ersten drei Meßwerte unbefriedigend anzupassen ist. Im weiteren Verlauf ist die Anpassung dagegen ausgezeichnet. Die Erklärung der Abweichung der ersten drei c_N-Werte läßt sich durch Abb. 2.5 verdeutlichen, da mindestens die ersten zwei, streng genommen die ersten vier c_N-Werte, nicht dem einfachen logistischen Modell folgen, sondern einem lag-Phasen-Wachstum gehorchen. Die hohen Streuungen haben ihre Ursachen in ungenauen bzw. stark fehlerbehafteten c_N-Werten und der naturbedingten

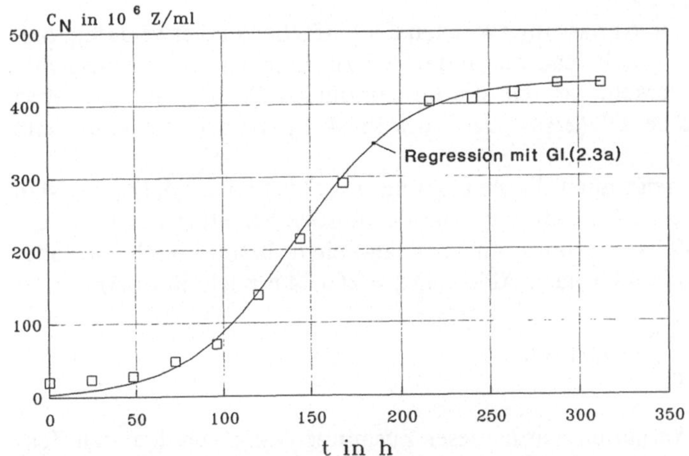

Abb. 2.7. Gegenüberstellung vom gemessenen und vom durch nichtlineare Regression nach Gl. (2.3 a) angepaßten Verlauf. Parameter: $v_{max} = 0{,}0339\,\mathrm{h}^{-1}$; $c_{N0} = 3{,}46 \cdot 10^6\,\mathrm{Z/ml}$; $c_{N,max} = 430{,}33 \cdot 10^6\,\mathrm{Z/ml}$

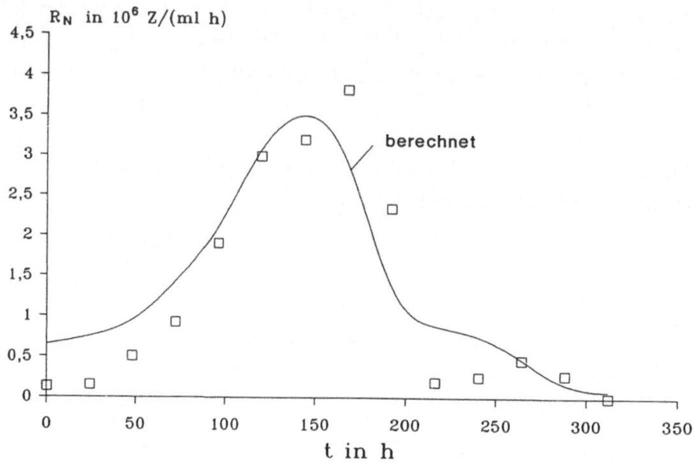

Abb. 2.8. Gegenüberstellung der gemessenen (berechneten) Werte $R_N(t)$ und vom berechneten Verlauf. Parameter: $v_{max} = 0,0339\,\mathrm{h}^{-1}$; $c_{No} = 3,46 \cdot 10^6\,\mathrm{Z/ml}$; $c_{N,max} = 430,33 \cdot 10^6\,\mathrm{Z/ml}$

Aufrauhung bei Anwendung des einfachen Differenzenverfahrens. Auch aus Abb. 2.8 wird deutlich, daß eine starke Streuung der R_N-Werte vorliegt.

Eine wesentlich bessere Anpassung ist mit der erweiterten logistischen Gleichung Gl. (2.3 b) zu erwarten, die das lag-Verhalten sehr gut berücksichtigt. Die Gl. (2.3 b) wird durch nicht-lineare Regression an die Meßwerte c_N-t angepaßt.

In Tab. 2.3 sind die Nutzerfunktion, die Startwerte mit Unter- und Obergrenzen (Restriktionen) sowie die Ergebnisse der Iteration mit 95%iger Parametersicherheit zusammengestellt. Eine Simulation für die Stützstellen und die Parameter gibt Tab. 2.4 wieder.

Vergleicht man die Anpassung zwischen der einfachen und erweiterten logistischen Gleichung, erhält man die in Tab. 2.5 zusammengestellte Übersicht.

Es ist eindeutig erkennbar, daß die Reststreuung RQS bei Gl. (2.3 b) etwa 5mal kleiner ist als bei Gl. (2.3 a). Der Variationskoeffizient ist ungefähr halb so groß.

Abbildung 2.5 zeigt auch die Anpassung $v = f(c_N)$ nach Gl. (2.3 b). Man erkennt eine recht gute Einordnung trotz der großen Streuung der v-Werte.

Zwischen der Zeitkonstante t_i und der lag-Zeit t_L besteht noch folgender Zusammenhang ($t_L \approx 48\,\mathrm{h}$ nach Abb. 2.4, $t_i = 285,34\,\mathrm{h}$ nach Tab. 2.3):

$$\frac{t_i}{t_L} \approx \frac{285,34\,\mathrm{h}}{48\,\mathrm{h}} = 5,94 \approx 6 \ . \tag{2.13}$$

Auch bei anderen Verläufen wurde dieser Zusammenhang zwischen den Zeitkonstanten gefunden, so daß allgemein gelten kann

$$t_i = 6 \cdot t_L \quad (\mathrm{r.F.} < 0,25\%) \ . \tag{2.14}$$

Tab. 2.3. Nutzerfunktion Gl. (2.3 b)-erweiterte logistische Gleichung, Startwerte mit Restriktionen und Ergebnisse der Parameteroptimierung

Nutzerfunktion
Name: erwlogis

$$y = a/(1 + ((a/b) - 1) \cdot \exp(-c \cdot (x + d \cdot (\exp(-x/d) - 1))))$$

Variable:
y: Zellkonzentration
x: Zeit

Parameter:		Startwerte	Restriktion	
			Untergrenze	Obergrenze
a	$c_{N,max}$ [10^6 Z/ml]	428,0000	380,0000	450,0000
b	c_{No} [10^6 Z/ml]	20,0000	5,0000	40,0000
c	v_{max} [h^{-1}]	0,0300	0,0100	0,60000
d	t_i [h]	10,0000	1,0000	350,0000

Ergebnisse der Iteration (Parametersicherheit: 95,0%)

Parameter	ber. Wer	Min	Max	Delta
a	422,5176	409,6899	435,3453	12,8277
b	21,5758	10,2369	32,9146	11,3389
c	0,0953	$-0,1539$	0,3444	0,2491
d	285,3410	$-654,5836$	$1,22527 \cdot 10^3$	939,9247

Tab. 2.4. Der mit den Optimalparametern nach Tab. 2.3 berechnete c_N-t-Verlauf

	t	$\hat{c}_N$	abs. Fehler	rel. Fehler
1	0,00	19,24	0,77	2,92%
2	24,00	21,35	1,64	7,71%
3	48,00	28,47	$-1,47$	$-5,17$%
4	72,00	43,91	3,08	7,01%
5	96,00	74,71	$-3,71$	$-4,96$%
6	120,00	131,01	6,98	5,33%
7	144,00	215,84	$-1,84$	$-0,85$%
8	168,00	307,08	$-16,08$	$-5,23$%
9	192,00	372,12	24,87	6,68%
10	216,00	404,64	$-1,64$	$-0,40$%
11	240,00	417,51	$-11,51$	$-2,75$%
12	264,00	421,98	$-6,98$	$-1,65$%
13	288,00	423,40	4,59	1,08%
14	312,00	423,84	4,15	0,98%

Damit kann in Gl. (2.3 b) das PT_1-Glied

$$y = 1 - \exp\left(-\frac{t}{6 \cdot t_L}\right) = 1 - \exp\left(-\frac{t}{t_i}\right) \tag{2.15}$$

die Form von Gl. (2.15) annehmen. Somit beträgt die lag-Phase

Tab. 2.5. Vergleich von Anpassung und Parametern bei Verwendung der logistischen Gleichungen

Parameter		logistische Gleichungen	
		einfach Gl. (2.3a)	erweitert Gl. (2.3b)
v_{max}	$[h^{-1}]$	0,03394	0,0953
c_{No}	$[10^6 \, Z/ml]$	3,46	21,58
$c_{N,max}$	$[10^6 \, Z/ml]$	430,548	422,52
t_i	$[h]$	–	285,34
RQS	$[10^{15} \, Z^2/ml^2]$	2,277	1,149
s_R	$[10^6 \, Z/ml]$	14,387	10,72
v	$[-]$	0,0609	0,0454

$$t_L = 47{,}55 \, h \; .$$

Dieser durch Parameteroptimierung berechnete Wert stimmt sehr gut mit der Abschätzung nach Abb. 2.4 ($t_L \approx 48$ h) überein.

Zu 2.7

Es ist bekannt, daß auch für viele mikrobielle Reaktionen die Temperaturabhängigkeit kinetischer Koeffizienten (v_{max}, K_s, u.a.) mit dem Arrhenius-Ansatz (in einem engen Temperaturbereich) erfaßt werden kann.

Damit gilt:

$$v_{max}(T) = v'_{max} \exp\left(-\frac{E}{RT} \right) \tag{2.16}$$

bzw. in logarithmierter Form

$$\ln v_{max}(T) = \ln v'_{max} - \frac{E}{R} \cdot \frac{1}{T} \tag{2.17}$$

$$y = \quad a \quad + b \; x$$

Tabelle 2.6 zeigt die bisherigen Ergebnisse von Untersuchungen (diese Werte basieren auf der einfachen logistischen Gleichung, deshalb bleiben die Ergebnisse nach Gl. (2.3b) unberücksichtigt).

Führt man eine quasi-lineare Regression mit dem Ansatz

$$\ln y = \ln a + b \cdot x \tag{2.18}$$

durch, so erhält man:

$$a = \ln v'_{max} = 28{,}87108$$
$$e^a = v'_{max} = 3{,}45582 \cdot 10^{12} \, h^{-1}$$
$$b = -9670{,}2268$$

Tab. 2.6. Maximale spezifische Vermehrungsrate v_{max} der Mikroalge *Porphyridium cruentum* bei verschiedenen Temperaturen und Aufbereitung zur numerischen Auswertung nach Gl. (2.14) $(T = 273,2 + \vartheta)$

v_{max} [h^{-1}]	ϑ [°C]	T [K]	$\ln v_{max}$	$\dfrac{1}{T} \cdot 10^3$ [K^{-1}]	$\ln\left(\dfrac{v_{max}}{v_{max,o}}\right)$ [$-$]
0,017	21	294,2	$-4,0745$	3,399	0
0,018	21	294,2	$-4,0174$	3,399	0,0571
0,0339	25	298,2	$-3,3843$	3,353	0,6902
0,045	30	303,2	$-3,1010$	3,298	0,9734

Statistik

Transform. Raum	Originalraum (N = 4, p = 1) (berechnet mit Konstanten des transformierten Raumes)
$r\ \ \ = 0,969$	$r\ \ \ = 0,958$
$B\ \ \ = 0,938$	$B\ \ \ = 0,918$
$B^*\ = 0,907$	$B^*\ = 0,877$
$RQS = 0,0422$	$RQS = 4,444 \cdot 10^{-5}$
$s_R\ \ = 0,145$	$s_R\ \ = 4,713 \cdot 10^{-3}$
$v\ \ \ = -0,039$	$v\ \ \ = 0,165$

$-b = E/R = -9670{,}2268$

$E = b \cdot R$, mit $R = 8,314$ Ws/(mol K) (universelle Gaskonstante)

ergibt sich für die Aktivierungsenergie E

$E = 80398,26$ Ws/mol $= 80,39$ kJ/mol

Der Wert für die Aktivierungsenergie E der mikrobiellen Reaktion liegt im Bereich der Erfahrungswerte $20 < E$ [kJ mol^{-1}] < 85.

Der rechnerische Zusammenhang lautet nunmehr:

$$\ln \hat{y} = \ln v_{max}(T) = 28{,}87108 - 9670{,}22 \cdot \frac{1}{T} \tag{2.19}$$

bzw.

$$\hat{y} = v_{max}(T) = 3{,}4558 \cdot 10^{12} \cdot \exp\left(-\frac{9670{,}22}{T}\right). \tag{2.20}$$

Die statistische Sicherung ist als gut zu bezeichnen. In Abb. 2.9 sind die Versuchsergebnisse sowie die Anpassung dargestellt.

Die nichtlineare Regression mit Gl. (2.16) führt in diesem Fall der Arrhenius-Gleichung zu einer schlechteren Anpassung als die Anwendung der quasilinearen Regression.

In Tab. 2.7 sind die Werte der berechneten Parameter bei verschiedenen Startpunkten sowie die statistischen Maßzahlen zusammengestellt.

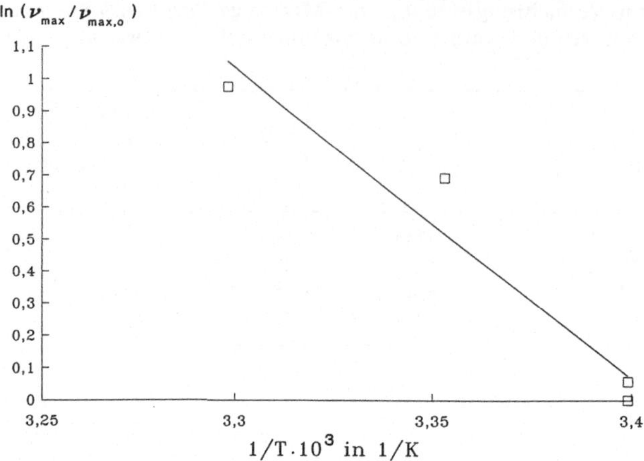

Abb. 2.9. Modifizierte Arrhenius-Darstellung der Temperaturabhängigkeit von $\ln(\nu_{max}/\nu_{max,o})$ über $1/T$ mit Ausgleichsgerade

Tab. 2.7. Ergebnisse der quasi-linearen und nichtlinearen Regression unter Verwendung der Arrhenius-Gleichung sowie statistische Maßzahlen

		quasi-linear		nichtlinear		
$v'_{max} \cdot 10^{-12}$	$[h^{-1}]$	3,4458	3,4400	3,4502	3,4399	4,4493
$E \cdot 10^{-4}$	$[J/mol]$	8,0398	8,0006	8,0196	7,9999	7,9994
$RQS \cdot 10^5$	$[h^{-2}]$	4,444	17,2	8,07	17,3	111,2
$s_R \cdot 10^3$	$[h^{-1}]$	4,713	9,29	6,35	9,313	23,58
$v \cdot 10^1$	$[-]$	1,65	3,26	2,2	3,2	8,28
Rangfolge						
der Anpassung		1	4	2	3	5

Das Prozeßmodell auf Grundlage der logischen Gleichung lautet im Temperaturbereich zwischen 20 °C und 30 °C:

$$R_N = \frac{dc_N}{dt} = v_{max}(T)\,c_N \left(1 - \frac{c_N}{c_{N,max}}\right) \qquad (2.21)$$

mit

$$v_{max}(T) = v'_{max} \cdot \exp(-E/RT) \qquad (2.22)$$

$$v'_{max} = 3,4558 \cdot 10^{12}\,h^{-1}$$
$$c_{N,max} = 430 \cdot 10^6\,Z/ml$$
$$E = 80,39\,Ws/mol$$
$$R = 8,314\,Ws/(mol\,K).$$

Literatur

[2.1] K.-H. Wolf (1991) Berechnungsbeispiele zur Bioverfahrenstechnik. B. Behr's Verlag, Hamburg

Beispiel 3 (Lit. [3.3], S. 237 ff):
Rheologische Zustandsgleichung
eines Fermentationsmediums

– Rheogramm	$\tau(\dot{\gamma})$
– Rheologische Zustandsgleichung für das Fließverhalten	
– Parameterbestimmung	$K, \mathrm{n}; A, C$
– Modellselektion	
– Prüfung der Strömungsverhältnisse	Re_c

Aufgabenstellung

Der Wirkstoff Cyclosporin A wird durch den Mikroorganismus *Sesquicilliopsis rosariensis* gebildet.

Die Fermentation wird in einem 450 l-Bioreaktor ($d_1 = 0,6$ m) bei 24 °C realisiert. Die Belüftung beträgt $\dot{V}_\mathrm{G}/V_\mathrm{L} = 0,46$ vvm. Die Vermischung des Mediums erfolgt mit drei auf einer Rührwelle aufgesetzten Rührelementen $d_2 = 0,2$ m bei $n_\mathrm{R} = 3,33\ \mathrm{s}^{-1}$.

Hinweis: In diesem Beispiel wird die *Drehzahl mit* n_R bezeichnet, um Verwechslungen mit dem *Fließexponenten n* auszuschließen. Der Behälter besitzt Stromstörer. Die Bewehrungskennzahl beträgt BW = 0,8.

Zur Einschätzung der Strömungsverhältnisse wurden Viskositätsuntersuchungen durchgeführt, um daraus die *Re*-Zahl zu ermitteln. Da Fermentationsmedien mit myzelbildenden Organismen in der Regel nichtnewtonsche „Flüssigkeiten" sind, wurden rheologische Untersuchungen mit einem Rotationsviskosimeter durchgeführt. Folgende Meßwerte wurden am 7. Tag der Fermentation erhalten:

τ [Pa]	0,97	1,03	1,29	1,94	2,58	3,88
$\dot{\gamma}$ [s^{-1}]	1,5	2,7	4,5	8,1	24,3	72,9
τ [Pa]	5,17	7,11	9,37	12,92	13,80	20,67
$\dot{\gamma}$ [s^{-1}]	121,5	218,7	364,5	656,0	729,0	1312,0

Aufgaben

3.1

Stellen Sie die Fließkurve $\tau = f(\dot{\gamma})$ in Normalkoordinaten sowie doppeltlogarithmisch dar.

Charakterisieren Sie anhand des Rheogramms das Fließverhalten und schlagen Sie ein Model ggf. ein alternatives, zur Beschreibung $\tau = \tau(\dot{\gamma})$ vor.

Werten Sie den Verlauf $\tau = f(\dot{\gamma})$ nach dem Modell/Modellen aus, bestimmen Sie die Parameter und geben Sie die statistischen Maßzahlen an. Bestimmen Sie das optimale Modell durch statistische Selektion.

3.2

Berechnen Sie die Scheinviskosität bei der Rührerdrehzahl $n_R = 3{,}33 \text{ s}^{-1}$ sowie die Re-Zahl, wenn die scheinbare Dichte $\varrho = 1090 \text{ kg/m}^3$ beträgt. Der Anteil der Gasphase beträgt $\varepsilon_G \approx 0{,}04$ und ist zu vernachlässigen. Wie sind die Strömungsverhältnisse im Reaktor?

Lösungen

Zu 3.1

Das Rheogramm in Abb. 3.1 zeigt einen Verlauf, der für ein pseudoplastisches Verhalten spricht.

Zur Beschreibung des Fließverhaltens bieten sich alternativ die Modelle nach

- Ostwald de Waele und
- Prandtl-Eyring

an [3.1].

(a) Beschreibung des Fließverhaltens durch den Ansatz
nach Ostwald de Waele

$$\tau = K\dot{\gamma}^{\,n} \tag{3.1}$$

wobei gilt

K: Konsistenzindex
n: Fließexponent

n < 1 (pseudoplastisches Verhalten)
n > 1 (dilatantes Verhalten)
n = 1 (Newtonsches Verhalten)

Mit

$$\eta_{\text{eff}} = \frac{\tau}{\dot{\gamma}}$$

(3.2)

folgt aus Gl. (3.1)

$$\eta_{\text{eff}} = K\dot{\gamma}^{n-1} \;.$$

(3.3)

Noch eindeutiger wird die Modellidentifikation durch doppeltlogarithmische Auftragung von $\tau = f(\dot{\gamma})$ (s. Abb. 3.2). Dabei läßt sich der logarithmierte Ver-

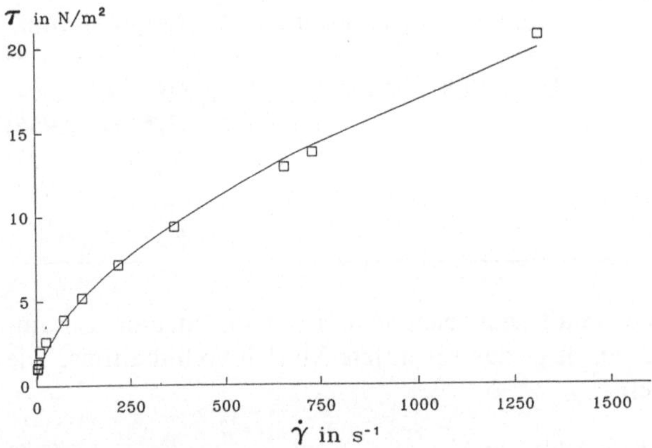

Abb. 3.1. Rheogramm $\tau = f(\dot{\gamma})$ des Fermentationsmediums (7. Tag) − (in Normalkoordinaten)

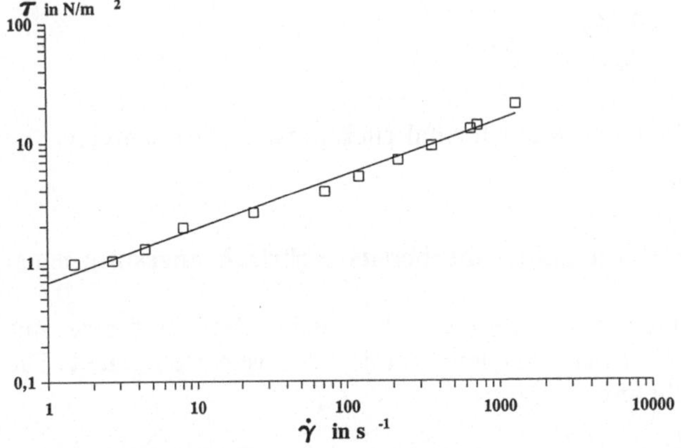

Abb. 3.2. Rheogramm $\ln \tau = f(\ln \dot{\gamma})$ des Fermentationsmediums (7. Tag) in doppeltlogarithmischer Auftragung

lauf durch eine Gerade darstellen. Das entspricht dem Ansatz Gl. (3.1), der in logarithmischer Form wie folgt aussieht:

$$\ln \tau = \ln K + n \cdot \ln \dot{\gamma} \tag{3.4}$$

$$y \quad = a \quad + b \cdot x$$

Dabei gilt:

$$b = n$$
$$e^a = K$$

Zweckmäßigerweise bietet sich eine quasi-lineare Regression an. Mit den Meßwerten $\tau = f(\dot{\gamma})$ erhält man folgende Ergebnisse:

	Transformierter Raum	Originalraum
$a = -0,3835$ $b = 0,4481$	$B = 0,988$	$(B = 0,964)$ $(B^* = 0,956)$ $RQS = 17,397$ $s_R = 1,319$ $v = 0,196$

Das sehr hohe Bestimmtheitsmaß kennzeichnet den streng linearen Zusammenhang im ln-Raum und bestätigt das vermutete Modell vollinhaltlich. Die Regressionsgleichung lautet:

$$\hat{y} = \ln \tau = \ln \underset{K}{0,6814} + \underset{n}{0,4481} \ln \dot{\gamma} \tag{3.5}$$

Somit gilt für die Konstanten

- Fließexponent: $n = 0,448$
- Konsistenzindex: $K = 0,681 \ \mathrm{Pa} \cdot \mathrm{s}^{0,448}$

Für den Originalraum läßt sich dann formal rücktransformiert schreiben

$$\tau = 0,6814 \, \dot{\gamma}^{0,448} \ . \tag{3.6}$$

Der quasi-linearen Regression haften die bereits mehrfach angesprochenen Mängel an.

Deshalb erfolgt nunmehr eine nichtlineare Regression des Datensatzes mit Gl. (3.1). Die Daten sind in den Tabellen 3.1 und 3.2 zusammengestellt. Die nichtlineare Regression liefert

- Fließexponent: $n = 0,566$
- Konsistenzindex: $K = 0,343 \ \mathrm{Pa} \cdot \mathrm{s}^{0,566}$

Tab. 3.1. Auszüge des Rechnerprotokolls der Parameteranpassung des Ostwald de Waele-Modells mit nichtlinearer Regression

Nutzerfunktion
Name: Ostwald de Waele

$$y = a \cdot x^b$$

Variable:
y Scherspannung
x Deformationsgeschwindigkeit

Parameter:
a Konsistenzindex
b Fließexponent

Parameterwerte

Restriktionen

	Start	Min	Max	
a	1,0000	$1,00000\,E-03$	1000,0000	
b	0,5000	$1,00000\,E-03$	1,0000	

Ergebnisse der Regression (Parametersicherheit: 95%)

	ber. Wert	Min	Max	Delta
a	0,3425	0,2270	0,4580	0,1155
b	0,5660	0,5150	0,6170	0,0510

Statistische Maßzahlen

$RQS = 2,808$
$s_R = 0,5299$
$v = 0,07877$

Tab. 3.2. Rechnerausdruck der berechneten Werte (Ostwald de Waele) mit den Parametern aus der nichtlinearen Regression

	Unabh. Variable	Ber. Wert	Abs. Fehler	Rel. Fehler
1	1,50	0,4308	0,5392	125,15%
2	2,70	0,6009	0,4291	71,42%
3	4,50	0,8023	0,4877	60,78%
4	8,10	1,1190	0,8210	73,37%
5	24,30	2,0838	0,4962	23,81%
6	72,90	3,8806	$-5,64\,E-4$	$-0,01\%$
7	121,50	5,1815	$-0,0115$	$-0,22\%$
8	218,70	7,2266	$-0,1166$	$-1,61\%$
9	364,50	9,6494	$-0,2794$	$-2,89\%$
10	656,00	13,4568	$-0,5368$	$-3,98\%$
11	729,00	14,2848	$-0,4848$	$-3,39\%$
12	$1,31200\,E+03$	19,9213	0,7487	3,75%

(b) Beschreibung des Fließverhaltens nach Prandtl-Eyring.
Das Modell lautet:

$$\tau = A \cdot \text{arcsinh}\left(\frac{\dot{\gamma}}{B}\right) \qquad (3.7)$$

die Einheit des Parameters A lautet Nm^{-2} und die des Parameters B s^{-1}.

Gleichung (3.7) läßt sich nicht anschaulich transformieren. Die Bestimmung der Modellkonstanten ist nur mit nichtlinearer Regression oder einem anderen Optimierungsverfahren möglich.

Hinweis: Da verschiedene PC-Programme die Eingabe der $-$arcsinh-Funktion Gl. (3.7) nicht erlauben, ist es zweckmäßig (wie in diesem Beispiel geschehen, s. Tab. 3.3) folgende Äquivalenz zu nutzen:

$$\text{arcsinh}\,x = \ln\left(x + \sqrt{x^2 + 1}\right) . \qquad (3.8)$$

Die Auswertung der Datensätze ist in den Tab. 3.3 und 3.4 zusammengefaßt: Zur statistischen Selektion sind in Tab. 3.5 alle Modelle, Konstanten und statistischen Maßzahlen zusammengestellt.

Tab. 3.3. Auszüge des Rechnerprotokolls der Parameteranpassung der Zustandsgleichung nach Prandtl-Eyring mit nichtlinearer Regression

---

Nutzerfunktion
Name: Prandtl-Eyring

$$y = a \cdot \ln\left((x/b) + \text{SQRT}(\text{SQR}(x/b) + 1)\right) \equiv a \cdot \text{arcsinh}\left(\frac{x}{b}\right)$$

Variable:
y Scherspannung
x Deformationsgeschwindigkeit

Parameterwerte

	Start	Min	Max
		Restriktionen	
a	1,0	1,0	100,0
b	10	150,0	200,0

Ergebnisse der Regression (Parametersicherheit: 95%)

	ber. Wert	Min	Max	Delta
1	7,3530	4,6746	10,0314	2,6784
2	196,7841	55,2848	338,2835	141,4993

Statistische Maßzahlen

$RQS = 16,282$
$s_\text{R} = 1,276$
$v = 0,1896$

Tab. 3.4. Rechnerausdruck der berechneten Werte (Prandtl-Eyring)

	Unabh. Variable	Ber. Wert	Abs. Fehler	Rel. Fehler
1	1,50	0,0560	0,9140	1630,66%
2	2,70	0,1009	0,9291	920,97%
3	4,50	0,1681	1,1219	667,25%
4	8,10	0,3026	1,6374	541,15%
5	24,30	0,9057	1,6743	184,86%
6	72,90	2,6652	1,2148	45,57%
7	121,50	4,2920	0,8780	20,45%
8	218,70	7,0440	0,0660	0,93%
9	364,50	10,1144	$-0,7444$	$-7,36\%$
10	656,00	14,1102	$-1,1902$	$-8,43\%$
11	729,00	14,8564	$-1,0564$	$-7,11\%$
12	1312,00	19,0878	1,5822	8,28%

Tab. 3.5. Zusammenstellung der Parameteranpassung sowie statistische Wertung

Konstanten	Ostwald de Waele		Prandtl-Eyring
	Quasilinear	Nichtlinear	Nichtlinear
K	0,6814	0,3425	A 7,35
n	0,4481	0,566	C 196,78
RQS	17,397	2,808	16,282
s_R	1,319	0,5299	1,276
v	0,196	0,0788	0,189
$s_R/s_{R,min}$	2,489	1	2,408

Wertet man diese Ergebnisse, so lassen sich folgende Schlußfolgerungen ziehen:

(1) Die optimale Anpassung wird in diesem Beispiel mit dem Modell nach Ostwald de Waele durch nichtlineare Regression erreicht.

(2) Die quasi-lineare Regression führt zu einer schlechteren Anpassung im Originalraum und ist abzulehnen.
Die mittlere Restabweichung ist $\approx 250\%$ größer als bei nichtlinearer Methodik.

(3) Die Zustandsgleichung von Prandtl-Eyring führt trotz nichtlinearer Regression zu einer Restabweichung, die etwa der quasi-linearen Regression nach Gl. (3.4) entspricht.

(4) Das Modell von Ostwald de Waele ist zu favorisieren.

(5) Eine noch bessere Anpassung wird mit dem Ansatz nach Herschel-Burkley erzielt ($\tau_0 = 0,952$, $a = 0,173$, $b = 0,658$, $RQS = 0,658$).

Zu 3.2

Für die effektive Viskosität im prozeßbestimmenden Bereich gilt dann

$$\eta_{\text{eff}} = \frac{\tau(\dot{\gamma})}{\dot{\gamma}} = \frac{0{,}3485\,\dot{\gamma}^{0{,}566}}{\dot{\gamma}} = 0{,}3425\,\dot{\gamma}^{-0{,}434} \tag{3.9}$$

und für die modifizierte Re-Zahl folgt allgemein (Lit. [3.2], S. 74):

$$Re_c = \frac{n_R^{2-n}\cdot d_2^2\cdot K'^{\,1-n}}{K} \ . \tag{3.10}$$

(Diese Re-Zahl gilt nur für die Ostwald-de-Waele Beziehungen!)

Für Schaufelrührer mit $d_2/d_1 < 0{,}65$ gilt nach verschiedenen Autoren (Lit. [3.2], S. 75):

$$K' = 11 \ . \tag{3.11}$$

Setzt man diese Zahlenwerte in Gl. (3.10) ein, so folgt:

$$Re_c = \frac{1090\cdot 3{,}33^{\,2-0{,}556}\cdot 0{,}2^2\cdot 11^{\,1-0{,}556}}{0{,}3425} \tag{3.12}$$

$$Re_c = 2097$$

Besser verständlich ist der Zusammenhang zwischen Re-Zahl und $\dot{\gamma}$, wenn man direkt von Gl. (3.3) ausgeht und dann die Re-Zahl ermittelt.

Für $d_2/d_1 < 0{,}65$ gilt für den prozeßbestimmenden Raum für Standardrührer bei n < 1 (n – Fließexponent) ([3.2], S. 76):

$$\dot{\gamma} = 11{,}0\cdot n_R \quad (\pm 10\%) \ . \tag{3.13}$$

So folgt bei $n_R = 3{,}33\ \text{s}^{-1}$ (s. Aufgabenstellung):

$$\dot{\gamma} = 11\cdot 3{,}33$$

$$\dot{\gamma} = 36{,}63\ \text{s}^{-1} \ . \tag{3.14}$$

Danach ergibt sich mit Gl. (3.3)

$$\eta_{\text{eff}} = 0{,}3425\,\dot{\gamma}^{-0{,}444} = 0{,}3425\cdot 36{,}63^{-0{,}444} \tag{3.15}$$

$$\eta_{\text{eff}} = 0{,}06923\ \text{Pa}\cdot\text{s}$$

und die Re-Zahl zu:

$$Re = \frac{n_R\,d_2^2\varrho}{\eta_{\text{eff}}(\dot{\gamma})} = \frac{3{,}33\cdot 0{,}2^2\cdot 1090}{0{,}06923} \tag{3.16}$$

$$Re = 2097$$

Die Ergebnisse für Re_c und Re nach den Gl. (3.10) sowie (3.16) sind erwartungsgemäß identisch.

Für bewehrte Rührbehälter mit einer Bewehrungskennzahl von BW $\geq$ 0,2 liegen mit dieser Re-Zahl ($Re > 10^3$) also stabile turbulente Strömungsverhältnisse vor.

Dieses Ergebnis ist deshalb bedeutsam, weil für den turbulenten Bereich zahlreiche Berechnungsgrundlagen in bezug auf Stoff- und Wärmeübergang bekannt sind [3.2], die für weiterführende Berechnungen erforderlich sein können.

Man muß jedoch beachten, daß für vertiefte Betrachtungen nicht das Fließverhalten von nur einem Tage (hier 7. Tag) relevant ist, sondern während der gesamten Fermentation zu analysieren wäre.

Literatur

[3.1] H.-D. Tscheuschner, u.a. (1986) Lebensmitteltechnik Wissensspeicher für Technologen. VEB Fachbuchverlag, Leipzig

[3.2] F. Liepe, H. Weissgärber (1979) Verfahrenstechnische Berechnungsmethoden (1979) Stoffvereinigen in fluiden Phasen (Teil 4/2), Ausrüstungen und ihre Berechnung, 1. Aufl. VEB Deutscher Verlag für Grundstoffindustrie, Leipzig

[3.3] K.-H. Wolf (1991) Berechnungsbeispiele zur Bioverfahrenstechnik. B. Behr's Verlag, Hamburg

Beispiel 4:
Diskontinuierlicher adiabatischer idealer Rührreaktor mit autokatalytischen Reaktionen

- BSTR
- allgemeine Wärmebilanz
- Einbeziehung der Stoffbilanz in die Wärmebilanz
- maximale Ausbeute und maximaler Ertragskoeffizient $A_{x,\mathrm{max}}$, $Y_{x/s,\mathrm{max}}$
- Stoffbilanz als Funktion von Temperatur und Ausbeute $R_{\mathrm{N}}(T,A_x)$
- Prozeßdauer $t(T,A_x)$
- adiabate Höchsttemperatur T_{max}

Aufgabenstellung

In einem stehenden, zylinderkonischen Tank von 250 m^3 erfolgt die diskontinuierliche Gärung und Reifung von Bier. Die Verteilung der flüssigen, festen und gasförmigen Phasen im Reaktor entspricht einem idealen Rührkessel. Die Anfangstemperatur beträgt 9 °C und die Anfangskonzentration an Bierhefe $c_{\mathrm{No}} = 27{,}8 \cdot 10^6$ Z/ml. Die Würzekonzentration (Anfangskonzentration des Substrates) beträgt für das Vollbier Hell 11,3 % Stammwürze ($\triangleq$ einer vergärbaren Substratkonzentration von $c_{\mathrm{so}} = 62$ g/l). Gleich nach Beginn der Gärung fällt die Kühlung aus. Der Reaktor selbst ist so gut isoliert, daß praktisch keine Wärme an die Umwelt abgegeben wird (Schaumpolystyrol: $s = 80$ mm, $\lambda = 0{,}031$ kg m^2 s^{-3}/(mK)). Wie hoch steigt die Temperatur im Reaktor und wie lange dauert es, bis das Wachstum der Hefe abgeschlossen ist bzw. das Substrat vollständig umgesetzt wurde?

Folgende weitere Zusammenhänge sind bekannt:

Die Wachstumskinetik der Bierhefe läßt sich durch folgende Geschwindigkeitsgleichung − logistische Gleichung − beschreiben:

$$R_{\mathrm{N}} = \frac{\mathrm{d}c_{\mathrm{N}}}{\mathrm{d}t} = v_{\mathrm{max}} \left(1 - \frac{c_{\mathrm{N}}}{c_{\mathrm{N,max}}} \right) c_{\mathrm{N}} \tag{4.1}$$

wobei gilt $c_{\mathrm{N,max}} = 135 \cdot 10^6$ Z/ml.

Die Temperaturabhängigkeit des kinetischen Koeffizienten v_{max} (maximale spezifische Teilungsrate) wird im Bereich zwischen 10 °C und 24 °C durch einen Arrhenius-Ansatz hinreichend genau dargestellt:

$$v_{\max}(T) = v'_{\max} \exp\left(-\frac{E}{RT}\right)$$ (4.2)

wobei gilt

$v'_{\max} = 87,96 \cdot 10^6 \, \mathrm{h}^{-1}$
$E \quad = 51\,018,4 \, \mathrm{J\,mol}^{-1}$
$R \quad = 8,314 \, \mathrm{J\,mol}^{-1}\,\mathrm{K}^{-1}$
$T \quad$ in K

Die schwach exotherme Reaktion hat eine metabolische Reaktionsenthalpie von

$(\Delta_R H^{(x)}) = -8500 \, \mathrm{kJ\,kg_x^{-1}}$ bzw.
$(\Delta_R H^{(s)}) = \;\; -568 \, \mathrm{kJ\,kg_s^{-1}}$

Für das Reaktionsgemisch Bierwürze-Hefe gelten folgende mittlere Angaben für Temperaturabweichungen $\pm 10 \, \mathrm{K}$:

spezifische Wärmekapazität: $c_p = \quad 3,8 \, \mathrm{kJ\,kg^{-1}\,K^{-1}}$
Dichte: $\qquad\qquad\qquad\quad \varrho = 1030 \, \mathrm{kg\,m^{-3}}$

Der Zusammenhang zwischen Zellmassenkonzentration und Zellzahlkonzentration ist durch nachfolgende Korrelation gegeben:

$$c_x = C c_N$$ (4.3)

bzw.

$$c_x [\mathrm{g/l}] = 0,1834 \, c_N \, [10^6 \, \mathrm{Z/ml}] \; .$$ (4.4)

Für die Zellausbeute gilt:

$$A_x = \frac{c_x - c_{x0}}{c_{s0}} \; .$$ (4.5)

Aufgaben

4.1

Temperaturentwicklung im Reaktor $T = f(A_x)$ bis $A_{x,\max}$

4.2

Prozeßdauer bis zum Ende des Wachstums $t = f(T, A_x)$ bis $c_{x,\max}$

4.3

Berechnung der adiabaten Höchsttemperatur T_{max}

4.4

Grafische Darstellung $T = f(t)$

Lösungen

Ausgangspunkt der Betrachtung ist die Wärmebilanz des diskontinuierlich arbeitenden idealen Rührkessels:

$$\frac{dQ_I}{dt} = Q_R - \dot{Q}_D \tag{4.6}$$

Instationäre Wärmeänderung   Reaktionswärme   Abgeführte Wärme

Ein Ausfall des Kühlsystems entspricht einer adiabaten Temperaturführung, weil keine Wärme abgeführt wird. Somit wird $\dot{Q}_D = 0$, Gl. (4.6) geht in

$$\frac{dQ_I}{dt} = Q_R \tag{4.7}$$

über. Im betrachteten Bilanzraum besitzt die Reaktionsmasse V_F einen bestimmten Wärmeinhalt Q_I:

$$Q_I = \varrho\, c_p\, V_F\, T \ . \tag{4.8}$$

Für die Reaktionswärme Q_R gilt:

$$Q_R = -r \Delta_R H \cdot V_R = r(-\Delta_R H) V_R \ . \tag{4.9}$$

Bezieht man die Reaktionswärme auf die Wachstumsgeschwindigkeit R_x der Bierhefe, ergibt sich

$$Q_R = R_x(-\Delta_R H^{(x)}) V_F \tag{4.10}$$

bzw. unter Berücksichtigung der Relation zwischen Zellzahl- und Zellmassenkonzentration (nach Gl. (4.3))

$$Q_R = C R_N(-\Delta_R H^{(x)}) V_F \tag{4.11}$$

$$C = 0{,}1843 \frac{g_x}{l} \cdot \frac{ml}{10^6 Z} \ .$$

Setzt man Gl. (4.8) und (4.11) in Gl. (4.7) ein, folgt:

$$\varrho\, c_{\mathrm p}\, V_{\mathrm F}\frac{\mathrm dT}{\mathrm dt}=CR_{\mathrm N}(-\Delta_{\mathrm R}H^{(\mathrm x)})\,V_{\mathrm F}\; .\tag{4.12}$$

Das Volumen der Reaktionsmasse $V_{\mathrm F}$, die Dichte ϱ und die Reaktionsenthalpie $(-\Delta_{\mathrm R}H^{(\mathrm x)})$ wird im Bereich $283{,}2<T<303{,}2$ als konstant angesehen. Gl. (4.12) ergibt durch Umstellung die Wärmebilanz

$$\frac{\mathrm dT}{\mathrm dt}=\frac{CR_{\mathrm N}(-\Delta_{\mathrm R}H^{(\mathrm x)})}{c_{\mathrm p}\varrho}\; .\tag{4.13}$$

Für die Zellausbeute gilt:

$$A_x=\frac{c_x-c_{xo}}{c_{\mathrm{so}}}=\frac{0{,}1843\,(c_{\mathrm N}-c_{\mathrm{No}})}{c_{\mathrm{so}}}\; .\tag{4.14}$$

Die Stoffbilanz für den diskontinuierlichen Rührkessel lautet:

$$R_{\mathrm N}=\frac{\mathrm dc_{\mathrm N}}{\mathrm dt}=v\,c_{\mathrm N}\; .\tag{4.15}$$

Der Zusammenhang zwischen Vermehrungsgeschwindigkeit $R_{\mathrm N}$ und Ausbeute A_x ergibt sich aus Gl. (4.14) durch Differentiation zu

$$\frac{\mathrm dA_x}{\mathrm dc_{\mathrm N}}=\frac{0{,}1843}{c_{\mathrm{so}}}\tag{4.16}$$

bzw. umgestellt zu

$$\mathrm dc_{\mathrm N}=\frac{c_{\mathrm{so}}}{0{,}1843}\,\mathrm dA_x=\frac{C_{\mathrm{so}}}{C}\,\mathrm dA_x\; .\tag{4.17}$$

Wird die Form der Stoffbilanz Gl. (4.17) in Gl. (4.15) eingesetzt, so folgt

$$\mathrm dt=\frac{\mathrm dc_{\mathrm N}}{R_{\mathrm N}}=\frac{c_{\mathrm{so}}}{C}\cdot\frac{\mathrm dA_x}{R_{\mathrm N}}\; .\tag{4.18}$$

Setzt man Gl. (4.18) in Gl. (4.13) ein, ergibt sich

$$\mathrm dT=\frac{CR_{\mathrm N}(-\Delta_{\mathrm R}H^{(\mathrm x)})}{c_{\mathrm p}\varrho}\,\mathrm dt$$

bzw.

$$\mathrm dT=\frac{CR_{\mathrm N}(-\Delta_{\mathrm R}H^{(\mathrm x)})}{c_{\mathrm p}\varrho}\cdot\frac{C_{\mathrm{so}}\,\mathrm dA_x}{CR_{\mathrm N}}\; .\tag{4.19}$$

Aus Gl. (4.19) kürzt sich der Ausdruck „$C\cdot R_{\mathrm N}$" heraus und es verbleibt

$$\mathrm dT=\frac{c_{\mathrm{so}}(-\Delta_{\mathrm R}H^{(\mathrm x)})}{c_{\mathrm p}\varrho}\,\mathrm dA_x\; .\tag{4.20}$$

Die Integration der Differentialgleichung (4.20) liefert:

$$T = T^0 + \frac{(-\Delta_R H^{(x)})c_{so}}{c_p \varrho} \cdot A_x = T^0 + T_{max} \cdot A_x \; . \tag{4.21}$$

Hierbei ist T^0 die Temperatur der Reaktionsmasse bei $A_x = 0$, d.h. in dem Fall der Zeit $t = 0$ beträgt diese 9 °C bzw. 282,2 K.

Der Ausdruck

$$T_{max} = \frac{(-\Delta_R H^{(x)})c_{so}}{c_p \varrho} A_{x,\,max} + T^{(0)} \tag{4.22}$$

entspricht der adiabaten Höchsttemperatur bei $A_{x,\,max}$, die bei vollständigem Umsatz des Substrats ($U_s = 1$) erreicht wird.

Für unser Beispiel beträgt die maximal erreichbare Zellmassenausbeute

$$A_{x,\,max} = \frac{0{,}1843\,(c_{N,\,max} - c_{No})}{c_{so}} = \frac{0{,}1843 \cdot (135 - 27{,}8)}{62} \tag{4.23}$$

$$A_{x,\,max} = 0{,}3186$$

Diese maximale Zellausbeute ist identisch mit dem maximalen Ertragskoeffizienten $Y_{x/s,\,max} = (c_{x,\,max} - c_{xo})/(c_{so})$.

Die relativ niedrige Zellmassenausbeute ist charakteristisch für eine wachstumsverbundene Produktbildung. Die entsprechende Ethanolausbeute ist maximal und beträgt $A_{E,\,max} \approx 0{,}64$.

Der Geschwindigkeitsausdruck der Stoffbilanz Gl. (4.18) ist eine Funktion der Ausbeute. Die Integration der Stoffbilanz führt zu

$$t = \frac{c_{so}}{C} \int_0^{A_x} \frac{dA_x}{R_N(c_N)} = \frac{c_{so}}{C} \int_0^{A_x} \frac{dA_x}{R_N(T,A_x)} \; . \tag{4.24}$$

Da die Stoffänderungsgeschwindigkeit $R_N(T,A_x)$ sowohl eine Funktion der Zellzahl als auch der Temperatur ist (vgl. Gl. (4.24)), ist eine geschlossene Integration nicht möglich.

Man geht so vor, daß für eine vorgegebene Ausbeute A_x die Temperatur nach Gl. (4.21) berechnet wird.

Zunächst folgt aus Gl. (4.21) unter Einsetzen der Werte

$$T = T_0 + \frac{(-\Delta_R H^{(x)})c_{so}}{c_p \varrho} \cdot A_x$$

$$= 282{,}2 + \frac{[-(-8500)] \cdot 62}{1030 \cdot 3{,}8} \cdot A_x \tag{4.25}$$

$$T = 282{,}2 + 134{,}645 \cdot A_x \; . \tag{4.26}$$

Mit Gl. (4.1) folgt:

$$R_{\mathrm{N}} = v\,c_{\mathrm{N}} = v_{\max}\left(1 - \frac{c_{\mathrm{N}}}{c_{\mathrm{N,max}}}\right) c_{\mathrm{N}}\ . \tag{4.27}$$

Die Funktion $R_{\mathrm{N}}(A_x)$ ergibt sich, indem in Gl. (4.27) c_{N} durch die Ausbeute ausgedrückt wird.

Aus Gl. (4.14)

$$A_x = \frac{0{,}1843\,(c_{\mathrm{N}} - c_{\mathrm{No}})}{c_{\mathrm{so}}}$$

folgt

$$c_{\mathrm{N}} = \frac{c_{\mathrm{so}}}{C}\,A_x + c_{\mathrm{No}}\ . \tag{4.28}$$

Eingesetzt in Gl. (4.27) ergibt

$$R_{\mathrm{N}}(A_x) = v_{\max}\left[1 - \frac{1}{c_{\mathrm{N,max}}}\left(\frac{c_{\mathrm{so}}}{C}\,A_x + c_{\mathrm{No}}\right)\right]\left[\frac{c_{\mathrm{so}}}{C}\,A_x + c_{\mathrm{No}}\right]\ . \tag{4.29}$$

Nunmehr wird die Temperaturabhängigkeit von $v_{\max}$ in Gl. (4.29) durch Substitution von Gl. (4.2) berücksichtigt, womit

$$R_{\mathrm{N}}(T,A_x) = v'_{\max}\exp\left(-\frac{E}{RT}\right)\left[\frac{c_{\mathrm{so}}}{C}\,A_x + c_{\mathrm{No}} \right.$$
$$\left. -\frac{1}{c_{\mathrm{N,max}}}\left(\frac{c_{\mathrm{so}}}{C}\,A_x + c_{\mathrm{No}}\right)^2\right] \tag{4.30}$$

entsteht.

Wird nunmehr Gl. (4.30) in Gl. (4.24) eingefügt, ergibt sich

$$t_{\mathrm{R},h} = \frac{c_{\mathrm{so}}}{C}\,\frac{\exp\left(\dfrac{E}{R\,T_h}\right)}{v'_{\max}} \int\limits_{A_{x,h-1}}^{A_{x,h}} \frac{\mathrm{d}A_x}{\left[\dfrac{c_{\mathrm{so}}}{C}\,A_x + c_{\mathrm{No}} - \dfrac{1}{c_{\mathrm{N,max}}}\left(\dfrac{c_{\mathrm{so}}}{C}\,A_x + c_{\mathrm{No}}\right)^2\right]}$$
$$h = 1, 2, \dots \tag{4.31}$$

Mit dem Einsetzen der Zahlen folgt:

$$t = \frac{62}{0{,}1843}\,\frac{\exp\dfrac{6136{,}44}{T_h(A_{x,h})}}{87{,}96\cdot10^6} \int\limits_{A_{x,h-1}}^{A_{x,h}} \frac{\mathrm{d}A_x}{\left[\dfrac{62}{0{,}1843}\,A_x + 21{,}4 - \dfrac{1}{137{,}7}\left(\dfrac{62}{0{,}1843}\,A_x + 21{,}4\right)^2\right]}$$
$$h = 1, 2, \dots \tag{4.32}$$

Durch Ausmultiplizieren der Zahlenwerte unter dem Integral ergibt sich vereinfacht

$$t_{R,h} = \underbrace{\frac{62}{0,1843} \frac{\exp\dfrac{6136,44}{T_h(A_{x,h})}}{87,96 \cdot 10^6}}_{A} \underbrace{\int\limits_{A_{x,h-1}}^{A_{x,h}} \frac{dA_x}{(-821,862\,A_x^2 + 231,846\,A_x + 18,074)}}_{B}$$

$$h = 1, 2, \ldots \qquad (4.33)$$

Die Lösung von Gl. (4.33) kann auf unterschiedliche Weise erfolgen. Zunächst wird für vorgegebene (freigewählte) Zellzahlkonzentrationen c_N in sinnvollen Abständen die Ausbeute $A_{x,h}$ nach Gl. (4.23) berechnet. Unter Verwendung von Gl. (4.26) erhält man aus der Ausbeute $A_{x,h}$ die entsprechende Temperatur T_h. Dieser Wert für T_h geht in den Teil A der Gl. (4.33) ein. Die Obergrenze des Integrals wird vom zugehörigen Wert für $A_{x,h}$ gebildet, während als Untergrenze $A_{x,h-1}$ immer der vorangegangene Wert eingesetzt wird. Das Integral erlaubt eine geschlossene Lösung. Es ist aber zweckmäßiger, die Gl. (4.33) sofort numerisch auszuwerten. Der Wert des Integrals wird dabei nach dem Trapez- oder dem Simpsonverfahren berechnet, was bereits mit wissenschaftlichen Taschenrechnern möglich ist. Zu beachten ist die Tatsache, daß die Berechnung nach Gl. (4.33) jeweils die Reaktionsdauer $t_{R,h}$ für eine Temperatur T_h und ein Ausbeuteintervall $A_{x,h-1} - A_{x,h}$ liefert. Die Gesamtreaktionszeit setzt sich somit aus den Ergebnissen der Intervalle zusammen:

$$t_{Ges,h} = \sum_{h=1} t_{R,h} \; . \qquad (4.34)$$

Die auf diese Weise erhaltenen Wertesätze sind in Tab. 4.1 zusammengestellt. Wertet man die Ergebnisse in Tab. 4.1, ist festzustellen, daß die Temperaturentwicklung bei $h = 6$ die Gültigkeit der benutzten kinetischen Angaben v'_{max}, E gerade erfüllt (vgl. Aufgabenstellung). Weitere Durchrechnungen ($h > 7$) sind Extrapolationen, die unzulässig sind.

Die erreichbare adiabate Höchsttemperatur ergibt sich nach Gl. (4.22) formal zu

$$T_{max} = \frac{(-\Delta_R H^{(x)})\, c_{so}}{\varrho\, c_p} A_{x,max} + T^{(0)}$$

$$= \frac{8500 \cdot 62}{1030 \cdot 3,8} \cdot 0,3186 + 282,2 \qquad (4.35)$$

$$T_{max} = 325,097\ \text{K} \triangleq 51,89\,°\text{C}$$

Dieser Wert ist völlig formal, weil bei einer Biergärung oberhalb 25 °C die Hefe ein verändertes Verhalten aufweist, und sich die Reaktionsenthalpie ($\Delta_R H$) temperaturabhängig wesentlich verkleinert.

Tab. 4.1. Wertesätze für Zellzahlkonzentration, Ausbeute, Temperatur und Prozeßdauer. A_x nach Gl. (4.23); T nach Gl. (4.26); t_R nach Gl. (4.33)

h	c_N 10^6 Z/ml	A_x	T K	t °C	t_R h	t_{Ges} h
0	27,8	0	282,2	9,0	0	0
1	30	$6{,}539 \cdot 10^{-3}$	283,08	9,88	3,32	3,32
2	35	$2{,}14 \cdot 10^{-2}$	285,08	11,88	5,594	8,914
3	40	$3{,}63 \cdot 10^{-2}$	287,08	13,88	4,305	13,219
4	45	$5{,}11 \cdot 10^{-2}$	289,08	15,88	3,374	16,593
5	50	$6{,}59 \cdot 10^{-2}$	291,08	17,88	2,719	19,31
6	60	$9{,}57 \cdot 10^{-2}$	295,08	21,88	3,744	23,05
7	70	$12{,}54 \cdot 10^{-2}$	299,08	25,88	2,702	25,75
8	80	$15{,}52 \cdot 10^{-2}$	303,09	29,89	unzulässige	
9	90	$18{,}48 \cdot 10^{-2}$	307,09	33,89	Extrapolation	

Beispiel 5:
Diskontinuierlicher polytroper idealer Rührreaktor

- BSTR
- allgemeine Wärmebilanz
- Darstellung der Stoffbilanz als Umsatzänderung dU_s/dt
- Darstellung der Wärmebilanz als Funktion der
  Umsatzänderung dT/dt
- Berechnung der simultanen Zeit- und Umsatz- Δt
  entwicklung für ΔT bis zum vollständigen Um- ΔU_s
  satz U_s

Aufgabenstellung

Auf der Grundlage des Beispiels 4 soll eine polytrope Prozeßführung betrachtet werden. Der Prozeßverlauf unterscheidet sich dahingehend, daß bei sonst gleichen kinetischen Bedingungen des Zellwachstums Gl. (4.1, 4.2), der kinetischen und thermischen Angaben v'_{max}, E, $(-\Delta_R H^{(x)})$ und der angegebenen Stoffwerte c_p, ϱ die Kühlung des laufenden Prozesses gestört ist. Das im Bypass-Betrieb zirkulierende Reaktionsmedium wird im Plattenwärmeübertrager (Kühler) nur teilweise heruntergekühlt, weil die Platten erheblich verschmutzt sind. Die Wärmedurchgangszahl verringert sich von $k = 2100$ W/(m^2 K) unter ungestörten Verhältnissen auf $k = 1000$ W/(m^2 K). Dadurch fällt die Effektivität der Kühlung beträchtlich ab, und das Jungbier erwärmt sich abweichend von der vorgegebenen Temperaturführung. Die Angaben zur Kühlung lauten:

- Wärmeaustauschfläche: 6,72 m^2
- Kühlmitteltemperatur am Einlauf: $-4\,°C$ bzw. 269,2 K
- Kühlmitteltemperatur am Auslauf: $+2\,°C$ bzw. 275,2 K
- Wärmedurchgangszahl: 1000 W/(m^2 K)
- Reaktorfüllvolumen: 240 m^3

Berechnen Sie das Temperatur-Umsatz-Zeit-Verhalten bis zum Umsatz von $U_{ges} \approx 0,90$ des Substrates (Endvergärung), d.h. bis die maximale Zellzahl erreicht wurde.

Beachten Sie: Kinetische Daten, thermodynamische Größen und Stoffwerte sind Beispiel 4 zu entnehmen!

Lösung

Bei der Lösung müssen wiederum Stoff- und Wärmebilanz berücksichtigt werden. In der Wärmebilanz soll der Leistungseintrag durch das Umpumpsystem der Kühlung und durch das sich entbindende, aufsteigende Kohlendioxid vernachlässigt werden. Für die polytrope Prozeßführung gilt dann zunächst die allgemeine Wärmebilanz:

$$\underbrace{\frac{\mathrm{d}Q_{\mathrm{I}}}{\mathrm{d}t}}_{\substack{\text{Instationäre}\\\text{Änderung der}\\\text{Wärme}}} = \underbrace{Q_{\mathrm{R}}}_{\substack{\text{Reaktionswärme}\\\text{(entstehende Wärme)}}} - \underbrace{\dot{Q}_{\mathrm{D}}}_{\substack{\text{Abgeführte}\\\text{Wärme}}} \qquad (5.1)$$

Werden die Einzelterme spezifiziert, ergibt sich (vgl. Gln. (4.8 – 4.11))

$$\frac{\mathrm{d}(\varrho\,c_{\mathrm{p}}\,V_{\mathrm{F}}\,T)}{\mathrm{d}t} = C R_{\mathrm{N}}\,(-\varDelta_{\mathrm{R}}H^{(x)})\,V_{\mathrm{F}} - k A_{\mathrm{w}}(T - \bar{T}_{\mathrm{w}}) \qquad (5.2)$$

mit

T: Temperatur des Fermentationsmediums

$\bar{T}_{\mathrm{w}}$: mittlere Kühlmitteltemperatur

Trotz der Reaktion und der Phasenveränderung kann das Reaktionsvolumen als konstant angesehen werden. Da die erwartete Temperaturerhöhung im Reaktor im Bereich $282,2 < T < T_{\max}$ ($T_{\max} = 299,08$ K, s. Tab. 4.1) liegt, also $\varDelta T_{\max} < 16,88$ K, können die Temperaturabhängigkeiten von c_{p} und ϱ vernachlässigt werden. Somit geht Gl. (5.2) in

$$\frac{\mathrm{d}T}{\mathrm{d}t} = \frac{C R_{\mathrm{N}}(-\varDelta_{\mathrm{R}}H^{(x)})}{\varrho\,c_{\mathrm{p}}} - \frac{k A_{\mathrm{w}}(T - \bar{T}_{\mathrm{w}})}{c_{\mathrm{p}}\varrho\,V_{\mathrm{F}}} \qquad (5.3)$$

über. Für die Stoffbilanz galt nach Beispiel 4 (Gl. (4.1))

$$R_{\mathrm{N}} = \frac{\mathrm{d}c_{\mathrm{N}}}{\mathrm{d}t} = v\,c_{\mathrm{N}} \; . \qquad (5.4)$$

Der jeweilige Substratumsatz

$$U_{s} = \frac{c_{\mathrm{so}} - c_{\mathrm{s}}(t)}{c_{\mathrm{so}}} \qquad (5.5)$$

hängt von der im stöchiometrischen Verhältnis $Y_{x/s}$ gebildeten Hefemenge ab:

$$Y_{x/s} = \frac{C(c_{\mathrm{N}} - c_{\mathrm{No}})}{c_{\mathrm{so}} - c_{\mathrm{s}}(t)} = \frac{C[c_{\mathrm{N}}(t) - c_{\mathrm{No}}]}{U_{\mathrm{s}}\,c_{\mathrm{so}}} \; . \qquad (5.6)$$

Die Umstellung von Gl. (5.6) führt zu

$$U_s = \frac{C(c_N - c_{No})}{Y_{x/s} c_{so}} \; .$$

(5.7)

Die mit der Konzentrationsänderung bedingte Umsatzänderung folgt durch Differentiation von Gl. (5.7) zu

$$\frac{dU_s}{dc_N} = \frac{C}{Y_{x/s} c_{so}}$$

(5.8)

bzw. umgeformt

$$dc_N = \frac{dU_s}{C} Y_{x/s} c_{so} \; .$$

(5.9)

Wird dieser Ausdruck in die Stoffbilanz Gl. (5.4) eingefügt, ergibt sich für die instationäre Umsatzänderung

$$\frac{dU}{dt} = \frac{C}{Y_{x/s} c_{so}} v c_N = \frac{C}{Y_{x/s} c_{so}} R_N$$

(5.10)

bzw. umgestellt

$$R_N = \frac{Y_{x/s}}{C} c_{so} \frac{dU_s}{dt} \; .$$

(5.11)

Mit Gl. (5.11) läßt sich die Wärmebilanz Gl. (5.3) in Abhängigkeit von der Umsatzänderung darstellen:

$$\frac{dT}{dt} = \frac{C}{c_p \varrho} \frac{Y_{x/s}}{C} c_{so} (-\varDelta_R H^{(x)}) \cdot \frac{dU_s}{dt} - \frac{k A_w (T - \bar{T}_w)}{c_p \varrho V_F} \; .$$

(5.12)

Für die Umsatzänderung ergibt sich aus Gl. (5.10)

$$\frac{dU_s}{dt} = \frac{C}{Y_{x/s}} \frac{R_N}{c_{so}} = \frac{C}{Y_{x/s}} \frac{1}{c_{so}} R_N(T, U_s) \; .$$

(5.13)

Wird Gl. (5.6) nach c_N aufgelöst und in Gl. (5.4) eingesetzt, so läßt sich c_N eliminieren. Mit

$$c_N = \frac{Y_{x/s} c_{so} U_s}{C} + c_{No}$$

(5.14)

folgt aus den Gln. (4.1) und (4.2) (Beispiel 4!)

$$R_N(T, U_s) = v'_{max} \exp\left(-\frac{E}{RT}\right) \left[\frac{Y_{x/s} c_{so} U_s}{C} + c_{No} \right.$$

$$\left. - \frac{1}{c_{N,max}} \left(\frac{Y_{x/s} c_{so} U_s}{C} + c_{No} \right)^2 \right] . \tag{5.15}$$

Nunmehr ergibt sich die Umsatzänderung aus Gl. (5.12) bzw. (5.13) als Funktion der Temperatur und des Umsatzes zu

$$\frac{dU_s}{dt} = \frac{C}{Y_{x/s} c_{so}} \cdot v'_{max} \exp\left(-\frac{E}{RT}\right) \left[\frac{Y_{x/s} c_{so} U_s}{C} + c_{No} \right.$$

$$\left. - \frac{1}{c_{N,max}} \left(\frac{Y_{x/s} c_{so} U_s}{C} + c_{No} \right)^2 \right] . \tag{5.16}$$

Die Differentialgleichungen (5.16) und (5.12) für Stoff und Wärme müssen simultan gelöst werden. Hierzu bieten sich verschiedene numerische Verfahren an. Im vorliegenden Beispiel wird ein einfaches Differenzverfahren (Linearisierung) angewendet, das sowohl unkompliziert und ausreichend genau ist als auch nur wenige Iterationsschritte benötigt. Gewöhnlich reicht ein Iterationsschritt als Kontrollschritt. Zunächst werden die Differentialgleichungen in Differenzengleichungen umgewandelt.

Stoffbilanz:

$$\frac{\Delta U_s}{\Delta t} = \frac{C}{Y_{x/s} c_{so}} v'_{max} \exp\left(-\frac{E}{RT}\right) \left[\frac{Y_{x/s} c_{so} \bar{U}_s}{C} + c_{No} \right.$$

$$\left. - \frac{1}{c_{N,max}} \left(\frac{Y_{x/s} c_{so} \bar{U}_s}{C} + c_{No} \right)^2 \right] . \tag{5.17}$$

Wärmebilanz:

$$\frac{\Delta T}{\Delta t} = \frac{Y_{x/s} c_{so}}{c_p \varrho} (-\Delta_R H^{(x)}) \frac{\Delta U_s}{\Delta t} - \frac{k A_w (\bar{T} - \bar{T}_w)}{c_p \varrho V_F} \tag{5.18}$$

wobei gilt

U_s: mittlerer Umsatz; $U_{s,h+1/2} = (U_{s,h} + U_{s,h+1})/2$
$\bar{T}$: mittlere Temperatur des Mediums im Reaktor im betreffenden Temperaturintervall; $T_{h+1/2} = (T_h + T_{h+1})/2$
$\bar{T}_w$: mittlere Kühlmitteltemperatur; $\bar{T}_w = (T^E + T^A)/2 = 272{,}2\,\text{K}$

Die Lösung erfolgt mit dem nachfolgenden Algorithmus. Man geht schrittweise vor, Ausgangspunkt ist die Anfangstemperatur $T^\circ = 282{,}2\,\text{K}$. Als erstes

Temperaturintervall wird $\Delta T_1 = 2\,\text{K}$ gewählt. Damit ergibt sich die mittlere Temperatur zu

$$\bar{T}_1 = (T_0 + T_1)/2 = T_0 + \frac{\Delta T_1}{2} = 282{,}2 + \frac{2}{2} = 283{,}2\,\text{K} \tag{5.19}$$

und die Temperatur am Ende des ersten Intervalles zu

$$T_1 = T_0 + \Delta T_1 = 282{,}2 + 2 = 284{,}2\,\text{K} \ . \tag{5.20}$$

Als erste grobe Näherung wird angenommen, daß im ersten Intervall der mittlere Umsatz $\bar{U}_1 = 0{,}1$ beträgt.

Werden nunmehr die bekannten Größen

$$C = 0{,}1843\,\text{gl}^{-1} \cdot \text{ml} \cdot 10^{-6}\,\text{Z}^{-1}$$

$$Y_{x/s} = 0{,}3186 \qquad\qquad\qquad\quad \text{(s. Bsp. 4)}$$

$$c_{so} = 62\,\text{gl}^{-1} \qquad\qquad\qquad \text{(s. Bsp. 4)}$$

$$c_{No} = 27{,}8 \cdot 10^6\,\text{Z ml}^{-1} \qquad\qquad \text{(s. Bsp. 4)}$$

$$c_{N,max} = 135 \cdot 10^6\,\text{Z ml}^{-1} \qquad\quad \text{(s. Bsp. 4)}$$

$$v'_{max} = 87{,}96\ 10^6\,\text{h}^{-1} \qquad\qquad \text{(s. Bsp. 4)}$$

$$E = 51\,018{,}4\,\text{J mol}^{-1} \qquad\qquad \text{(s. Bsp. 4)}$$

$$R = 8{,}314\,\text{J mol}^{-1}\,\text{K}^{-1} \qquad\quad \text{(s. Bsp. 4)}$$

$$(\Delta_R H^{(x)}) = -8\,500\,\text{kJ kg}_x^{-1} \qquad \text{(s. Bsp. 4)}$$

$$c_p = 3{,}8\,\text{kJ kg}^{-1}\,\text{K}^{-1} \qquad\quad \text{(s. Bsp. 4)}$$

$$\varrho = 1\,030\,\text{kg m}^{-3} \qquad\qquad \text{(s. Bsp. 4)}$$

$$A_w = 6{,}72\,\text{m}^2$$

$$k = 1\,\text{kJ s}^{-1}\,\text{m}^{-2}\,\text{K}^{-1}$$

$$V = 240\,\text{m}^3$$

$$\bar{T}_w = 272{,}2\,\text{K}$$

$$\bar{T}_1 = 283{,}2\,\text{K} \qquad\qquad\qquad \text{(Gl. 5.19)}$$

$$\bar{U}_1 = 0{,}1 \qquad\qquad\qquad\qquad \text{(Annahme)}$$

Schritte: $h = 1, 2, 3 \ldots$

in die Gln. (5.17) und (5.18) eingesetzt, erhält man:

$$\frac{\Delta U_{s1}}{\Delta t_1} = \frac{0{,}1843}{0{,}3186} \cdot \frac{87{,}96 \cdot 10^6}{62} \exp\left(-\frac{51\,018{,}4}{8{,}314 \cdot \bar{T}_1}\right) \cdot$$

$$\left[\frac{0{,}3186 \cdot 62 \cdot \bar{U}_1}{0{,}1843} + 27{,}8 - \frac{1}{135}\left(\frac{0{,}3186 \cdot 62 \cdot \bar{U}_1}{0{,}1843} + 27{,}8\right)^2\right] = A_1$$

bzw.

$$\frac{\Delta U_{s1}}{\Delta t} = 0{,}820679 \cdot 10^6 \exp\left(-\frac{6136{,}444}{\bar{T}_1}\right) \cdot \tag{5.21}$$

$$(-85{,}0913\,\bar{U}_1^2 + 63{,}037\,\bar{U}_1 + 22{,}075) = A_1$$

Mit $\bar{T}_1 = 283{,}2\,\text{K}$ und $\bar{U}_1 = 0{,}1$ ergibt sich

$$A_1 = \frac{\Delta U_{s1}}{\Delta t_1} = 8{,}7811 \cdot 10^{-3}\,\mathrm{h}^{-1}\ .$$

Damit folgt für die korrespondierende Temperatur-Zeit-Änderung (Dimensionskontrolle angebracht):

$$\frac{\Delta T_1}{\Delta t_1} = \frac{0{,}3186 \cdot 62}{3{,}8 \cdot 1030}\,[-(-8500)]\,\frac{\Delta U_{s1}}{\Delta t_1} - \frac{1 \cdot 3600 \cdot 6{,}72\,(\bar{T}_1 - \bar{T}_w)}{3{,}8 \cdot 1030 \cdot 240} = B_1$$

$$B_1 = 42{,}8979 \cdot A_1 - 2{,}5754 \cdot 10^{-2}\,(\bar{T}_1 - 272{,}2)\ . \tag{5.22}$$

Da für den ersten Schritt $\Delta T_1 = 2\,\mathrm{K}$ (bzw. $\bar{T}_1 = 283{,}2\,\mathrm{K}$; Gl. (5.19)) gewählt wurde, erhält man für B_1

$$B_1 = \frac{\Delta T_1}{\Delta t_1} = 9{,}3398 \cdot 10^{-2}\,\frac{\mathrm{K}}{\mathrm{h}}\ .$$

Damit folgt für die Zeitdifferenz Δt_1 nach Gl. (5.22) bei der **ersten Berechnung** zu

$$C_1 = \Delta t_1 = \frac{\Delta T_1}{B_1} = \Delta T_1 \left(\frac{\Delta t_1}{\Delta T_1}\right) = \frac{2}{9{,}3398 \cdot 10^{-2}} = 21{,}414\,\mathrm{h} \tag{5.23}$$

und die Prozeßdauer $t_{\mathrm{ges}}(U, \Delta T)$ im Zeitintervall $h = 1$ mit

$$D_1 = \sum_{h=0} C_h = C_1 = 21{,}414\,\mathrm{h}\ . \tag{5.24}$$

Die Umsatzdifferenz ΔU_1 im Intervall ΔT_1, Δt_1 folgt mit Gl. (5.21) zu

$$E_1 = \Delta U_1 = C_1 A_1 = \Delta t_1 \left(\frac{\Delta U_1}{\Delta t_1}\right) = 21{,}414 \cdot 8{,}781 \cdot 10^{-3} = 0{,}18804\ .$$

Damit wird der Gesamtumsatz zu

$$F_1 = U_1 = \sum_{h=0} \Delta U_h = \Delta U_0 + \Delta U_1 = 0 + 0{,}1880 = 0{,}1880\ . \tag{5.25}$$

Der korrespondierende **mittlere Umsatz** im Intervall $h = 1$ beträgt

$$G_1 = \bar{U}_{h-1/2} = F_h - E_h/2 = \left(\sum_{h=0} \Delta U_h\right) - U_h/2 \tag{5.26}$$

$$\bar{U}_{1/2} = 0{,}1880 - 0{,}1880/2 = 0{,}09402$$

Die in den Gln. (5.21) und (5.28) eingeführten Abkürzungen A, B, C, D ... sind für eine Rechnerauswertung zweckmäßig.

Da die simultane Lösung der Differentialgleichungen (5.21) und (5.12) nach dem Differenzenverfahren ($\triangleq$ Linearisierung) eine Näherung darstellt, wird eine erneute Berechnung nach gleichem Algorithmus durchgeführt (1. Iteration). Dafür werden die Ergebnisse des ersten Durchgangs zugrundegelegt, und zwar

Tab. 5.1. Ergebnisse der numerischen Anpassung

Iteration i	Δt_1 [h]	ΔU_1 [$-$]	$\bar{U}_1$ [$-$]	$(\bar{U}_{1,\text{schätz}} - \bar{U}_{1,\text{ber}})/$ $\bar{U}_{1,\text{ber}} \cdot 100\%$ [%]
0	21,414	0,18084	0,09402	6,36
1	22,32	0,19405	0,09702	$-3,09$
2	21,85	0,19097	0,09549	1,60
3	22,09	0,19252	0,09626	$-0,79$
4	21,97	0,19173	0,09586	0,42
5	22,03	0,19213	0,09606	$-0,21$

$\Delta T = 2\,\text{K}, \ \bar{T}_1 = 283,2\,\text{K}$ (bleibt wie beim ersten Durchgang)

$\bar{U}_1 = 0,09402$ (aus Gl. (5.26))

Die Ergebnisse des zweiten Durchgangs (1. Iteration) lauten: Der 2. Index bezeichnet die Zahl der Iterationen.

$$\Delta t_{1,1} = 22,32 \quad \dots (\Delta t_{1,0} = 21,414\,\text{h})$$
$$\bar{U}_{1,1} = 0,09702 \dots (\bar{U}_{1,0} = 0,09402)$$
$$\Delta U_{1,1} = 0,19405 \dots (\Delta U_{1,0} = 0,18804)$$

Die Abweichung im Umsatz nach der ersten Iteration befriedigt noch nicht (rel. Fehler 3,19%). Die Annäherung mit weiteren Iterationen zeigt Tab. 5.1.

Je nach Genauigkeitsanforderung kann ein entsprechender Abbruch erfolgen. Ausreichend dürfte der Abbruch nach der 3. Iteration sein.

Nun wird das nächste Temperaturintervall berechnet, für das man zweckmäßigerweise erneut $\Delta T = 2\,\text{K}$ zugrundelegt. Für $\bar{U}_2$ wird näherungsweise erneut $\bar{U}_{h+1} \approx U_h = 0,192$ gesetzt. Die Berechnung erfolgt nunmehr völlig analog.

Die Rechnungen werden am besten mit einem Taschenrechner realisiert. Eine Programmierung mit Iterationszyklus und Abbruch ist nicht lohnenswert.

Tabelle 5.2 zeigt eine ausführliche Berechnung, aus der auch hervorgeht, daß in diesem Fall die dritte Iteration nur den Charakter einer Kontrollrechnung hat. Das Verfahren konvergiert bei ausreichender Genauigkeit sehr schnell. Zu beachten ist, daß erst nach dem Abbruch die tatsächlichen Werte für $\Delta t_{1,i}$ bzw. t_{ges}, U_{ges} und $\bar{U}_h$ berechnet werden können, da die Änderung von Δt gravierend ist. Für eine Programmierung muß unbedingt beachtet werden, daß sich der entsprechende Gesamtumsatz sowie der Zeitverlauf aus den Differenzen vorangegangener Änderungen natürlich addieren.

$$D_{h,i} = U_h = \sum_{h=0} \Delta U_h \tag{5.27}$$

bzw.

$$Z_{h,i} = t_{\text{ges}} = \sum_{h=0} \Delta t_h \ . \tag{5.28}$$

Tab. 5.2. Berechnungsblatt und Ergebnisse für die nach dem Differenzenverfahren ermittelten Verläufe $U = f(t)$ und $T = f(t)$

	h	0	1	2	3	4	5	6
T	$\bar{T} = (T_h + T_{h+1})/2$	282,2	283,2	285,2	287,2	289,2	291,2	292,2
M	$\Delta T = (T_{h+1} - T_h)$	0	2	2	2	2	2	1
G	$\bar{U} = (U_h + U_{h+1})/2$	0	0,1	0,1925	0,3232	0,4455	0,5734	0,7543
A	$= \Delta U/\Delta t$	0	$8,781 \cdot 10^{-3}$	$11,53 \cdot 10^{-3}$	$14,47 \cdot 10^{-3}$	$16,63 \cdot 10^{-3}$	$17,49 \cdot 10^{-3}$	$13,19 \cdot 10^{-3}$
B	$= \Delta T/\Delta t$	0	0,09339	$15,99 \cdot 10^{-2}$	$23,47 \cdot 10^{-2}$	$27,58 \cdot 10^{-2}$	$26,12 \cdot 10^{-2}$	$5,063 \cdot 10^{-2}$
C	$\Delta t = \Delta T/(\Delta T/\Delta t) = M/B$	0	21,414	12,507	8,521	7,25	7,657	19,75
D	$t_{ges} = \sum\limits_{h=0} C$	0	21,414	34,597	41,381	48,51	56,885	80,74
E	$\Delta U = C \cdot A$	0	0,18804	0,14423	0,1234	0,1206	0,13396	0,2605
F	$U_{Ges} = \sum\limits_{h=0} \Delta U_h$	0	0,18804	0,3367	0,4466	0,5661	0,7074	0,7543
G	$\bar{U}_h = F - E/2$	0	0,09402	0,2645	0,3849	0,5058	0,6404	0,624
Iteration-i =		0	3	3	1	2	3	1
$C_{h,i}$	Δt	0	22,09	10,77	8,4075	7,968	11,77	6,529
D	t_{Ges}	0	22,09	32,86	41,26	49,228	60,999	67,528
$E_{h,i}$	ΔU	0	0,1925	0,1307	0,1223	0,1279	0,1808	0,1056
$F_{h,i}$	U_{Ges}	0	0,1925	0,3232	0,4455	0,5734	0,7543	0,8599
$G_{h,i}$	$\bar{U}_{h,i}$	0	0,0926	0,2578	0,3843	0,5094	0,6638	0,7015

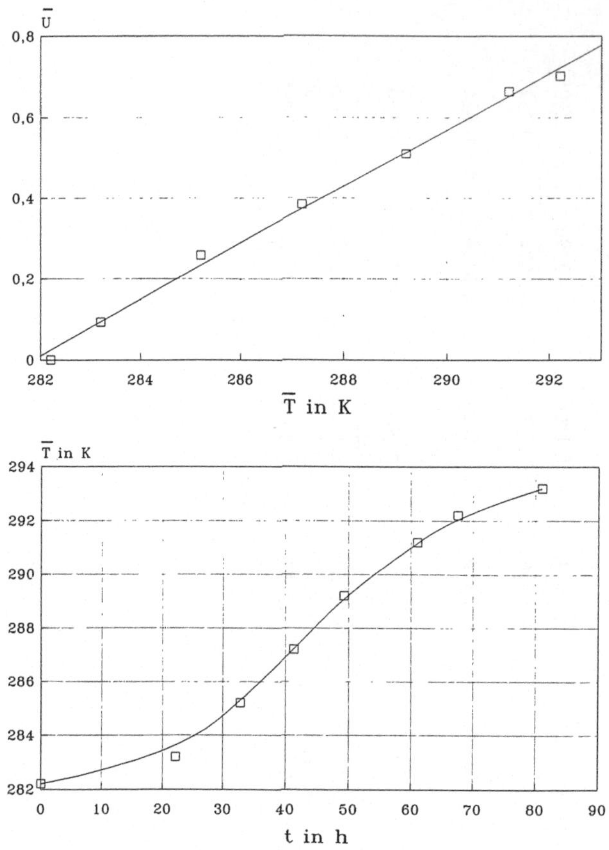

Abb. 5.1. Nach dem Differenzenverfahren berechnete Verläufe $U = f(T)$ und $T = f(t)$

In Abb. 5.1 sind $U = f(t)$ und $T = f(t)$ aufgetragen. Die Verläufe sind unter dem Aspekt einer autokatalytischen Reaktion typisch.

Beispiel 6:
Kontinuierlicher, stationärer und instationärer Rührreaktor ohne und mit Biomasserückführung

- CSTR (R)
- Allgemeine Biomasse- und Substratbildung
- Stationäre Auslaufkonzentration $\qquad$ $c_x(D)$
  $c_s(D)$
- Ermittlung der stationären optimalen und $\qquad$ D_{opt}
  kritischen Verdünnungsgeschwindigkeit $\qquad$ D_{krit}
- maximale Produktivität $\qquad$ $Pr_{x,\text{max}}$
- Bilanzen für den instationären Reaktor
- Übergangsverhalten $\qquad$ $c_x = f(t)$
  $c_s = f(t)$

- ohne Biomasserückführung
- mit Biomasserückführung

Aufgabenstellung

Auf der Basis von diskontinuierlichen Laborversuchen wurde die Kinetik eines Systems vergärbarer Zucker und Bierhefe bei 20 °C untersucht. Das kinetische Modell nach Monod [6.1] erwies sich als problemrelevant für die Beschreibung der Wachstumskinetik

$$\mu = \mu_{\text{max}} \frac{c_s}{K_s + c_s} = \mu(c_s) \ . \tag{6.1}$$

Gleichzeitig galt im untersuchten Bereich in guter Übereinstimmung die logistische Beziehung von Verhulst [6.2]:

$$\mu = \mu_{\text{max}} \left(1 - \frac{c_x}{c_{x,\text{max}}} \right) = \mu(c_x) \ . \tag{6.2}$$

Die ermittelten Koeffizienten lauten:

$$
\begin{aligned}
\mu_{\text{max}} &= 0{,}1187 \ \text{h}^{-1} \\
K_s &= 25{,}72 \ \text{g l}^{-1} \\
Y_{x/s} &= 0{,}253 \\
c_{x,\text{max}} &= 24{,}29 \ \text{g l}^{-1}
\end{aligned}
$$

Diese Angaben sollen einer überschlägigen reaktionstechnischen Auslegung eines kontinuierlich arbeitenden Pilotfermenters zugrunde gelegt werden. Dieser Rührreaktor soll ein Arbeitsvolumen von $V = 1\ \mathrm{m}^3$ besitzen. Die Zulaufkonzentration soll $c_{\mathrm{so}} = 77{,}18\ \mathrm{g\ l}^{-1}$ betragen.

Aufgaben

6.1

Skizzieren Sie das Fließbild eines kontinuierlichen Rührkessels mit partieller Biomasserückführung. Definieren Sie die Ströme und Konzentrationen.

6.2

Stellen Sie die allgemeinen und stationären Stoffbilanzen unter Berücksichtigung der Rückführung auf Grundlage der Monod-Gleichung auf.
Die Sauerstoffbilanz entfällt, da eine anaerobe Fermentation vorliegt.

6.3

Ermitteln Sie die stationären Auslaufkonzentrationen $c_{\mathrm{s}}\,(D)$, $c_x(D)$ in allgemeiner Form.

6.4

Wie groß ist die optimale Verdünnungsgeschwindigkeit D_{opt} bzw. der optimale Durchsatz $\dot{V}_{\mathrm{opt}}$?

6.5

Stellen Sie die Verläufe $c_x = f(D)$ und $c_{\mathrm{s}} = f(D)$ für den Fall $\alpha = \beta = 0$ mit den angegebenen kinetischen Daten des Monod-Modells dar. Berechnen Sie die charakteristischen Werte D_{opt} und D_{krit} und vergleichen Sie mit der grafischen Darstellung.

6.6

Ermitteln Sie die optimale Verdünnungsgeschwindigkeit D_{opt} auf Grundlage der logistischen Gleichung.

– Allgemeine und numerische Lösung ohne und mit Rückführung ($\alpha = 0,025$ und $\beta = 16,4$).
– Wie groß ist D_{krit}, wenn die obige Rückführung vorliegt?

6.7

Stellen Sie die Bilanzen für den kontinuierlichen, instationären Reaktor auf, wobei die logistische Gleichung als Reaktionsterm eingefügt werden soll.

6.8

Ermitteln Sie das Übergangsverhalten des Reaktors (ohne Rückführung) $c_x = f(t)$ und $c_s = f(t)$ unter Berücksichtigung der Anfangsbedingungen

$$c_x(t = 0) = 5,0 \text{ g/l} \qquad D_{opt} = 0,0965 \text{ h}^{-1}$$
$$c_s(t = 0) = 77,18 \text{ g/l}$$

Wann sind die stationären Konzentrationen erreicht?

Wie verändern sich die Verhältnisse, wenn das Rückführverhältnis $\alpha = \dot{V}_R / \dot{V} = 0,025$ und das Eindickungsverhältnis $\beta = c_{xR}/c_x = 16,4$ beträgt? Stellen Sie das Übergangsverhalten für beide Fälle grafisch dar.

Hinweis: Lösung der gekoppelten Dgl. durch Euler- oder Runge-Kutta-Verfahren. Als Stationarität wird hier der Status bezeichnet, bei dem $dc_s/dt = 0,01$ g/(l·h) unterschritten wird.

6.9

Wie ist das Übergangsverhalten, wenn der Reaktor unterhalb der optimalen Verdünnungsgeschwindigkeit gefahren wird?

Die Bedingungen lauten dann:

$$c_x(t = 0) = 5 \text{ g/l} \qquad D = 0,05935 \text{ h}^{-1} < D_{opt}$$
$$c_s(t = 0) = 77,18 \text{ g/l} \quad \alpha = 0,025$$
$$\beta = 16,4$$

6.10

Stellen Sie fest, inwieweit die Äquivalenz zwischen logistischer Gleichung und Monodscher Gleichung gegeben ist.

Lösungen

Zu 6.1

Abbildung 6.1 zeigt das Fließschema eines kontinuierlichen Rührreaktors mit Zellrezirkulation.

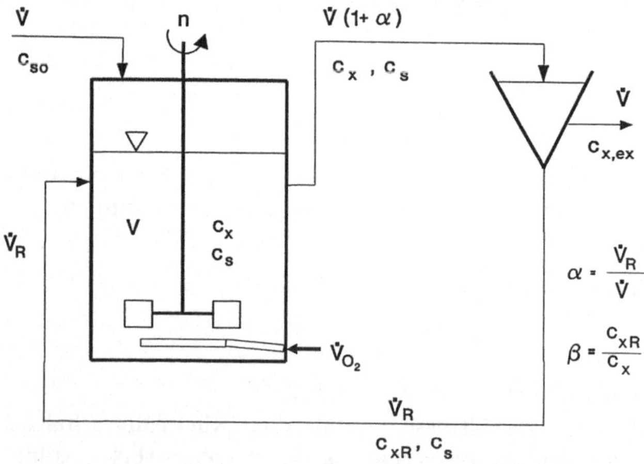

Abb. 6.1. Fließschema eines kontinuierlichen Rührreaktors mit Zellzirkulation; $\dot{V}_R$: Rückstrom; α: Rückstromverhältnis; β: Eindickungsverhältnis.

Zu 6.2

Allgemeine Biomasse- und Substratbilanz

Man geht von der allgemeinen Stoffbilanz für einen idealen Rührkessel aus:

$$\frac{\mathrm{d}c_j^{A}}{\mathrm{d}t} = -\frac{\dot{V}}{V}(c_j^{A} - c_j^{E}) + R_j \tag{6.3}$$

mit

c_j^{A}: Auslaufkonzentration
c_j^{E}: Einlaufkonzentration

Für die Biomasse- und Substratbilanz gilt unter Berücksichtigung der Rückführung durch Rezirkulation entsprechend Abb. 6.1:

$$\frac{\mathrm{d}c_x}{\mathrm{d}t} = -\frac{1}{V}(\underbrace{\dot{V}c_x + \dot{V}_R c_x}_{\text{Auslauf}} - \underbrace{\dot{V}_R c_{xR}}_{\text{Einlauf}}) + R_x \tag{6.4}$$

und

$$\frac{\mathrm{d}c_s}{\mathrm{d}t} = -\frac{1}{V}(\underbrace{\dot{V}c_s + \dot{V}_R c_{sR}}_{\text{Auslauf}} - \underbrace{\dot{V}c_{so} - \dot{V}_R c_{sR}}_{\text{Einlauf}}) - \frac{1}{Y_{x/s}}R_x \tag{6.5}$$

Gl. (6.5) reduziert sich, weil der Term „$\dot{V}_R\,c_{sR}$" sowohl im Auslauf als auch im Zulauf auftritt, zu

$$\frac{dc_s}{dt} = \frac{\dot{V}}{V}(c_{so} - c_s) - \frac{1}{Y_{x/s}}\,R_x \ . \tag{6.6}$$

Bei kontinuierlicher Prozeßführung werden die instationären Terme in den Gln. (6.4) und (6.6) ‚Null'.

Die Einführung folgender Definitionen ist üblich und zweckmäßig:

— *Umlaufverhältnis* (Rückführverhältnis)

$$\alpha = \frac{V_R}{V} \quad 0 \leqq \alpha \leqq 1 \ . \tag{6.7}$$

— *Biomasserückführfaktor* (Eindickungsrate)

$$\beta = \frac{c_{xR}}{c_x} \quad \beta \geqq 0 \ . \tag{6.8}$$

Mit Hilfe der Definitionen Gln. (6.7) und (6.8) läßt sich die

— *Rückführrate* formulieren

$$R = \frac{\dot{V}_R}{\dot{V} + \dot{V}_R}\,\frac{c_{xR}}{c_x} \ . \tag{6.9}$$

$$R = \frac{\alpha}{\alpha + 1}\,\beta \ . \tag{6.10}$$

— *Verdünnungsgeschwindigkeit*

$$D = \frac{1}{t} = \frac{\dot{V}}{V} \ . \tag{6.11}$$

Wird nunmehr der Term für die spezifische Wachstumsgeschwindigkeit $\mu(c_s)$ entsprechend Gl. (6.1) berücksichtigt, so erhält man als Wachstumsgeschwindigkeit

$$R_x = \frac{dc_x}{dt} = \mu(c_s)\,c_x = \mu_{max}\,\frac{c_s}{K_s + c_s}\,c_x \tag{6.12}$$

und als Substratabbaurate

$$R_s = \frac{dc_s}{dt} = -\frac{1}{Y_{x/s}}\,R_x \ . \tag{6.13}$$

Damit gehen die Gln. (6.4) und (6.6) in folgendes algebraisches Gleichungssystem über:

$$0 = -Dc_x[1 + \alpha(1 - \beta)] + \mu_{max}\,\frac{c_s}{K_s + c_s}\,c_x \tag{6.14}$$

$$0 = -D(c_s - c_{so}) - \frac{1}{Y_{x/s}} \mu_{max} \frac{c_s}{K_s + c_s} c_x \ . \tag{6.15}$$

Nunmehr ist das Gleichungssystem lösbar und man kann die Auslaufkonzentrationen $c_x = f(D)$ und $c_s = f(D)$ darstellen.

Zu 6.3

Teilt man Gl. (6.14) durch c_x, erhält man

$$-D[1 + \alpha(1 - \beta)] + \mu_{max} \frac{c_s}{K_s + c_s} = 0 \tag{6.16}$$

bzw. als Beziehung für das Fließgleichgewicht

$$\mu = \mu_{max} \frac{c_s}{K_s + c_s} = D[1 + \alpha(1 - \beta)] \ . \tag{6.17}$$

Für den Fall $\alpha = \beta = 0$ gilt $\mu = D$ und für $\alpha > 0$, $\beta > 0$ wird $\mu < D$.

Für vorgegebene Werte von D, α, β läßt sich damit c_s aus Gl. (6.16) direkt berechnen:

$$c_s = D \frac{K_s[1 + \alpha(1 - \beta)]}{\mu_{max} - D[1 + \alpha(1 - \beta)]} \ . \tag{6.18}$$

Mit dem nach Gl. (6.18) berechneten Wert c_s wird mit Gl. (6.15) das korrespondierende c_x berechnet.

Wird Gl. (6.15) nach c_x aufgelöst, erhält man:

$$c_x = D \frac{Y_{x/s} (c_{so} - c_s)}{\mu_{max} \dfrac{c_s}{K_s + c_s}} \ . \tag{6.19}$$

Zu 6.4

Man kann sich vorstellen, daß ein kritischer Wert D_{krit} existiert, bei dem bei besonders hohem Volumenstrom $\dot{V}$ im einstufigen kontinuierlichen Rührreaktor ein Auswaschen der Zellen (wash out) erfolgt, und daß es einen optimalen Wert $D_{opt} < D_{krit}$ gibt, bei dem die Produktivität (Pr_x) ein stabiles Maximum annimmt. Dieser optimale Wert errechnet sich unter Verwendung von Gl. (6.19).

Zunächst folgt:

$$Pr_{x,\,kont.} = \frac{c_x}{\bar{t}} = D c_x \ . \tag{6.20}$$

Da die Produktivität allein in Abhängigkeit von der Verdünnungsrate gesucht ist ($Pr_{x,\text{kont}} = f(D)$), muß die Konzentration c_x in Gl. (6.20) in geeigneter Form so eliminiert werden, daß nur noch die Zulaufwerte und kinetischen Größen Berücksichtigung finden. Ein Einfügen von Gl. (6.19) führt zwar zur Elimination, enthält jedoch wieder die Konzentration c_s als abhängige Variable. Hier nutzt man die Tatsache, daß die Biomassekonzentration von der Substratkonzentration abhängt und mit dieser im festen stöchiometrischen Verhältnis verknüpft ist. Nach Monod [6.1] gilt für den Ertragskoeffizient beim batch-Prozeß:

$$Y_{x/s} = \frac{c_x - c_{xo}}{c_{so} - c_s} \quad \text{(diskontinuierlicher Prozeß)} \; . \tag{6.21}$$

Für den kontinuierlichen Prozeß gibt es formal keine Anfangskonzentration, deshalb wird in Gl. (6.21) $c_{xo} = 0$. Bei Rezirkulation der Biomasse liegt jedoch eine Zulaufkonzentration c_{xR} an (vgl. Abb. 6.1), die im Ertragsfaktor zu berücksichtigen ist.

Durch die Rückführung $\dot{V} c_{xR}$ stellt sich zwar im Fließgleichgewicht die erwartete Biomassekonzentration ein, aber es wächst zum Erreichen der Gleichgewichtskonzentration weniger Biomasse zu (vgl. Abb. 6.1). Der fehlende Anteil Biomasse durch Zuwachs wird durch die Rückführung kompensiert.

Geht man von den Bilanzen der Gln. (6.14) und (6.15) aus, so erhält man durch Gleichsetzen:

$$Y_{x/s}(\alpha,\beta) = \frac{c_x}{c_{so} - c_s} \left[1 + \alpha(1-\beta)\right] \; . \tag{6.22}$$

Für konstante Verhältnisse von α und β kann man folgende Substitution einführen:

$$A = 1 + \alpha(1 - \beta) \; . \tag{6.23}$$

Mit $0 < \alpha < 1$ und $\beta > 0$ wird immer

$$A < 1 \; . \tag{6.24}$$

Die Umformung von Gl. (6.22) zu

$$Y_{x/s}(\alpha,\beta) = Y_{x/s} \cdot A = \frac{c_x}{c_{so} - c_s} A \tag{6.25}$$

liefert erwartungsgemäß für den Ertragskoeffizient bei Rückführung die Beziehung $Y_{x/s}(\alpha,\beta) < (Y_{x/s}$ ist der Ertragskoeffizient ohne Rückführung).

Wird Gl. (6.25) nach c_x aufgelöst

$$c_x = \frac{Y_{x/s}(\alpha,\beta)(c_{so} - c_s)}{A} = Y_{x/s}(c_{so} - c_s) \tag{6.26}$$

und dieser Ausdruck in Gl. (6.20) eingesetzt, ergibt sich

$$Pr_{x,\text{kont}} = D Y_{x/s}(c_{so} - c_s) \; . \tag{6.27}$$

Wird nunmehr die unbekannte Konzentration c_s in Gl. (6.27) durch Gl. (6.18) ausgedrückt, hängt die Produktivität nur noch von der Kinetik, der Verdünnungsrate D und dem Zulaufparameter c_{so} ab:

$$Pr_x = D\,Y_{x/s}\left(c_{so} - D\,\frac{K_s\,[1+\alpha\,(1-\beta)]}{\mu_{max} - D\,[1+\alpha\,(1-\beta)]}\right) \tag{6.28}$$

bzw.

$$Pr_x = D\,Y_{x/s}\,c_{so} - D^2\,Y_{x/s}\,\frac{K_s\,[1+\alpha\,(1-\beta)]}{\mu_{max} - D\,[1+\alpha\,(1-\beta)]} \;. \tag{6.29}$$

Die Verdünnungsgeschwindigkeit, die mit $Pr_{x,max}$ korrespondiert, erhält man aus Gl. (6.29) durch Differenzieren. Zweckmäßigerweise wird der konstante Parameter A (Gl. (6.23)) eingesetzt, womit

$$Pr_x = D\,Y_{x/s}\,c_{so} - D^2\,Y_{x/s}\,\frac{K_s\,A}{\mu_{max} - D\,A} \tag{6.30}$$

entsteht. Es folgt damit

$$\frac{\mathrm{d}Pr_x}{\mathrm{d}D} = Y_{x/s}\,c_{so} - \frac{(\mu_{max} - D\,A)\,2\,D\,Y_{x/s}\,K_s\,A - D^2\,Y_{x/s}\,K_s\,A\,(-A)}{(\mu_{max} - D\,A)^2} \;. \tag{6.31}$$

Die Bedingungsgleichung für Extremwerte, $y' = 0$, folgt durch Ausmultiplizieren und Nullsetzen von Gl. (6.31):

$$Y_{x/s}\,c_{so}\,(\mu_{max} - D\,A)^2 - 2\,D\,Y_{x/s}\,K_s\,A\,(\mu_{max} - D\,A) - Y_{x/s}\,K_s\,A^2\,D^2 = 0 \;. \tag{6.32}$$

Ein weiteres Ausmultiplizieren und Ordnen von Gl. (6.32) führt auf die quadratische Gleichung

$$D^2 - \frac{2}{A}\,\mu_{max}\,D + \frac{c_{so}\,\mu_{max}^2}{A^2\,(K_s + c_{so})} = 0 \;. \tag{6.33}$$

Die Lösung von Gl. (6.33) liefert den Wert für die optimale Verdünnungsrate bzw. optimale Verweilzeit:

$$D_{opt} = \frac{1}{t_{opt}} = \frac{\mu_{max}}{A}\left(1 - \sqrt{\frac{K_s}{K_s + c_{so}}}\right) \;. \tag{6.34}$$

(D_2 ist keine Lösung).

Bei der optimalen Verdünnungsrate nimmt die Produktivität ihr Maximum an. Die mögliche partielle Biomasserezirkulation wird durch den Faktor $A = 1 + \alpha\,(1-\beta) < 1$ bestimmt. Da für Systeme ohne Rückführung $\alpha = \beta = 0$ ist, wird $A = 1$, d.h. für Systeme mit Rückführung wird $A < 1$. Aus Gl. (6.34) erkennt man, daß für $A < 1$ der optimale Wert D_{opt} höhere Werte annimmt.

Bei bekannter Kinetik (Gl. (6.1)) und gegebenem Volumen beträgt der optimale Volumenstrom somit

$$\dot{V}_{\text{opt}} = V_{\text{F}}\frac{\mu_{\max}}{A}\left(1 - \sqrt{\frac{K_{\text{s}}}{K_{\text{s}}+c_{\text{so}}}}\right). \qquad (6.35)$$

Für den Fall *ohne* Rückführung von Biomasse ist $c_{x\text{R}} = 0$. Damit wird

$$\alpha = \frac{\dot{V}_{\text{R}}}{\dot{V}} = 0 \quad \text{und} \quad \beta = \frac{c_{x\text{R}}}{c_x} = 0$$

und nach Gl. (6.24) A = 1.

Mit den Angaben aus der Aufgabenstellung folgt aus Gl. (6.35)

$$\dot{V}_{\text{opt}} = 1\cdot 0{,}118\cdot 7\left(1 - \sqrt{\frac{25{,}72}{25{,}72+77{,}18}}\right) \qquad (6.36)$$

$$\dot{V}_{\text{opt}} = 0{,}05935\,\text{m}^3\,\text{h}^{-1}$$

$$\bar{t} \;\;\; = V/\dot{V} \doteq 16{,}848\,\text{h} \qquad (6.37)$$

$$D_{\text{opt}} = 0{,}05935\,\text{h}^{-1}$$

Bemerkung: Gl. (6.35) basiert auf der Monod-Beziehung Gl. (6.1) als kinetische Grundlage. Andere Geschwindigkeitsgleichungen liefern andere Zusammenhänge.

Zu 6.5

In Tab. 6.1 sind die Abhängigkeiten $c_x = f(D)$ und $c_{\text{s}} = f(D)$ unter Verwendung der kinetischen Angaben

Tab. 6.1. Zusammenstellung der korrespondierenden Werte des Lösungsfeldes (vgl. Abb. 6.2) für den stationären Rührreaktor ohne Rückführung (A = 1). $\alpha = \beta = 0$

D h^{-1}	$\bar{t}$ h	c_{s} $\text{g}\,\text{l}^{-1}$	c_x $\text{g}\,\text{l}^{-1}$	$Pr_x = Dc_x$ $\text{g}\,\text{l}^{-1}\text{h}^{-1}$
$1\cdot 10^{-4}$	10^4	$2{,}17\cdot 10^{-2}$	$19{,}52$	$1{,}95\cdot 10^{-3}$
$1\cdot 10^{-3}$	10^3	$2{,}19\cdot 10^{-1}$	$19{,}47$	$1{,}95\cdot 10^{-2}$
$5\cdot 10^{-3}$	$2\cdot 10^2$	$1{,}13$	$19{,}24$	$9{,}6\cdot 10^{-2}$
$1\cdot 10^{-2}$	10^2	$2{,}37$	$18{,}92$	$1{,}89\cdot 10^{-1}$
$2\cdot 10^{-2}$	$50{,}00$	$5{,}21$	$18{,}21$	$3{,}64\cdot 10^{-1}$
$3\cdot 10^{-2}$	$33{,}33$	$8{,}69$	$17{,}32$	$5{,}19\cdot 10^{-1}$
$4\cdot 10^{-2}$	$25{,}00$	$13{,}07$	$16{,}22$	$6{,}48\cdot 10^{-1}$
$5\cdot 10^{-2}$	$20{,}00$	$18{,}71$	$14{,}79$	$7{,}39\cdot 10^{-1}$
$5{,}935\cdot 10^{-2}$	$16{,}85$	$25{,}72$	$13{,}02$	$7{,}73\cdot 10^{-1}$
$6{,}5\cdot 10^{-2}$	$15{,}38$	$31{,}13$	$11{,}65$	$7{,}57\cdot 10^{-1}$
$7{,}0\cdot 10^{-2}$	$14{,}29$	$36{,}97$	$10{,}17$	$7{,}12\cdot 10^{-1}$
$7{,}5\cdot 10^{-2}$	$13{,}33$	$44{,}14$	$8{,}35$	$6{,}27\cdot 10^{-1}$
$8{,}0\cdot 10^{-2}$	$12{,}50$	$53{,}16$	$6{,}08$	$4{,}86\cdot 10^{-1}$
$8{,}5\cdot 10^{-2}$	$11{,}76$	$64{,}87$	$3{,}11$	$2{,}65\cdot 10^{-1}$
$8{,}9\cdot 10^{-2}$	$11{,}23$	$77{,}07$	$0{,}026$	$2{,}4\cdot 10^{-3}$

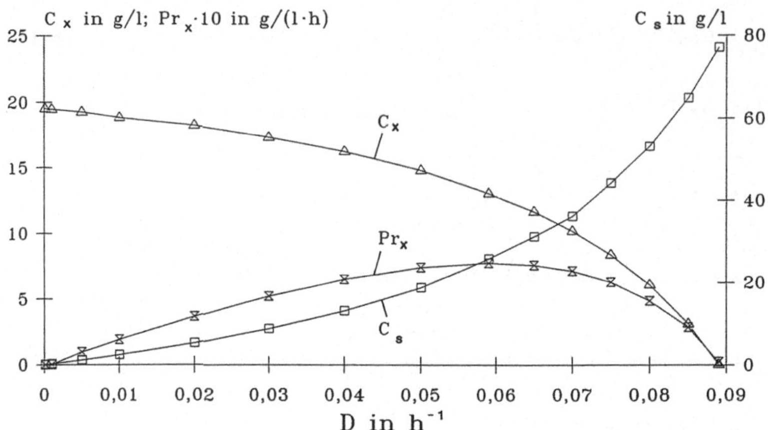

Abb. 6.2. Abhängigkeit der Biomasse- und Substratkonzentration von der Verdünnungsrate beim stationären CSTR ohne Rezirkulation; c_s – □; c_x – △; Pr_x – ⊠

$$\mu_{max} = 0,1187\,\text{h}^{-1} \qquad V_F = 1\,\text{m}^3$$
$$K_s = 25,72\,\text{g}\,\text{l}^{-1} \qquad c_{so} = 77,18\,\text{g}\,\text{l}^{-1}$$
$$Y_{x/s} = 0,253$$

für den Grenzfall $\alpha = \beta = 0$ nach den Gln. (6.18) und (6.19) berechnet. Abbildung 6.2 zeigt die Verläufe.

Die kritische Verdünnungsgeschwindigkeit D_{krit} folgt aus Gl. (6.18) mit $\alpha = \beta = 0$, weil bei D_{krit} die Biomassekonzentration $c_x = 0$ wird und so $c_s = c_{so}$ wird. Damit ergibt sich

$$c_{so} = D\,\frac{K_s}{\mu_{max} - D} \tag{6.38}$$

bzw.

$$D_{krit} = \frac{\mu_{max} \cdot c_{so}}{K_s + c_{so}} \,. \tag{6.38a}$$

Durch Einsetzen der aktuellen Werte ergibt sich

$$D_{krit} = \frac{0,1187 \cdot 77,18}{25,72 + 77,18}$$

$$D_{krit} = 0,089\,\text{h}^{-1}$$

Dieser Wert ist aus Abb. 6.2 gut ablesbar. Die maximale Produktivität folgt zu

$$Pr_{x,max} = D_{opt} \cdot c_x(D_{opt}) \,. \tag{6.39}$$

Der Wert für $c_x(D_{opt})$ wird über die Gln. (6.18) und (6.19) berechnet und ergibt sich mit $D_{opt} = 0,05935\,\text{h}^{-1}$ nach Gl. (6.37) zu

$$c_s(D_{\text{opt}}) = 25{,}72 \text{ g/l}$$

$$c_x(D_{\text{opt}}) = 13{,}019 \text{ g/l}$$

Damit folgt die maximale Produktivität zu

$$\begin{aligned}
Pr_{x,\text{max}} &= D_{\text{opt}} c_x(D_{\text{opt}}) \\
&= 0{,}05935 \cdot 13{,}019 \\
Pr_{x,\text{max}} &= 0{,}772 \text{ g/(l·h)}
\end{aligned}$$

Diese Ergebnisse lassen sich alle aus Abb. 6.2 in guter Näherung ablesen.

Zu 6.6

Gesetzmäßigkeiten auf Grundlage der logistischen Gleichung

a) Stationäre Biomassebilanz des idealen Rührreaktors mit Rückführung

Analog zu Gl. (6.14) erhält man:

$$0 = -Dc_x[1 + \alpha(1 - \beta)] + \mu_{\text{max}} \left[1 - \frac{c_x}{c_{x,\text{max}}} \right] c_x \ . \tag{6.40}$$

Umgestellt nach D folgt:

$$D = \frac{\mu_{\text{max}} \left(1 - \dfrac{c_x}{c_{x,\text{max}}} \right)}{[1 + \alpha(1 - \beta)]} = \frac{\mu_{\text{max}} \left(1 - \dfrac{c_x}{c_{x,\text{max}}} \right)}{\text{A}} \ . \tag{6.41}$$

Das Besondere an der Bilanz (6.41) ist die Tatsache, daß aufgrund der autonomen logistischen Gleichung keine Kopplung mit der Substratbilanz vorliegt.

Für die optimale Produktivität ergibt sich in dem speziellen Fall zunächst aus Gl. (6.40) für die $c_x = f(D)$:

$$c_x = c_{x,\text{max}} \left(1 - \frac{D\text{A}}{\mu_{\text{max}}} \right) \ . \tag{6.42}$$

Setzt man die Beziehung in Gl. (6.20) ein, folgt

$$Pr_x = Dc_x = Dc_{x,\text{max}} \left(1 - \frac{D\text{A}}{\mu_{\text{max}}} \right) \tag{6.43}$$

bzw.

$$Pr_x = c_{x,\text{max}} \left(D - \frac{D^2\text{A}}{\mu_{\text{max}}} \right) \ . \tag{6.44}$$

Für das Optimum ergibt sich durch Differentiation

$$\frac{\mathrm{d}(Pr_x)}{\mathrm{d}D} = c_{x,\mathrm{max}}\left(1 - \frac{2DA}{\mu_{\mathrm{max}}}\right) = 0 \tag{6.45}$$

und damit folgende elementare Lösung:

$$D_{\mathrm{opt}} = \frac{\mu_{\mathrm{max}}}{2}\cdot\frac{1}{A}\;. \tag{6.46}$$

Mit den Zahlenwerten eingesetzt, erhält man

– ohne Rückführung ($\alpha = \beta = 0;\ A = 1$)

$$D_{\mathrm{opt}} = \frac{\mu_{\mathrm{max}}}{2}\cdot 1$$

$$= \frac{0,1187}{2}$$

$$D_{\mathrm{opt}} = 0,05935\ \mathrm{h}^{-1}$$

Dieses Ergebnis ist identisch mit dem Ergebnis nach Gl. (6.37).
Es bestätigt die Tatsache, daß mit konkurrierenden Modellen, die in Grenzen gleichwertig sind, identische Ergebnisse erreichbar sind.
– mit Rückführung (hier $\alpha = 0,025$ und $\beta = 16,4$)
nach Gl. (6.46) gilt

$$D_{\mathrm{opt}} = \frac{0,1187}{2}\cdot\frac{1}{1 + 0,025\cdot(1 - 16,4)} \tag{6.47}$$

$$\boxed{1/A =}$$

$$= \underset{\substack{\text{ohne}\\\text{Rückführung}}}{0,05935}\ \cdot\ \underset{\substack{\text{mit}\\\text{Rückführung}}}{1,626}$$

$$D_{\mathrm{opt}} = 0,0965\ \mathrm{h}^{-1}$$

Mit $\alpha = 0,025$ und $\beta = 16,4$ wird $A = 0,615$ und $R = 0,4$.
Mithin ergibt sich

$$\dot{V}_{\mathrm{opt}} = D_{\mathrm{opt}}\,V$$
$$= 0,0965\cdot 1$$
$$\dot{V}_{\mathrm{opt}} = 0,0965\ \mathrm{m}^3/\mathrm{h} \tag{6.48}$$

b) Kritische Verdünnungsrate

Aus Bilanz (6.41) folgt für die kritische Verdünnungsrate mit $c_x = 0$

$$D_{krit} = \frac{\mu_{max}}{A} \; . \tag{6.49}$$

Als numerische Ergebnisse erhält man:

ohne Rückführung:	*mit Rückführung:*
$D_{krit} = 0{,}1187 \, h^{-1}$	$D_{krit} = 0{,}193 \, h^{-1}$
$\dot V = 0{,}119 \, m^3 \, h^{-1}$	$\dot V = 0{,}193 \, m^3 \, h^{-1}$

Zu 6.7

Bilanzen für den instationären Rührreaktor

Analog zum Gleichungssystem Gl. (6.14) und (6.15) folgen, ergänzt mit dem instationären Term, die Bilanzen

$$\frac{dc_x}{dt} = -Dc_x[1 + \alpha(1-\beta)] + \mu_{max}\left(1 - \frac{c_x}{c_{x,max}}\right) \cdot c_x \tag{6.50}$$

und

$$\frac{dc_{sc}}{dt} = -D(c_s - c_{so}) - \frac{1}{Y_{x/s}}\mu_{max}\left(1 - \frac{c_x}{c_{x,max}}\right) \cdot c_x \; . \tag{6.51}$$

Dieses gekoppelte Dgl.-System wird im allgemeinen numerisch gelöst. Die Vorgehensweise analog *Beispiel 5 (endliche Differenzenmethode mit Iteration)*[2] führt zweifelsohne zum Ergebnis. Hier wird mit dem meistverwendeten numerischen Integrationsverfahren von Runge-Kutta für Systeme von Dgln. gearbeitet, das beisp. in [6.3, 6.4] beschrieben ist und die Möglichkeit der Lösung mit Hilfe der *Modellbank Biotechnologie* (vgl. Teil I, Kap. 7) erlaubt. Es genügt mittleren Genauigkeitsansprüchen und verlangt geringen numerischen sowie programmtechnischen Aufwand. In die über das Menü angebotene Nutzerfunktion wird das Dgl.-System eingeschrieben sowie Anfangsbedingungen und Konstanten (Parameter) eingegeben (s. Abb. 6.2):

Konstanten: (vgl. Aufgabenstellung)
Anfangsbedingungen: (vgl. Aufgabenstellung)
(vgl. Abb. 6.3)

---

[2] Grundlage: *Differenzenapproximation* nach dem Taylorschen Satz unter Weglassen der Glieder der Ordnung h^3 oder *zentrale Differenzenapproximation* [6.5].

Zu 6.8 und 6.9

Mit den Dgln. (6.50) und (6.51) wird die Simulation durch numerische Integration mit folgenden Daten durchgeführt:

Fall 1:

Anfangswerte   *Betriebsbedingungen*
$c_x(t = 0) = \;\; 5 \, \text{g/l}$ $D_{\text{opt}} = 0,0965 \, \text{h}^{-1}$
$c_s(t = 0) = 77,18 \, \text{g/l}$ $\alpha \quad = 0$
                                $\beta \quad = 0$

Die numerischen Ergebnisse sind in Tab. 6.2 zusammengefaßt. Die Spalten 4 und 5 zeigen die Ableitung bzw. Stoffänderungsgeschwindigkeiten, wobei als *Kriterium für den stationären Zustand*

$$\frac{\text{d}c_s}{\text{d}t} \leq 0,01 \, \text{g/(l h)} \tag{6.52}$$

festgelegt war (s. Aufgabenstellung 6.8).

Es ist festzustellen (Tab. 6.2 und Abb. 6.3), daß zwar kein stationäres Prozeßverhalten erreicht wird und der Abbau viel zu gering ist.

Bei genauer Analyse der Tabellenwerte $c_x = f(t)$, $c_s = f(t)$ ist festzuhalten, daß ein Auswaschen auftritt und ab $\geq 54 \, \text{h}$ die Substratkonzentration wieder langsam ansteigt.

Tab. 6.2. Übergangsverhalten des Rührreaktors ohne Rückführung (A = 1) (s. Abb. 6.3)
Startwerte für die Parameter:

$\alpha \quad = 0,0000 \qquad D = 0,0965 \, \text{h}^{-1} \qquad k \quad = 24,2900 \, \text{g} \cdot \text{l}^{-1}$
$\beta \quad = 0,0000 \qquad m = 0,1187 \, \text{h}^{-1} \qquad Y_{x/s} = 0,2530$

t h	c_x g l^{-1}	c_s g l^{-1}	$\dfrac{\text{d}c_x}{\text{d}t}$	$\dfrac{\text{d}c_s}{\text{d}t}$
0,0	5,00	77,18	$-0,0112$	$-1,8$
6,0	4,93	68,73	$-9,5\text{E-}03$	$-1,0$
12,0	4,88	64,07	$-8,1\text{E-}03$	$-0,5$
18,0	4,83	61,53	$-7,0\text{E-}03$	$-0,3$
24,0	4,80	60,15	$-6,0\text{E-}03$	$-0,16$
30,0	4,76	59,43	$-5,2\text{E-}03$	$-0,08$
36,0	4,73	59,06	$-4,5\text{E-}03$	$-0,04$
42,0	4,71	58,89	$-3,9\text{E-}03$	$-0,02$
48,0	4,69	58,83	$-3,3\text{E-}03$	$-5,1\text{E-}03$
54,0	4,67	58,82	$-2,9\text{E-}03$	$1,2\text{E-}03$
60,0	4,65	58,84	$-2,5\text{E-}03$	$4,2\text{E-}03$
66,0	4,64	58,87	$-2,2\text{E-}03$	$5,5\text{E-}03$

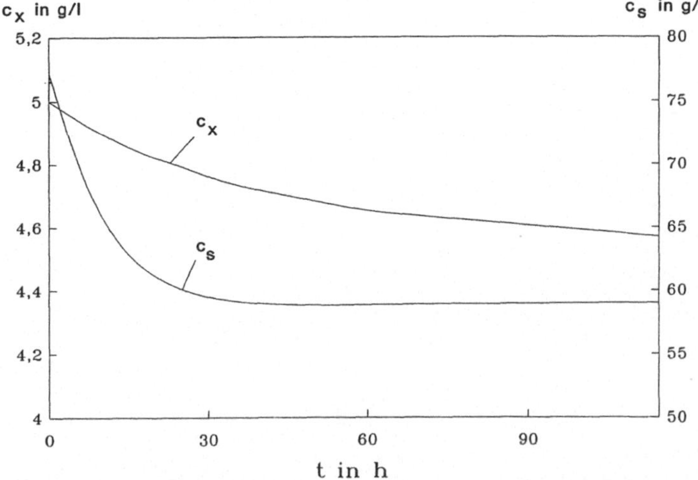

Abb. 6.3. Übergangsverhalten des instationären CSTR ohne Rückführung für $D = D_{opt}$, A = 1; Parameterwerte vgl. Tab. 6.2.

Die optimale Verdünnungsgeschwindigkeit $D_{opt} = 0{,}0965\ \mathrm{h}^{-1}$ galt nur in Zusammenhang mit den Rückführbedingungen

$\alpha = 0{,}025$

$\beta = 16{,}4$

und nicht für $\alpha = \beta = 0$!

   Daraus ergibt sich Fall 2.

Fall 2:

Betriebsbedingungen:

$c_x(t = 0) = 5\ \mathrm{g/l} \qquad D_{opt} = 0{,}0965\ \mathrm{h}^{-1}$

$c_s(t = 0) = 77{,}18\ \mathrm{g/l} \qquad \alpha = 0{,}025$

$\qquad\qquad\qquad\qquad\qquad \beta = 16{,}4$

Die Ergebnisse sind in Abb. 6.4 und Tab. 6.3 dargestellt.

   Die nahezu stationären Verhältnisse sind charakterisiert

$$t_{\mathrm{stat}} \approx 78\ \mathrm{h} \qquad c_x = 11{,}47\ \mathrm{g/l} \qquad c_s = 47{,}73\ \mathrm{g/l}$$

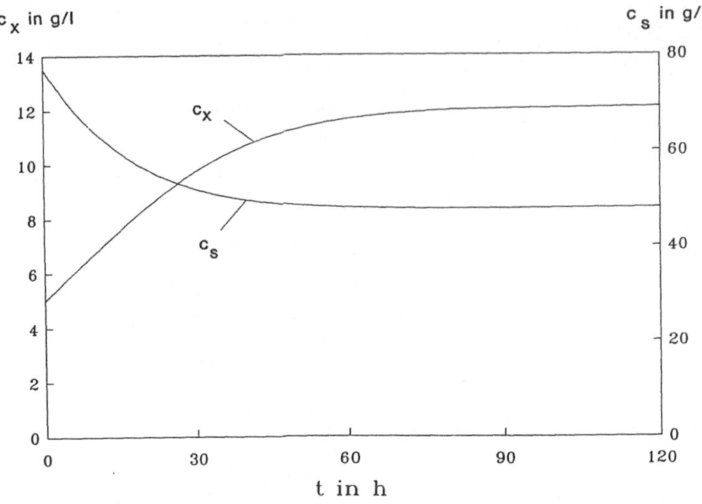

Abb. 6.4. Übergangsverhalten des instationären CSTR mit Rückführung für $D = D_{opt}$, $A < 1$; Parameterwerte vgl. Tab. 6.3.

Tab. 6.3. Übergangsverhalten des Rührreaktors mit Rückführung (s. Abb. 6.4)
Parameterwerte:

$\alpha = 0{,}0250$	$D = 0{,}0965\,\mathrm{h}^{-1}$	$k = 24{,}2900\,\mathrm{g}\cdot\mathrm{l}^{-1}$
$\beta = 16{,}4000$	$m = 0{,}1187\,\mathrm{h}^{-1}$	$Y_{x/s} = 0{,}2530$

$\dfrac{t}{\mathrm{h}^{-1}}$	$\dfrac{c_x}{\mathrm{g}\,\mathrm{l}^{-1}}$	$\dfrac{c_s}{\mathrm{g}\,\mathrm{l}^{-1}}$	$\dfrac{dc_x}{dt}$	$\dfrac{dc_s}{dt}$
0,0	5,00	77,18	0,17	$-1{,}86$
6,0	6,06	67,99	0,18	$-1{,}25$
12,0	7,14	61,71	0,17	$-0{,}87$
18,0	8,14	57,28	0,15	$-0{,}61$
24,0	9,03	54,13	0,13	$-0{,}43$
30,0	9,78	51,92	0,11	$-0{,}30$
36,0	10,39	50,40	0,08	$-0{,}20$
42,0	10,86	49,39	0,06	$-0{,}13$
48,0	11,21	48,73	0,05	$-0{,}08$
54,0	11,48	48,31	0,03	$-0{,}05$
60,0	11,67	48,05	0,02	$-0{,}03$
66,0	11,80	47,89	0,01	$-0{,}02$
72,0	11,90	47,79	0,01	$-0{,}01$
78,0	11,97	47,73	9,77 E-03	$-7{,}30$ E-03
84,0	12,02	47,70	6,90 E-03	$-4{,}29$ E-03

Fall 3:

Betriebsbedingungen:

$c_x(t = 0) = 5$ g/l $D = 0,05935$ $^{-1}$

$c_s(t = 0) = 77,18$ g/l $\alpha = 0,025$

$\beta = 16,4$

Die Ergebnisse der Simulation sind in Abb. 6.5 und Tab. 6.4 zusammengestellt.

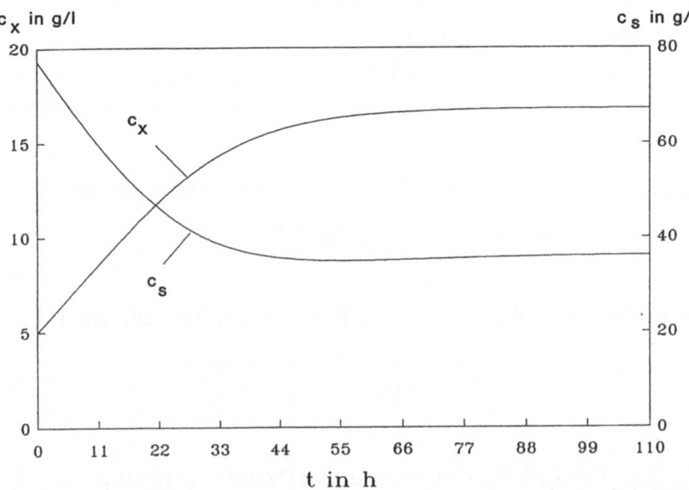

Abb. 6.5. Übergangsverhalten des instationären CSTR mit Rückführung für $D < D_{opt}$, A > 1. Parameterwerte vgl. Tab. 6.4.

Tab. 6.4. Übergangsverhalten des Rührreaktors mit Rückführung für $D < D_{opt}$ (s. Abb. 6.5)

Parameterwerte:

$\alpha = 0,025$ $D = 0,05935$ h^{-1} $k = 24,29$ g·l^{-1}

$\beta = 16,4$ $m = 0,1187$ h^{-1} $Y_{x/s} = 0,253$

t h	c_x g l^{-1}	c_s g l^{-1}	$\dfrac{dc_x}{dt}$	$\dfrac{dc_s}{dt}$
0,00	5,00	77,18	0,28	−1,86
11,00	8,59	58,56	0,34	−1,50
22,00	12,12	44,99	0,27	−0,93
33,00	14,53	37,80	0,16	−0,40
44,00	15,81	35,26	0,07	−0,10
55,00	16,39	34,88	0,03	0,01
66,00	16,64	35,18	0,01	0,03
77,00	16,75	35,55	5,7 E-03	0,03
88,00	16,79	35,84	2,3 E-03	0,02
99,00	16,80	36,03	9,5 E-04	0,01
110,0	16,81	36,14	3,8 E-04	7,76 E-03

Tab. 6.5. Vergleich des Übergangsverhaltens bis Erreichen des stationären Zustandes für $D_{opt} = 0{,}05935\,\mathrm{h}^{-1}$ und $\alpha = \beta = 0$ bei Anwendung der Monodschen sowie der logistischen Gleichung
Parameterwerte:
$D = 0{,}05935$
$\alpha = \beta = 0$

	Instationärer CSTR		CSTR nach Tab. 6.1 Monod
	Monod	logist. Gl.	
t_{stat} [h]	102	102	–
c_x [g/l]	13,0	12,10	13,02
c_s [g/l]	25,72	29,38	25,72

Bei nichtoptimalen Bedingungen werden stationäre Verhältnisse bei

$$t_{stat} \gtrapprox 110\,\mathrm{h} \qquad c_x = 16{,}81\,\mathrm{g/l} \qquad c_s = 36{,}15\,\mathrm{g/l}$$

erreicht.

Es werden weitere Simulationen für folgende Bedingungen durchgeführt:

$D_{opt} = 0{,}05935\,\mathrm{h}^{-1}$
$\alpha \quad = 0$
$\beta \quad = 0$

Dabei wurden zwei verschiedene Reaktionsterme verwendet (Variante 1: Monod Gl. (6.1); Variante 2: logistisches Modell Gl. (6.2)). Unter Verwendung der letztgenannten Bedingungen erhält man die in Tab. 6.5 zusammengestellten Stationärverhältnisse.

Erwartungsgemäß stimmen die Stationärkonzentrationen des instationären CSTR mit dem stationären CSTR bei Anwendung des Monod-Modells nahezu völlig überein. Die Abweichung von 0,15% resultiert aus der numerischen Integration. Von diesen Ergebnissen weichen allerdings die Stationärkonzentrationen bei Zugrundelegen der logistischen Gleichung auffällig ab. Offensichtlich ist die Übereinstimmung der Modelle begrenzt. Hierzu einige nachfolgende Überlegungen.

Zu 6.10

Um die Unterschiede der beiden kinetischen Modelle zu verdeutlichen, werden diese im Zeitbereich mit den in der Aufgabenstellung angegebenen kinetischen Daten durch numerische Integration simuliert.

1. Monod (Index: M)

$$\frac{\mathrm{d}c_{xM}}{\mathrm{d}t} = \mu_{max}\,\frac{c_s}{K_s + c_s}\,c_{xM} \tag{6.53}$$

mit

$$c_s = [c_{so} - (c_x - c_{xo})/Y_{x/s}] \; .\tag{6.54}$$

2. Logistische Gleichung (Index: log)

$$\frac{dc_{x\log}}{dt} = \mu_{max} \left(1 - \frac{c_{x\log}}{c_{x,max}}\right) c_{x\log} \; .\tag{6.55}$$

In Tab. 6.6 ist der Zeitbereich von $t = 0$ bis 47,5 h dargestellt. Trägt man die Daten c_{xM} über $c_{x\log}$ (Parameter: t) nach Tab. 6.6 auf, so erhält man Abb. 6.6 (s. S. 160). Bei völliger Übereinstimmung müßten die Werte beider Modelle auf der Gerade liegen. Der Verlauf $c_{xM} = f(c_{x\log})$ zeigt aber für $c_x > 10$ g/l eine zunehmend sigmoid verlaufende Abweichung. Für unser Beispiel sind nur im Bereich $c_x < 10$ g/l bzw. $c_s > 50$ g/l äquivalente Ergebnisse nach beiden Modellen zu erwarten. Welches Modell das bessere ist, kann nur durch statistische Modellselektion der Versuchswerte entschieden werden.

Tab. 6.6. Gegenüberstellung der Simulationsergebnisse nach dem Monod-Modell bzw. unter Zuhilfenahme der logistischen Gleichung (vgl. Abb. 6.6)

t	c_{xM} [g·l^{-1}]	$c_{x\log}$ [g·l^{-1}]
0,0	5,00	5,00
2,5	6,23	6,28
5,0	7,74	7,75
7,5	9,55	9,40
10,0	11,69	11,15
12,5	14,14	12,95
15,0	16,80	14,71
17,5	19,45	16,37
20,0	21,72	17,87
22,5	23,25	19,17
25,0	24,04	20,26
27,5	24,35	21,16
30,0	24,47	21,89
32,5	24,50	22,46
35,0	24,52	22,90
37,5	24,52	23,24
40,0	24,52	23,50
42,5	24,52	23,70
45,0	24,52	23,84
47,5	24,52	23,96

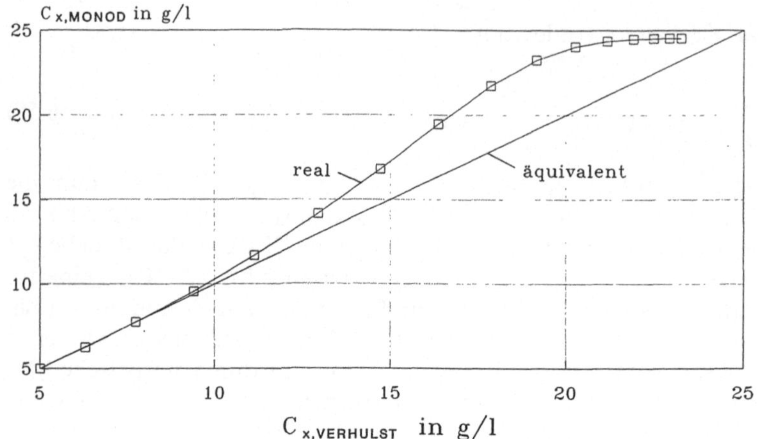

Abb. 6.6. Vergleich von Simulationen der nahezu äquivalenten Wachstumsmodelle nach Monod und Verhulst (logistische Gleichung) (vgl. Tab. 6.6); real $-\square$; äquivalent ———.

Literatur

[6.1] J. Monod (1942) Recherches sur la Croissance des Cultures Bacteriennes. Paris, Herman et Cie

[6.2] P. F. Verhulst (1845) Recherches mathematiques sur le taux d'accroissement de la population. Mem. Acad. Roy. Belgique 18, S. 1–38

[6.3] L. Papula (1991) Mathematik für Ingenieure, Bd. 2, 6. Auflage. Fr. Vieweg & Co. Verlagsgesellschaft mbH, Braunschweig

[6.4] H. Birnbaum, N. Denkmann (1973) Mathematik-Aufgaben für Ingenieure. Fachbuchverlag Leipzig

[6.5] G. D. Smith (1970) Numerische Lösung von partiellen Differentialgleichungen. Friedrich Vieweg und Sohn GmbH, Verlag Braunschweig

Beispiel 7:
Solid-State-Fermentation

- Geschwindigkeitsgesetz $R_s = \mathrm{d}s/\mathrm{d}t$
- Zeitgesetz $s(t)$
- kinetische Koeffizienten k
- Aktivierungsenergie E
  Häufigkeitsfaktor k'

Aufgabenstellung

Das Verfahrensprinzip der Solid-State-Fermentation ist zur mykologischen Modifizierung von stückigen Holzpartikeln geeignet. Dadurch kommt es in der weiteren Verarbeitung zur Energieeinsparung beim Zerkleinern und zur Bindemittelreduzierung durch Aktivierung holzeigener Bindekräfte.

Die Ausbreitungsgeschwindigkeit des Braunfäulepilzes *Fomitopsis pinicola* in Modellhackschnitzeln (Holzkörper $25 \times 5 \times 2$ mm) von *Pinus silvestris L* (gemeine Kiefer) und *Betula verrucosa* (gemeiner Birke), die direkt in ein 250 ml Glasgefäß gefüllt worden waren, wurde untersucht. Nach der Beimpfung wuchsen die Hyphen dabei mit gleichmäßiger Geschwindigkeit von oben nach unten, verteilt über die Wandung und den gesamten Querschnitt des Glases. Aufgrund des von außen sichtbaren eindimensionalen Vordringens der „Hyphenfläche" wird der zurückgelegte Weg als „scheinbare mittlere Hyphenausbreitung s" definiert.

In regelmäßigen Zeitabständen wurde das Vordringen des Oberflächenmyzels an der Glaswandung als laufende Länge s unter Berücksichtigung der Fermentationsdauer notiert [7.1].

Folgende Werte wurden gemessen:

---

1. Versuchsreihe: 16 °C (= konstant)

s [mm]	10	12	16	26,5	36	45	47,5	55	57,5
t [d]	9	10	11	14	17	19	20	22	23

2. Versuchsreihe: 24 °C (= konstant)

s [mm]	12,5	15	30	35	42	45	52,5	60	64
t [d]	5	5,5	8,0	8,5	10	10,5	11,5	13	13,5

Aufgaben

Die Effektivkinetik des Wachstums (Ausbreitungsgeschwindigkeit) des Braunfäulepilzes ist zu ermitteln.

7.1

Zeichnen Sie die Verläufe $s = f(t)$! Welche Schlußfolgerungen kann man daraus ziehen?
Welche Möglichkeiten einer numerischen Auswertung bieten sich an?

7.2

Wie lauten die formalkinetische Gleichung und das Zeitgesetz?

7.3

Bestimmen Sie die kinetischen Koeffizienten beider Meßreihen.

7.4

Stellen Sie die Temperaturabhängigkeit der kinetischen Koeffizienten nach Arrhenius dar.
Bestimmen Sie die Aktivierungsenergie und den Häufigkeitsfaktor.

7.5

Ein Kantholz (▊ 80×50 mm) wird durch unsachgemäße Lagerung auf der schmalen Unterseite (Fläche) durchgängig mit Braunfäulepilz befallen. Wie lange dauert es, bis der Balken durchgängig infiziert ist, wenn die Temperatur $20\,°C$ beträgt?

Lösungen

Zu 7.1

Aus Abb. 7.1 ist erkennbar, daß außerhalb des lag-Bereiches die Ausbreitung des Pilzwachstums linear erfolgt. Die Dauer der lag-Phase beträgt nach Abb. 7.1:

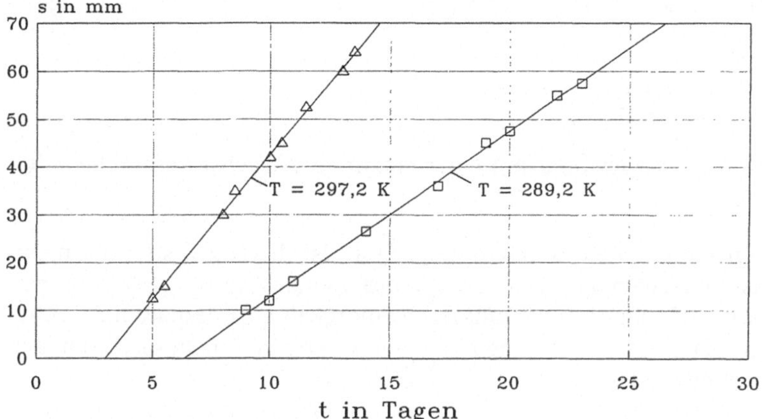

Abb. 7.1. Scheinbare mittlere Hyphenausbreitung s als Funktion der Zeit, Parameter: T.
$T = 289,2\,\text{K} \; -\square$; $T = 297,2\,\text{K} \; -\triangle$

$$t_{\text{lag}} = 9\,\text{d} \quad T = 16\,^\circ\text{C}$$
$$t_{\text{lag}} = 5\,\text{d} \quad T = 24\,^\circ\text{C}$$

Den Linearteil kann man durch lineare Regression auswerten.

Zu 7.2

Außerhalb des lag-Bereichs liegt ein eindeutig linearer Verlauf in Abhängigkeit von der Zeit vor. Das entspricht formal einer Kinetik der 0. Ordnung. Daraus folgt für das Geschwindigkeitsgesetz der Ausbreitungsgeschwindigkeit des Myzels

$$R_s = \frac{ds}{dt} = k \;. \tag{7.1}$$

Die Integration liefert das Zeitgesetz

bzw.
$$s(t) - s_0 = k(t - t_{\text{lag}}) \tag{7.2}$$
$$s(t) = k(t - t_{\text{lag}}) + s_0 \;.$$

Zu 7.3

Eine lineare Regression der Meßreihen liefert:

$$16\,^\circ\text{C}: \; \hat{s} = -22,261 + 3,4886 \cdot t \quad B = 0,998$$
$$24\,^\circ\text{C}: \; \hat{s} = -17,802 + 6,0376 \cdot t \quad B = 0,998$$

Hierbei wurde die lag-Zeit eliminiert.

Die kinetischen Koeffizienten sind mit dem Anstieg der jeweiligen Regressionsgeraden identisch.

$$k_1 = 3{,}48 \text{ mm/d} \quad (16\,°\text{C})$$
$$k_2 = 6{,}03 \text{ mm/d} \quad (24\,°\text{C})$$

Die Konstante k ist vergleichbar mit einer maximalen Wachstumsgeschwindigkeit.

Hinweis: Aufgrund der Reaktionsordnung ‚Null‘ ist die Dimension der maximalen Wachstumsgeschwindigkeit: Länge pro Zeiteinheit (mm/d). Ein Vergleich mit der spezifischen Wachstumsgeschwindigkeit μ ist deshalb nicht möglich. Hier wird der Scheinkinetik die Längenänderung und nicht die Biomasseänderung zugrunde gelegt.

Zu 7.4

Bekanntlich gilt nach Arrhenius

$$k = k' \exp\left(-\frac{E}{RT}\right) . \tag{7.3}$$

Da die k-Werte für nur zwei Temperaturen bekannt sind, ergeben sich zwei Bestimmungsgleichungen.

$$k_1 = k' \exp\left(-E/RT_1\right) \tag{7.4}$$

$$k_2 = k' \exp\left(-E/RT_2\right) \tag{7.5}$$

Durch Logarithmieren erhält man

$$\ln k_1 = \ln k' - E/(RT_1) \tag{7.6}$$

$$\ln k_2 = \ln k' - E/(RT_2) \tag{7.7}$$

Durch Substraktion der Gl. (7.7) von Gl. (7.6) erhält man nach Umstellung

$$E = \ln \frac{k_1}{k_2} \cdot R \, \frac{T_1 T_2}{T_1 - T_2} . \tag{7.8}$$

Mit den Werten

$$k_1 = 3{,}48 \text{ mm/d} \quad T_1 = 273{,}2 + 16 = 289{,}2 \text{ K}$$
$$k_2 = 6{,}03 \text{ mm/d} \quad T_2 = 273{,}2 + 24 = 297{,}2 \text{ K}$$

folgt aus Gl. (7.8)

$$E = 48\,994{,}91 \text{ J/(mol K)} .$$

Der Häufigkeitsfaktor k' ergibt sich durch Einsetzen der Werte für E, T_1 und k_1 in Gl. (7.6) zu

$$k' = 2{,}46787 \cdot 10^9 \text{ mm/d} .$$

Zu 7.5

Zunächst wird die Wachstumsgeschwindigkeit bei 20 °C nach Gl. (7.3) berechnet:

$$k = 4{,}6 \text{ mm/d} \qquad 20\,°\text{C} \ .$$

Die Flächenausbreitungsgeschwindigkeit R_s ist identisch mit k. Mit der größten Kantenlänge s des Balkens folgt für die Zeitdauer bis zur vollständigen Infizierung

$$t = \frac{s}{k} = \frac{80 \text{ mm}}{4{,}6 \text{ mm/d}} = 17{,}39 \text{ d} \ .$$

Das bedeutet, daß der Balken nach ca. 17 Tagen völlig „verpilzt" ist und damit seine bekannten Festigkeitseigenschaften verloren hat.

Literatur

[7.1] S. Körner (1991) Verfahren zur stofflichen Modifikation des Rohholzes für die Holzwerkstoffherstellung. Dissertation Technische Universität Dresden

Beispiel 8:
Instationärer kontinuierlicher polytroper idealer Rührreaktor (Übergangsverhalten)

- iCSTR (R)
- allgemeine Stoff- und Wärmebilanz
- Berechnung der simultanen Konzentrations- $c_x = f(T)$
  Temperatur-Entwicklung bis zum stationären $c_s = f(t)$
  Zustand $T = f(t)$
- Phasendiagramm $c_i = f(T)$

Aufgabenstellung

Eine großtechnische Rührkesselkaskade [8.5] soll angefahren werden. Erst bei stationären Verhältnissen im Propagationsbioreaktor wird der Prozeß beherrscht.

Das Übergangsverhalten im Propagationsgefäß ist zu untersuchen. Nachfolgende Angaben sind der Berechnung zugrunde zu legen:

1. Reaktortechnische Daten

Füllvolumen: $V_R = 115\,\mathrm{m}^3$

Durchsatz: $\dot{V} = \dot{V}^0 + \dot{V}_R = 3{,}6\,\mathrm{m}^3\,\mathrm{h}^{-1} = \mathrm{const.}$

spezifische Leistungseinträge:
- durch Umpumpen zur Turbulenzerzeugung $P_P/V_R = 22{,}6\,\mathrm{Wm}^{-3}$
- durch CO_2-Entwicklung bei der mikrobiellen Reaktion $P_C/V_R = 2\,\mathrm{Wm}^{-3}$

Kühlsystem:
Wärmeaustauschfläche: $A_w = 1\,\mathrm{m}^2$
Wärmedurchgangszahl: $k = 1\,\mathrm{kJ\,m}^{-2}\,\mathrm{s}^{-1}\,\mathrm{K}^{-1}$
mittlere Kühlmitteltemperatur: $\bar{T}_w = 272{,}2\,\mathrm{K}$

2. Kinetische, wärmetechnische und Stoffdaten

Kinetische Gleichung für das Wachstum von Bierhefe in Würze:

$$R_x = \frac{\mathrm{d}c_x}{\mathrm{d}t} = \mu'_{\max} \exp\left(-\frac{E}{RT}\right)\left(1 - \frac{c_x}{c_{x,\max}}\right)c_x \tag{8.1}$$

Reaktionskonstanten:

$$\mu'_{\max} = \quad 87{,}96 \cdot 10^6 \, \text{h}^{-1}$$
$$c_{x,\max} = \quad 24{,}88 \, \text{g l}^{-1}$$
$$E \quad = 51\,000 \, \text{J mol}^{-1}$$
$$Y_{x/s} = \quad 0{,}378$$

Reaktionsenthalpie: $(\Delta_R H^{(x)}) = -8500 \, \text{kJ kg}^{-1}$
Wärmekapazität: $c_p \qquad = \qquad 3{,}8 \, \text{kJ kg}^{-1} \text{K}^{-1}$
Mittlere Dichte: $\varrho \qquad = \quad 1030 \, \text{kg m}^{-3}$
Temperatur der zulaufenden Würze $T^0 \qquad = \quad 272{,}2 \, \text{K}$

Anfangsbedingungen   *Prozeßvarianten*

$$c_x(t=0) \quad = \quad 5{,}12 \, \text{g l}^{-1} \qquad (\alpha = \dot{V}_R/\dot{V}; \ \beta = c_{xR}/c_x)$$
$$c_s(t=0) \quad = \quad 77{,}0 \, \text{g l}^{-1} \qquad \alpha = 0; \ \beta = 0$$

                              (vgl. Beispiel 6)

$$T^0(t=0) = 277{,}2 \, \text{K} \qquad \alpha = 0{,}04; \ \beta = 10$$

Aufgaben

8.1

Informieren Sie sich über den Verfahrensfluß [8.5].

8.2

Stellen Sie die allgemeinen und speziellen Bilanzen für Stoff und Wärme auf, wobei eine partielle Biomasserückführung zu berücksichtigen ist (vgl. Beispiel 6, Abb. 6.1 und Bilanzen)

8.3

Bringen Sie die Bilanzen in eine Form, die eine numerische Lösung möglich macht. Untersuchen Sie das Übergangsverhalten

$$c_x = f(t)$$
$$c_s = f(t)$$
$$T = f(t)$$

- Das System arbeitet *ohne* Rückführung: $\alpha = \beta = 0$
- Die Rückführparameter lauten
  $c_{xR} = 151{,}1$ g/l, $\dot{V}_R = 0{,}144$ m^3/h bzw. $\alpha = 0{,}04$; $\beta = 10$. Wie lange dauert es, bis der stationäre Zustand erreicht wird?

Da der stationäre Zustand erst für $t \to \infty$ eintritt, wird eine Änderung $\Delta c_x / \Delta t < 0{,}01$ g/(l·h) als stationär angesehen.

Zu welchem Zeitpunkt t überschreitet der instationäre Temperaturverlauf die optimale Prozeßtemperatur von 11 °C?

Stellen Sie die Ergebnisse numerisch und grafisch dar.

8.4

Wie ändert sich das Übergangsverhalten bei beiden Prozeßvarianten, wenn die Wärmeaustauschfläche und die Wärmedurchgangszahl folgende Werte haben:

$$A_w = 1{,}375 \, \text{m}^2$$
$$k \;\; = 1{,}6 \, \text{kJ} \, \text{m}^{-2} \, \text{s}^{-1} \, \text{K}^{-1}$$

(Die anderen Verhältnisse bleiben unverändert.)

8.5

Für die Variante

$$\alpha \;\;\; = \;\; 0{,}04$$
$$\beta \;\;\; = 10$$
$$kA_w = \;\; 1{,}0 \, \text{kJ} \, \text{s}^{-1} \, \text{K}^{-1}$$

ist ein Eingriff in die Verfahrensführung vorgesehen, weil die Prozeßtemperatur 11 °C nicht übersteigen soll. Ausgehend von den Ergebnissen aus Pkt. 8.3 und 8.4 wird zu einem Zeitpunkt t, bei dem $\Theta = 11$ °C erreicht werden, die Kühlung drastisch erhöht, so daß dann isotherme Verhältnisse vorliegen.

Verfolgen Sie von diesem Zeitpunkt an den instationären Verlauf bis zum Erreichen einer praktischen Stationarität $\Delta c_x / \Delta t < 0{,}01$ g/(l·h).

– Stellen Sie die gültigen Bilanzen auf und werten Sie sie aus!
– Stellen Sie das Verhalten grafisch dar.

8.6

Stellen Sie ein Phasendiagramm $c_x = f(T)$ für den Fall

$$\alpha \;\;\; = \;\; 0{,}04$$
$$\beta \;\;\; = 10$$
$$kA_w = \;\; 1 \, \text{kJ} \, \text{s}^{-1} \, \text{K}^{-1}$$

auf.

Lösungen

Die mathematische Beschreibung geht davon aus, daß der dreiphasige Reaktionsprozeß aufgrund der hohen Turbulenz und des Zeitverhaltens der mikrobiellen Reaktion im Reaktionsraum als quasi-gradientenfreier Reaktor eingeordnet werden kann.

Es wird vorausgesetzt, daß die mittlere Verweilzeit konstant ist, und Volumenänderungen durch die sich entbindende CO_2-Phase näherungsweise vernachlässigt werden können!

Zu 8.2

Allgemeine und spezielle Stoff- und Wärmebilanz

Für den instationären idealen Rührreaktor lauten die allgemeinen Stoffbilanzen:

$$\text{Biomasse} \quad \frac{dc_x}{dt} = -\frac{1}{V_R}(\dot{V}c_x + \dot{V}_R c_x - \dot{V}_R c_{xR}) + R_x \tag{8.2}$$

$$\text{Substrat} \quad \frac{dc_s}{dt} = -\frac{1}{V_R}(\dot{V}c_s - \dot{V}c_{so}) - \frac{1}{Y_{x/s}} R_x \; . \tag{8.3}$$

Die Energiebilanz des Reaktionsmediums lautet in unserem Beispiel für den instationären idealen Rührreaktor:

$$\frac{dQ_l}{dt} = Q_R + P_P + P_C + \dot{Q}_{so} - \dot{Q}_s - \dot{Q}_D \; . \tag{8.4}$$

Dabei bedeuten:

Q_R: (freiwerdende) Reaktionswärme
P_P: Wärmeeintrag durch Umpumpen (Leistungseintrag)
P_C: Wärmeeintrag durch das entstehende aufsteigende Kohlendioxid
$\dot{Q}_{so}$: zugeführter Wärmestrom (durch Zulaufparameter bestimmt)
$\dot{Q}_s$: abgeführter Wärmestrom (durch Momentanwerte von T bestimmt)
$\dot{Q}_D$: abgeführter Wärmestrom (Kühler)

Unter Beachtung der spezifischen Angaben und der Vereinbarungen $\alpha = \dot{V}_R / \dot{V}$ und $\beta = c_{xR}/c_x$ gehen die Dgln. in folgende Form über:

$$\frac{dc_x}{dt} = \frac{c_x}{\bar{t}}(\alpha\beta - 1 - \alpha) + \mu'_{\max} \exp\left(-\frac{E}{RT}\right)\left(1 - \frac{c_x}{c_{x,\max}}\right)c_x \tag{8.5}$$

$$\frac{dc_s}{dt} = \frac{1}{\bar{t}}(c_{so} - c_s) - \frac{1}{Y_{x/s}} \mu'_{\max} \exp\left(-\frac{E}{RT}\right)\left(1 - \frac{c_x}{c_{x,\max}}\right)c_x \; . \tag{8.6}$$

Im Bereich der zu untersuchenden Änderungen dc_x/dt, dc_s/dt und dT/dt ($4 \lesssim \Theta$ [°C] $\lesssim 30$) betragen die Änderungen der spezifischen Wärmekapazität nur $\approx 0{,}1\%$ und der Dichte $0{,}15\%$. Diese Änderungen sind vernachlässigbar klein.

Die Wärmebilanz Gl. (8.6) nimmt folgende Form an:

$$V_F \varrho\, c_p \frac{dT}{dt} = (-\Delta_R H) R_x V_F + P_p + P_C + m\, c_P (T^0 - T) - k A_w (T - \bar{T}_w)$$

$$\tag{8.7}$$

bzw. umgeformt

$$\frac{dT}{dt} = \frac{(-\Delta_R H)\mu'_{\max} \exp\left(-\dfrac{E}{RT}\right)\left(1 - \dfrac{c_x}{c_{x,\max}} c_x\right)}{c_p \varrho} + \frac{P_P + P_C}{V_R c_p \varrho}$$

$$+ \frac{\dot{m}(T^0 - T)}{V_R \varrho} - \frac{k A_w (T - \bar{T}_w)}{c_p \varrho V_R} \, . \tag{8.8}$$

Dieses System gekoppelter, nichtlinearer gewöhnlicher Dgln. erster Ordnung kann hinsichtlich der Variablen c_x, c_s, T gelöst werden, wenn die Anfangsbedingungen

$$c_x(t = 0) = c_{xo}$$
$$c_s(t = 0) = c_{so}$$
$$T(t = 0) = T^0$$

berücksichtigt werden.

Da eine geschlossene Lösung auszuschließen ist, geht man analog zu Beispiel 5 vor, bei dem die Lösung numerisch mit einem Differenzverfahren erfolgt. Welches numerische Verfahren bevorzugt wird, hängt von verschiedenen Faktoren ab, wie

— Umfang des Dgl.-Systems,
— Stabilität des Verfahrens,
— Genauigkeitsanforderungen.

Für höhere Genauigkeitsansprüche empfiehlt sich das Verfahren von Runge-Kutta-Fehlberg [8.4]. Für unser Beispiel bietet sich wieder das einfache Verfahren der *zentralen Differenzenapproximation* analog Beispiel 5 an.

Es ergeben sich folgende Differenzengleichungen:

$$\frac{\Delta c_x}{\Delta t} = \frac{\bar{c}_x}{\bar{t}}(\alpha\beta - 1 - \alpha) + \mu'_{\max} \exp\left(-\frac{E}{R} \cdot \frac{1}{\bar{T}}\right)\left(1 - \frac{\bar{c}_x}{c_{x,\max}}\right) \bar{c}_x \tag{8.9}$$

$$\frac{\Delta c_{\mathrm{s}}}{\Delta t} = \frac{1}{\bar{t}}(c_{\mathrm{so}} - \bar{c}_{\mathrm{s}}) - \frac{1}{Y_{x/s}}\mu'_{\max}\exp\left(-\frac{E}{R}\frac{1}{\bar{T}}\right)\left(1 - \frac{\bar{c}_x}{c_{x,\max}}\right)\bar{c}_x \qquad (8.10)$$

$$\frac{\Delta T}{\Delta t} = \frac{(-\Delta_{\mathrm{R}}H)\mu'_{\max}\exp\left(-E/R\,\bar{T}\right)\left(1 - \dfrac{\bar{c}_x}{c_{x,\max}}\right)\bar{c}_x}{c_{\mathrm{p}}\varrho} + \frac{P_{\mathrm{P}} + P_{\mathrm{C}}}{c_{\mathrm{p}}\varrho V_{\mathrm{R}}}$$

$$+ \frac{\dot{V}\varrho(T^0 - \bar{T})}{V_{\mathrm{R}}\varrho} - \frac{kA_{\mathrm{w}}(\bar{T} - \bar{T}_{\mathrm{w}})}{c_{\mathrm{p}}\varrho V_{\mathrm{R}}} \ . \qquad (8.11)$$

Im 4. Term wurde $\dot{m} = \varrho\,\dot{V}$ gesetzt.

Die Lösung erfolgt durch nachfolgend beschriebenen Algorithmus. Man geht schrittweise vor. Ausgangspunkt zur Zeit $t = 0$ sind die Anfangswerte:

$$c_x(t = 0) = \quad 5,12\,\mathrm{g\,l^{-1}}$$
$$c_{\mathrm{so}} \quad = \quad 77\,\mathrm{g\,l^{-1}}$$
$$T^0 \quad = 277{,}2\,\mathrm{K}$$

Für die mittlere Verweilzeit ergibt sich

$$\bar{t} = \frac{V}{\dot{V}} = \frac{115}{3{,}6} = 31{,}944\,\mathrm{h}\ .$$

Zu 8.3 und 8.4

Aufbereitung der Bilanzen zur numerischen Lösung. Durch Multiplikation mit Δt gehen die Gln. (8.9 – 8.11) über in

$$\Delta c_{x1} = \left[p_1\bar{c}_x(\alpha\beta - \alpha - 1) + p_2\exp\left(-\frac{p_3}{\bar{T}_1}\right)\left(1 - \frac{\bar{c}_{x1}}{p_4}\right)\bar{c}_{x1}\right]\Delta t \quad (8.12)$$

$$\Delta c_{s1} = \left[p_1(c_{\mathrm{so}} - \bar{c}_{s1}) - \frac{p_2}{p_5}\exp\left(-\frac{p_3}{\bar{T}_1}\right)\left(1 - \frac{\bar{c}_{x1}}{p_4}\right)\bar{c}_{x1}\right]\Delta t \qquad (8.13)$$

$$\Delta T_1 = \left[p_8 - p_7\bar{T}_1 + \frac{p_2}{\dfrac{1}{p_6}}\exp\left(-\frac{p_3}{\bar{T}_1}\right)\left(1 - \frac{\bar{c}_{x1}}{p_4}\right)\bar{c}_{x1}\right]\Delta t \qquad (8.14)$$

Die Konstanten p_{i} haben folgende Werte:

$$p_1 = \frac{\dot{V}_{\mathrm{L}}}{V_{\mathrm{R}}} \qquad = \frac{3{,}6\,\mathrm{m^3/h}}{115\,\mathrm{m^3}} = 0{,}0313\,\mathrm{h^{-1}}$$

$$p_2 = \mu'_{\max} \qquad = 87{,}96\cdot10^6\,\mathrm{h^{-1}}$$

$$p_3 = \frac{E}{R} = \frac{51\,000\ \text{J/mol}}{8,314\ \text{J/(mol}\cdot\text{K)}} = 6134\ \text{K}$$

$$p_4 = c_{x,\max} = 24,88\ \text{g l}^{-1}$$

$$p_5 = Y_{x/s} = 0,378$$

$$p_6 = \frac{[-\Delta_{\mathrm{R}} H^{(x)}]}{c_{\mathrm{p}}\varrho} = 2,1717\ \text{K l g}^{-1}$$

$$p_{7,\mathrm{i}} = \frac{\dot{V}}{V_{\mathrm{R}}} + \frac{k\,A_{\mathrm{w}}}{V_{\mathrm{R}}c_{\mathrm{p}}\varrho} = p_1 + \frac{3600}{115\cdot 3,8\cdot 1030}\,k\,A_{\mathrm{w}}$$

$$p_{7,\mathrm{i}} = 0,0313 + 0,008\cdot k\,A_{\mathrm{w}}$$

k: $[\text{kJ m}^{-2}\,\text{s}^{-1}\,\text{K}^{-1}]$
A_{w}: $[\text{m}^2]$
p_7: $[\text{h}]$

$$p_{8,\mathrm{i}} = \frac{\dot{V}}{V_{\mathrm{R}}}\,T^0 + \frac{k\,A_{\mathrm{w}}\bar{T}_{\mathrm{w}}}{V_{\mathrm{R}}c_{\mathrm{p}}\varrho} + \frac{1}{c_{\mathrm{p}}\varrho}\left(\frac{P_{\mathrm{P}}}{V_{\mathrm{R}}} + \frac{P_{\mathrm{C}}}{V_{\mathrm{R}}}\right)$$

$$= \frac{3,6}{115}\cdot 277,2 + \frac{k\,A_{\mathrm{w}}\cdot 3600\cdot 272,2}{115\cdot 3,8\cdot 1030} + \frac{3600}{3,8\cdot 1030}\,[(22,6+2)\cdot 10^{-3}]$$

$$p_{8,\mathrm{i}} = 8,6904 + 2,1771\cdot k\,A_{\mathrm{w}} \qquad P_8:\ [\text{K h}^{-1}]$$

Die Parameter p_7 und p_8 berücksichtigen die jeweiligen $k\cdot A_{\mathrm{w}}$-Verhältnisse.
Entsprechend den vorgegebenen Prozeßvarianten bzw. mit den Teilaufgaben 8.3 und 8.4 ergeben sich die folgenden T-t-Verläufe von c_x und c_{s} zur Berechnung:

Teilaufgabe	Variante	α	β	A_{w} m^2	k $\text{kJ m}^{-2}\,\text{s}^{-1}\,\text{K}^{-1}$
8.4	(1)	0	0	1,375	1,6
8.3	(2)	0	0	1	1
8.4	(3)	0,04	10	1,375	1,6
8.3	(4)	0,04	10	1	1

Die Gln. (8.12)−(8.14) lassen sich schrittweise lösen. Wird in diesen Gleichungen für $\Delta c_{\mathrm{i}} = c_{i,h+1} - c_{i,h}$ bzw. $\Delta T = T_{h+1} - T_h$ eingesetzt, erhält man durch Umformung allgemein für die Stützstelle $h+1$:

$$c_{x,h+1} = \left[p_1 \bar{c}_x (\alpha\beta - \alpha - 1) + p_2 \exp\left(-\frac{p_3}{\bar{T}} \right) \left(1 - \frac{\bar{c}_x}{p_4} \right) \bar{c}_x \right] \Delta t + c_{x,h}$$

$$(8.15)$$

$$c_{s,h+1} = \left[p_1 (c_{so} - \bar{c}_s) - \frac{p_2}{p_5} \exp\left(-\frac{p_3}{\bar{T}} \right) \left(1 - \frac{\bar{c}_x}{p_4} \right) \bar{c}_x \right] \Delta t + c_{s,h} \quad (8.16)$$

$$T_{h+1} = \left[p_{8,i} - p_{7,i}\bar{T} + \frac{p_2}{\dfrac{1}{p_6}} \exp\left(-\frac{p_3}{\bar{T}} \right) \left(1 - \frac{\bar{c}_0}{p_4} \right) \bar{c}_x \right] \Delta t + T_h \ . \quad (8.17)$$

Die Mittelwerte der intensiven Größen c_x, c_s, T entstehen durch

$$\bar{Y}_{h+1/2} = \frac{Y_h + Y_{h+1}}{2} \quad Y \in (c_x, c_s, T) \ . \tag{8.18}$$

Damit steht die Größe Y_{h+1} jeweils auf der linken und rechten Seite jeder Dgl. Deshalb muß für jeden Integrationsschritt eine anschließende Iteration nach Y_{h+1} solange durchgeführt werden, bis der berechnete Wert das Abbruchkriterium (z. B. $<0,01$) erreicht (vgl. Beispiel 5). Mit einem einfachen Programm wären somit die drei gekoppelten Dgln. problemlos numerisch integrierbar.

Bei geeigneter Stabilität des Verfahrens (kleine Δt) ist es aber, wie Abb. 8.1 zeigt, gerechtfertigt

$$\bar{Y} = Y_h$$

zu setzen.

Da $\bar{Y}$ ohnehin Y nur nähert, ist es praktisch gleich, ob man $\bar{Y} = (Y_h + Y_{h+1})/2$ oder $\bar{Y} = Y_h$ setzt. Der Fehler wird nur bei stark degressi-

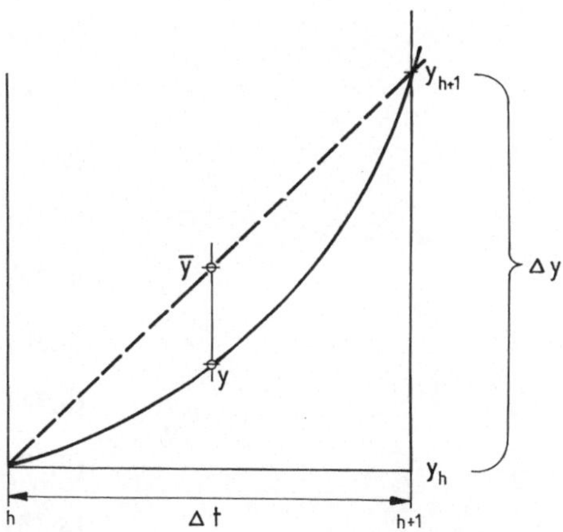

Abb. 8.1. Schema des vereinfachten Differenzenverfahrens

vem Verhalten von $Y = f(t)$ größer, kann aber durch genügend kleine Δt ausgeglichen werden.

Bedenkt man, daß die mittlere Verweilzeit

$$\bar{t} = 31{,}94 \text{ h}$$

beträgt, und der stationäre Zustand etwa nach der fünf- bis achtfachen mittleren Verweilzeit zu erwarten ist [8.2], so beträgt die Zeitachse etwa $160 \ldots 250$ h.

Es erscheint somit gerechtfertigt, $\Delta t = 1$ h zu setzen.

Die Differenzengleichungen (8.15)$-$(8.17) nehmen in der vereinfachten Form folgende auswertbare Gestalt an:

$$Y_{1,h+1} = \left[p_1 Y_1(\alpha\beta - \alpha - 1) + p_2 \exp\left(-\frac{p_3}{Y_{3,h}}\right)\left(1 - \frac{Y_{1,h}}{p_4}\right) Y_{1,h} \right] \Delta t + Y_{1,h} \cdot \tag{8.20}$$

$$Y_{2,h+1} = \left[p_1(Y_2^0 - Y_{2,h}) - \frac{p_2}{p_5} \exp\left(-\frac{p_3}{Y_{3,h}}\right)\left(1 - \frac{Y_{1,h}}{p_4}\right) Y_{1,h} \right] \Delta t + Y_{2,h} \tag{8.21}$$

$$Y_{3,h+1} = \left[p_8 - p_7 Y_{3,h} + \frac{p_2}{\dfrac{1}{p_6}} \exp\left(-\frac{p_3}{Y_{3,h}}\right)\left(1 - \frac{Y_{1,h}}{p_4}\right) Y_{1,h} \right] \Delta t + Y_{3,h} \cdot \tag{8.22}$$

Für dieses System gekoppelter Differenzengleichungen wurde ein Programm in Turbo Pascal geschrieben (s. Tab. A 8.1, S. 295).

Eine Auswertung mit einem Taschenrechner könnte auch nach folgendem Algorithmus für $\Delta t = 1$ h erfolgen:

$$A = p_1 Y_{1,h}(\alpha\beta - \alpha - 1) \tag{8.23}$$

$$B = p_2 \exp\left(-\frac{p_3}{Y_{3,h}}\right)\left(1 - \frac{Y_1}{p_4}\right) Y_{1,h} = R_x \tag{8.24}$$

$$C = A + B = \Delta Y_1 = \Delta c_x \tag{8.25}$$

$$D = p_1(Y_2^0 - Y_{2,h}) \tag{8.26}$$

$$E = B/p_5 \tag{8.27}$$

$$F = (D - E) = \Delta Y_2 = \Delta c_s \tag{8.28}$$

$$G = B p_6 \tag{8.29}$$

$$H = (G - p_7 Y_{3,h} + p_8) = \Delta Y_3 = \Delta T \tag{8.30}$$

$$I = Y_{1,h+1} = C + Y_{1,h} = c_{x,h+1} \tag{8.31}$$

$$J = Y_{2,h+1} = F + Y_{2,h} = c_{s,h+1} \tag{8.32}$$

$$K = Y_{3,h+1} = H + Y_{3,h} = T_{h+1} \tag{8.33}$$

Tab. 8.1. Berechnungsalgorithmus zur numerischen Lösung der gekoppelten Differentialgleichungen (8.20) − (8.22) mit Taschenrechner für die ersten 5 Stunden (Variante (1)).
Variante: 1
$\alpha = \beta = 0$; $k = 1{,}6\,\mathrm{kJ\,m^{-2}\,s^{-1}\,K^{-1}}$; $A_\mathrm{w} = 1{,}375\,\mathrm{m^2}$

h		1	2	3	4	5
t	[h]	1	2	3	4	5
$c_{x,h-1}$		5,12	5,047	4,976	4,907	4,84
$c_{s,h-1}$		77,0	76,76	76,53	76,31	76,10
T_{h-1}		277,20	277,31	277,41	277,52	277,62
A		−0,16	−0,158	−0,158	−0,153	−0,151
B	R_x	0,088	0,087	0,088	0,087	0,087
C	Δc_x	−0,072	−0,070	−0,069	−0,066	−0,065
D		0	$7{,}51\cdot10^{-3}$	0,015	0,022	0,028
E		0,232	0,232	0,233	0,230	0,230
F	Δc_s	−0,232	−0,224	−0,219	−0,209	−0,201
G		0,191	0,19	0,191	0,189	0,189
H	ΔT	0,115	0,109	0,106	0,098	0,093
I	$c_{x,h}$	5,047	4,976	4,907	4,84	4,775
J	$c_{s,h}$	76,76	76,53	76,31	76,10	75,898
K	T_h	277,31	277,41	277,52	277,62	277,71
δ [%]	$c_{x,h}$	1,45	1,43	1,41	1,38	1,36
δ [%]	$c_{s,h}$	0,31	0,30	0,29	0,28	0,276
δ [%]	T_h	−0,04	−0,036	−0,04	−0,036	−0,032

Tabelle 8.1 zeigt die Auswertung für die ersten 5 Stunden mit $\Delta t = 1$ h für die
Variante (1): $\alpha = \beta = 0$, $A_\mathrm{w} = 1{,}375\,\mathrm{m^2}$, $k = 1{,}6\,\mathrm{kJ\,m^{-2}\,s^{-1}\,K^{-1}}$.

Aus Tab. 8.1 ist erkennbar, daß das vereinfachte Differenzenverfahren einen
Verfahrensfehler bedingt, der für

$c_x \lesssim 1{,}5\%$
$c_s \lesssim 0{,}3\%$
$T \lesssim 0{,}02\%$

beträgt. Bemerkenswert ist auch, daß $c_x(t)$ im hier numerisch ausgewerteten
Bereich abnimmt, d.h. die Auswachsrate ist größer als die Wachstumsgeschwindigkeit:

$$Dc_x > R_x \ . \tag{8.34}$$

Eine weitere Berechnung mit dem Taschenrechner für einen Zeitbereich von
$0 \le t$ [h] ≤ 500 mit $\Delta t = 1$ h schließt sich natürlich aus.

Die Auswertungen der Varianten (1) − (4) erfolgten mit dem in Tab. A.8.1
vorgestellten Programm. Die Ergebnisse sind in den Abb. 8.2 − 8.5 dargestellt.
Die numerischen Ergebnisse werden in Tab. 8.2 nur für die Variante (4)

$\alpha \quad = \quad 0{,}04$
$\beta \quad = 10$
$kA_\mathrm{w} = \quad 1{,}0\,\mathrm{kJ\,s^{-1}\,K^{-1}}$

Tab. 8.2. Zeit-Konzentrations-Temperatur-Werte der Variante (4)

$\alpha = 0{,}04$ t [h]	$\beta = 10$ c_x [g/l]	$kA_w = 1{,}0\,\mathrm{kJ\,s^{-1}\,K^{-1}}$ c_s [g/l]	T [K]
0	5,12	77,00	277,20
10	5,03	74,88	278,73
20	5,05	73,10	279,95
30	5,16	71,57	280,96
40	5,35	70,19	281,84
50	5,63	68,89	282,67
60	5,98	67,60	283,49
70	6,44	66,26	284,37
80	7,01	64,77	285,36
90	7,74	63,04	286,54
100	8,67	60,92	288,01
110	9,89	58,22	289,92
120	11,55	54,58	292,52
130	13,84	49,57	296,14
140	16,88	42,99	300,89
150	19,95	36,75	305,21
160	21,55	34,52	306,27
170	21,83	35,43	304,97
180	21,65	37,14	303,29
190	21,36	38,73	301,88
200	21,07	40,01	300,84
210	20,83	40,96	300,12
220	20,65	41,63	299,66
230	20,52	42,07	299,39
240	20,43	42,33	299,25
250	20,38	42,48	299,20
260	20,35	42,54	299,19
270	20,34	42,56	299,21
280	20,35	42,55	299,25
290	20,35	42,53	299,28
300	20,36	42,51	299,30
310	20,37	42,49	299,32
320	20,37	42,48	299,33
330	20,38	42,47	299,34
340	20,38	42,47	299,34
350	20,38	42,47	299,34

für Zeitintervalle von 10 Stunden und einer Prozeßdauer bis 350 Stunden ausführlich tabellarisch dargestellt (Berechnungsschrittweite $\Delta t = 1$ h), weil die Grafiken aussagefähiger sind.

Interpretation der Ergebnisse

Variante 1
$\alpha \ = 0$
$\beta \ = 0$
$kA_w = \ 2{,}2\,\mathrm{kJ\,s^{-1}\,K^{-1}}$

In den Abb. 8.2 und 8.3 sind die Varianten (1) und (2) ausgewertet.

Abbildung 8.2 zeigt die c_i-t-Verläufe für beide Kühlvarianten.

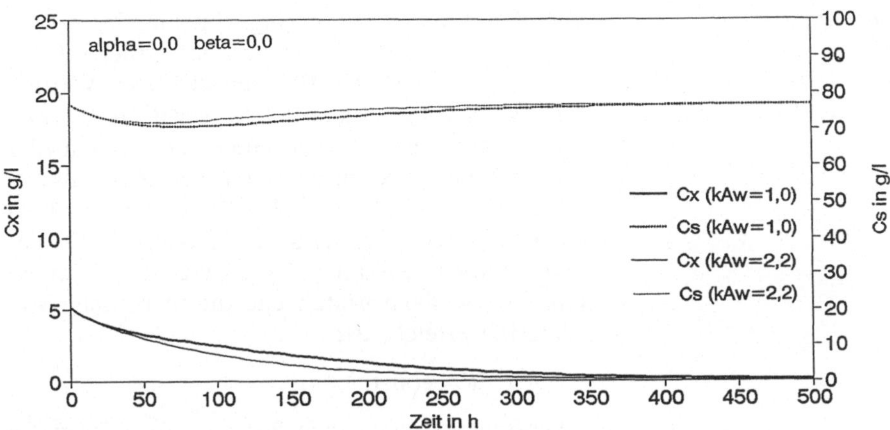

Abb. 8.2. Übergangsverhalten der Konzentrationen im idealen kontinuierlichen polytropen Rührreaktor bezüglich *Variante 1*: $\alpha = \beta = 0$ und $kA_w = 2,2\,\mathrm{kJ\,s^{-1}\,K^{-1}}$ und *Variante 2*: $\alpha = \beta = 0$ und $kA_w = 1,0\,\mathrm{kJ\,s^{-1}\,K^{-1}}$

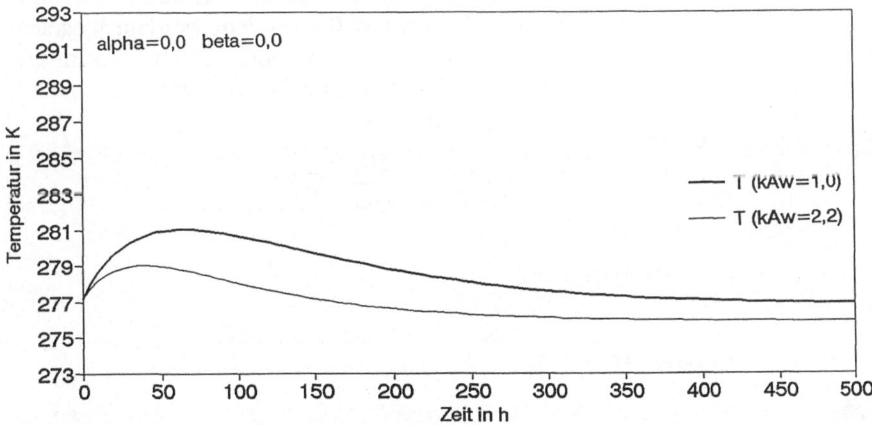

Abb. 8.3. Übergangsverhalten der Temperatur im idealen kontinuierlichen polytropen Rührreaktor bezüglich *Variante 2*: $\alpha = \beta = 0$ und $kA_w = 1,0\,\mathrm{kJ\,s^{-1}\,K^{-1}}$ (vergleichsweiser Verlauf für *Variante 1*: $\alpha = \beta = 0$ und $kA_w = 2,2\,\mathrm{kJ\,s^{-1}\,K^{-1}}$

Man erkennt, daß beim System ohne Biomasserezirkulation ein Auswaschen (wash out) stattfindet, weil der Zuwachs an Biomasse zu gering ist. Es stellt sich kein Fließgleichgewicht ein, denn offensichtlich ist

$$D > \mu \ .$$

Variante 2
$\alpha \quad = 0$
$\beta \quad = 0$
$kA_w = \quad 1 \text{ kJ s}^{-1} \text{ K}^{-1}$

Die Begründung der gering voneinander abweichenden c_i-t-Verläufe für unterschiedliche kA_w-Werte liefert Abb. 8.3. Für den kleineren Wärmedurchgang $kA_w = 1 \text{ kJ s}^{-1} \text{ K}^{-1}$ (geringere Wärmeabführung) steigt die Prozeßtemperatur schneller an, und das Maximum ist um 2 K höher als bei $kA_w = 2,2 \text{ kJ s}^{-1} \text{ K}^{-1}$ (Abb. 8.3). Das führt auch zu einer etwas höheren Substratabbaurate bzw. höheren Biomassebildung. Es ist aber zu erkennen, daß für $t \approx 400$ h weitgehend die thermische Stationarität erreicht ist:

$$T = \text{const.}$$

Allerdings ist dann auch fast die ganze Biomasse ausgewaschen und es gibt auch keinen Substratabbau mehr.

Variante 3
$\alpha \quad = 0,04$
$\beta \quad = 10$
$kA_w = \quad 2,2 \text{ kJ s}^{-1} \text{ K}^{-1}$

Variante 4
$\alpha \quad = 0,04$
$\beta \quad = 10$
$kA_w = \quad 1 \text{ kJ s}^{-1} \text{ K}^{-1}$

Die Abb. 8.4 und 8.5 zeigen die c_i-t- und T-t-Verläufe der Varianten (3) und (4). Es ist erkennbar, daß bei Variante (3) (höherer kA_w-Wert, d. h. intensiver Wärmedurchgang) stationäre Verhältnisse erst bei etwa 450 h erreicht werden, wogegen bei Variante 4 bereits bei 250 h Stationarität vorliegt. Bei Variante (4) wird die Stationarität beim Zeitverhältnis

$$\frac{t_{\text{stat}}}{\bar{t}} \approx \frac{250}{31,94} = 7,83$$

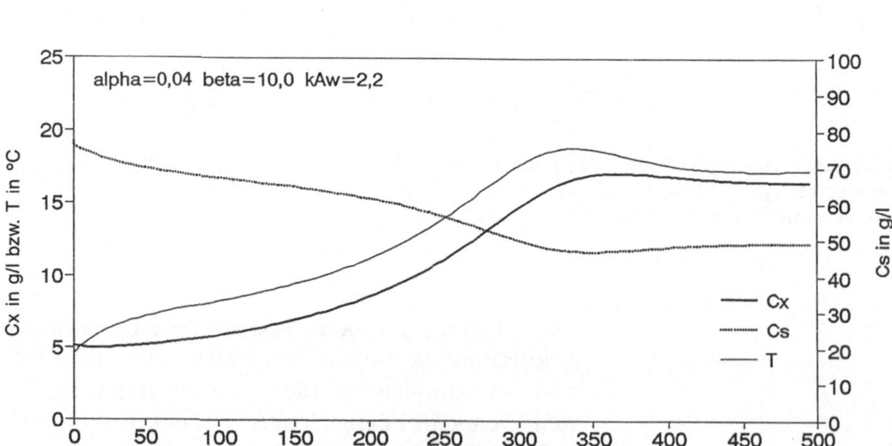

Abb. 8.4. Übergangsverhalten von Konzentrationen und Temperatur mit leichtem Überschwingen für *Variante 3*: $\alpha = 0,04$; $\beta = 10$; $kA_w = 2,2 \text{ kJ s}^{-1} \text{K}^{-1}$

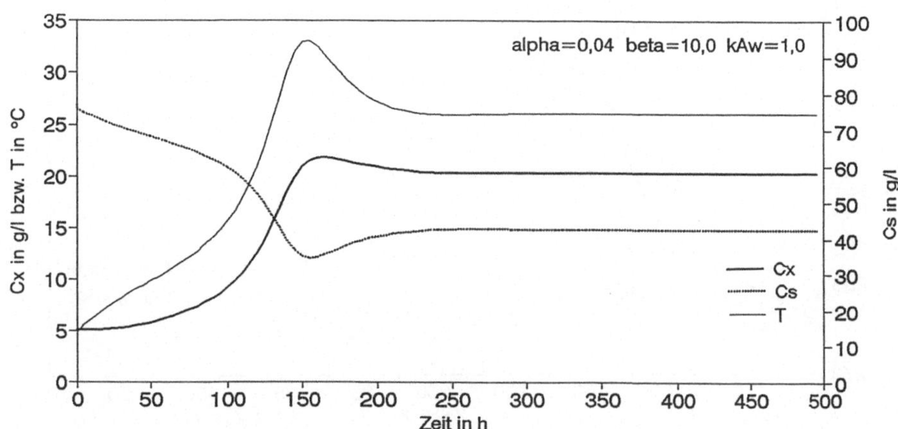

Abb. 8.5. Übergangsverhalten von Konzentrationen und Temperatur mit starkem Überschwingen der Temperatur für *Variante 4*: $\alpha = 0{,}04$; $\beta = 10$; $kA_\mathrm{w} = 1{,}0\,\mathrm{kJ\,s^{-1}\,K^{-1}}$

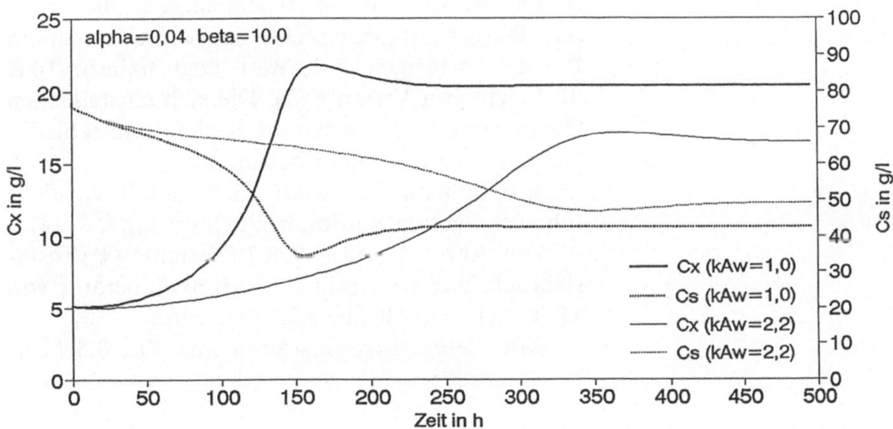

Abb. 8.6. Einschwingverhalten der Konzentrationen nach den *Varianten (3) und (4)*

also dem 7,83fachen Wert der mittleren Verweilzeit erreicht, was normalen Reaktionsverhältnissen entspricht. Das zeigt noch überzeugender die Gegenüberstellung der c_i-t-Verläufe beider Varianten in Abb. 8.6. Das schnellere Einschwingen läßt sich anhand der Temperatur-Zeit-Verläufe erklären (Abb. 8.7). Die unterschiedlichen Wärmedurchgangsverhältnisse

$$\frac{(kA_\mathrm{w})_3}{(kA_\mathrm{w})_4} = \frac{2{,}2}{1}$$

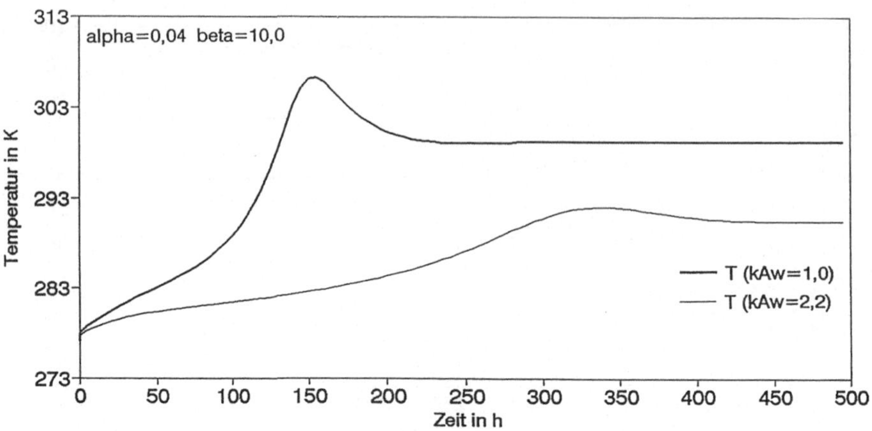

Abb. 8.7. Einschwingverhalten der Temperaturen nach *Variante (3) und (4)*

führen bei Variante (4) zu schnellerem und höherem Temperaturanstieg. Das Temperaturmaximum für den niedrigen kA_w-Wert liegt nahezu 14 K über dem von Variante (3). Die sich einstellenden Stationärwerte T werden durch den unterschiedlichen Wärmedurchgang bestimmt.

Ein höherer kA_w-Wert führt somit zu einer sehr verzögerten Stationarität (hier: $t_{stat}/\bar{t} \approx 14$).

Aus Abb. 8.5 und Tab. 8.2 (Variante (4)) ist ersichtlich, daß die optimale Prozeßtemperatur von 11 °C bei $t = 70$ h überschritten wird.

Mit diesem Ergebnis kann nun Pkt. 8.5 bearbeitet werden.

Zu 8.5

Eingriff in den instationären Prozeßverlauf. Bei Variante 4 (Abb. 8.5, Tab. 8.2)

$$\alpha = 0,04$$
$$\beta = 10$$
$$kA_w = 1 \text{ kJ s}^{-1} \text{K}^{-1}$$

wird also bei $t = 70$ h eine Prozeßtemperatur von 11 °C erreicht.

Durch sofortige Erhöhung der Kühlleistung wird nunmehr isotherm gearbeitet. Unter Bezugnahme auf die prozeßbeschreibenden Bilanzgleichungen Gln. (8.5)−(8.8) bzw. Gln. (8.20)−(8.22) kann die Wärmebilanzgleichung Gl. (8.22) entfallen, weil Isothermie vorliegt.

Damit verbleiben von den Gln. (8.20)−(8.22) unter Beachtung aller getroffenen Voraussetzungen nur die ersten beiden Gleichungen zur Auswertung. In

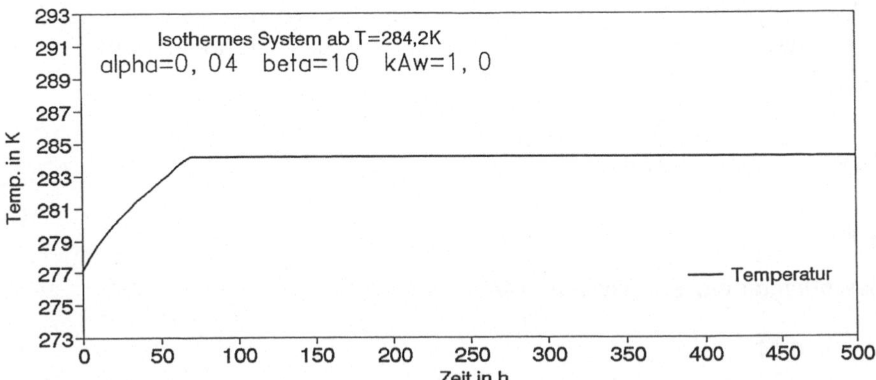

Abb. 8.8. Temperaturprofil mit polytropem und isothermem Bereich nach Eingriff in das Prozeßregime: polytroper Bereich: Variante (4); isothermer Bereich: $\alpha = 0{,}04$; $\beta = 10$; $kA_w > 1\ \mathrm{kJ\ s^{-1}\ K^{-1}}$

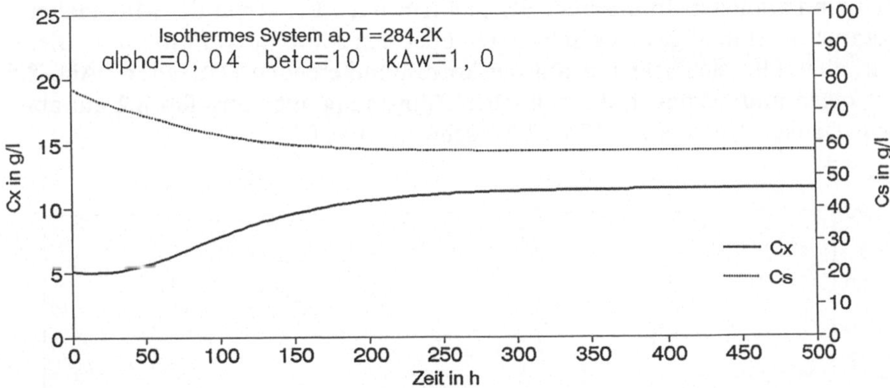

Abb. 8.9. Konzentrationsprofile im Reaktor mit polytropem und isothermem Bereich; polytroper Bereich: Variante 4; isothermer Bereich: $\alpha = 0{,}04$; $\beta = 10$; $kA_w > 1\ \mathrm{kJ\ s^{-1}\,K^{-1}}$

diesen wird lediglich $T_1 = 284{,}2$ K gesetzt. Die numerische Auswertung erfolgt in der bereits beschriebenen Weise (Tab. A 8.1).

In Abb. 8.8 ist zunächst der instationäre/stationäre Temperaturverlauf dargestellt, der den Prozeßeingriff deutlich charakterisiert. Die korrespondierenden c_i-t-Verläufe sind in Abb. 8.9 dargestellt. Das System ist für

$$0 < t\ \mathrm{[h]} \le 70 \quad \text{nichtisotherm und für}$$
$$t\ \mathrm{[h]} \qquad \ge 70 \quad \text{isotherm.}$$

Auffällige Änderungen sind aus den Verläufen nicht erkennbar. Stationäre Konzentrationsverhältnisse werden für

$$t \approx 375\ \mathrm{h}$$

erreicht.

Der Zeitpunkt des Eingriffs war $t = 70\,\mathrm{h}$, das bedeutet, daß sich bei Isothermie nach etwa der 9,6fachen mittleren Verweilzeit stationäre Verhältnisse einstellen (Abb. 8.7):

$$\frac{t_{\mathrm{stat}} - t_0}{\bar{t}} \approx \frac{375 - 70}{31,94} = 9,55 \;.$$

Zu 8.6

Phasendiagramm. Für Variante (4)

$$\begin{aligned}
\alpha &= 0,04 \\
\beta &= 10 \\
kA_\mathrm{w} &= 1\,\mathrm{kJ\,s^{-1}\,K^{-1}}
\end{aligned}$$

wurde das Phasendiagramm $c_x = f(T)$ dargestellt (Abb. 8.10). Diese Kurve wird Trajektorie des Prozesses bzw. Zustandsbahn bezeichnet. Dabei ist die Zeit ein Parameter. In unserem Beispiel tritt nach Erreichen der Maximaltemperatur ein einmaliges Überschwingen über den stationären Punkt auf. Dieses Verhalten läßt sich sehr gut mit der korrespondierenden Darstellung Abb. 8.5 verfolgen und bezüglich der zeitlichen Zuordnung auch aus Tab. 8.2 gut ablesen. Danach tritt bei $t = 170\,\mathrm{h}$ Überschwingen auf.

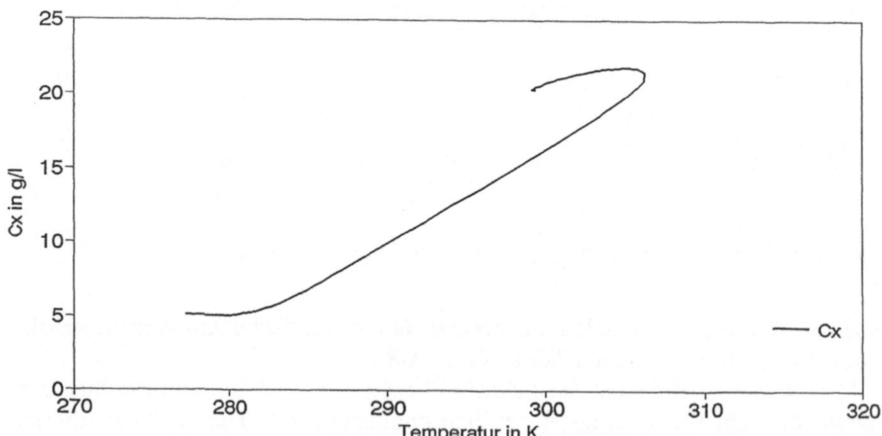

Abb. 8.10. Phasendiagramm der *Variante (4)* mit einmaligem Überschwingen

Literatur

[8.1] K. Hartmann, u.a. (1971) Analyse und Steuerung von Prozessen der Stoffwirtschaft. Akademie Verlag, Berlin
[8.2] K. Budde, u.a. (1988) Reaktionstechnik I, 2. durchges. Auflage. VEB Deutscher Verlag für Grundstoffindustrie, Leipzig
[8.3] K. Budde, u.a. (1977) Reaktionstechnik III, 1. Auflage. VEB Deutscher Verlag für Grundstoffindustrie, Leipzig
[8.4] E. Fehlberg (1969) Klassische Runge-Kutta-Formeln fünfter und siebenter Ordnung mit Schrittweitenkontrolle und ihrer Anwendung auf Wärmeleitungsprobleme. Computing 4, S. 93−106
[8.5] K.-H. Wolf (1979) Turbulenz als Wirkprinzip zur Erhöhung der Effektivität von biochemischen Verfahren. Lebensmittelindustrie 26 2, S. 69−73

Beispiel 9:
Stabilitätsverhalten des kontinuierlichen Rührfermenters mit Rezirkulation

- CSTR (R)
- allgemeine Stoff- und Wärmebilanz
- Berechnung der Stationärwerte $\quad c_{xs}$
  $$c_{ss}$$
  $$T_s$$

- Stabilitätsanalyse
- Schwingungsverhalten $\quad c_x = f(t)$
  $$T = f(t)$$
- Phasendiagramm $\quad T = f(c_x)$

Aufgabenstellung

Ein großtechnischer Bioreaktor ($V = 115\,\mathrm{m}^3$) mit partieller Biomasserezirkulation arbeitet kontinuierlich. Das Übergangsverhalten bei kleinen Störungen ist zu analysieren.

Auf der Grundlage des Beispiels 8 soll das Stabilitätsverhalten mit Hilfe der Ljapunovschen Theoreme (s. beispielsweise [9.1]) untersucht werden. Für die numerische Lösung sollten Bibliotheksprogramme genutzt werden, z. B. Modellbank Biotechnologie [9.4].

Die im Beispiel 8 (Aufgabenstellung) angegebenen

- Reaktortechnischen Daten p_1,
- kinetischen-, wärmetechnischen- und Stoffdaten $p_2 - p_8$,
- Anfangsbedingungen und
- Prozeßvarianten
  (nur $\alpha = 0{,}04$; $\beta = 10$; $kA_w = 1\,\mathrm{kJ\,s^{-1}\,K^{-1}}$)

sollen gültig sein.

Aufgaben

9.1

Informieren Sie sich nochmals zu Beispiel 8.

9.2

Stellen Sie die allgemeinen und speziellen Bilanzen für Stoff und Wärme auf, wobei eine partielle Biomasserückführung zu berücksichtigen ist (s. Beispiel 8).

9.3

Die Bilanzen sind in eine übersichtliche Form zu bringen und die Parameter $p_1 - p_8$ anzugeben.

9.4

Linearisieren Sie die Dgln. im Sinne der Ljapunovschen Sätze. (Lesen Sie ggf. z. B. [9.2, 9.3])

9.5

Ermitteln Sie die partiellen Ableitungen der Bilanzen von 9.2 und die allgemeine Darstellung der Lösung der linearisierten Dgln.

9.6

Bestimmen Sie die Stationärwerte c_{xs}, c_{ss} und T_s bei gegebenen Parametern p_i des Reaktors nach dem Anfahren unter Beachtung der Anfangswerte. Es sollte ein genaueres als das im Beispiel 8 verwendete Euler-Verfahren gewählt werden.

9.7

Prüfen Sie den Betriebspunkt bei c_{xs}, T_s auf Stationarität.

9.8

Führen Sie eine Stabilitätsanalyse bei kleinen Störungen durch

- Berechnen Sie die Koeffizienten a_{ij} aus den partiellen Ableitungen.
- Stellen Sie die charakteristische Gleichung des Systems auf und bestimmen Sie die Art des Übergangsverhaltens nach einer kleinen Störung.

9.9

Ermitteln Sie das Schwingungsverhalten für folgende Störungen im Zeitbereich:

(a) $c_x = -5 \, \mathrm{g} \, \mathrm{l}^{-1}$
$\quad T = -5 \, \mathrm{K}$
(b) $c_x = +5 \, \mathrm{g} \, \mathrm{l}^{-1}$
$\quad T = +5 \, \mathrm{K}$
(c) $c_x = -5 \, \mathrm{g} \, \mathrm{l}^{-1}$
$\quad T = -2 \, \mathrm{K}$

- Führen Sie die Simulationen durch. Stellen Sie diese numerisch und grafisch dar.
  Welche Schlußfolgerungen lassen sich ziehen?
- Aus den Daten ist das Phasendiagramm $c_x = f(T)$ darzustellen.

Lösungen

Zu 9.1 und 9.2

Bilanzen für Stoff und Wärme. Ausgangspunkte für die Stabilitätsanalyse sind die Bilanzen des Rührkessels entsprechend Beispiel 8 (Gln. (8.5) − (8.8)), und die Methode von Ljapunov für die Stabilitätsanalyse bei kleinen Störungen [9.1 − 9.3].
Zunächst gilt für die Bilanzen:

$$\frac{dc_x}{dt} = -\frac{c_x}{\bar{t}}[1 + \alpha(1-\beta)] + \mu'_{\max} \exp\left(-\frac{E}{RT}\right)\left(1 - \frac{c_x}{c_{x,\max}}\right)c_x = \phi_1(c_x, T) \tag{9.1}$$

$$\frac{dc_s}{dt} = -\frac{1}{\bar{t}}(c_s - c_{so}) - \frac{1}{Y_{x/s}}\mu'_{\max} \exp\left(-\frac{E}{RT}\right)\left(1 - \frac{c_x}{c_{x,\max}}\right)c_x = \phi_3(c_x, T) \tag{9.2}$$

$$\frac{dT}{dt} = \frac{(-\Delta_R H)\mu'_{\max} \exp\left(-\frac{E}{RT}\right)\left(1 - \frac{c_x}{c_{x,\max}}\right)c_x}{c_p \varrho} + \frac{P_p + P_c}{V_R c_p \varrho}$$

$$+ \frac{\dot{m}(T^0 - T)}{V_R \varrho} - \frac{kA_w(T - \bar{T}_w)}{c_P \varrho V_R} = \phi_2(c_x, T) \; . \tag{9.3}$$

Für die Stabilitätsanalyse kann auf die Bilanz Gl. (9.2) verzichtet werden, da die Zustandsvariable c_s in den beiden anderen Dgln. nicht auftritt, und somit keine Rückkopplung erfolgt. Andererseits besteht aufgrund nachfolgender stöchiometrischer Bilanz der einfache Zusammenhang

$$\frac{dc_s}{dt} = -\frac{1}{Y_{x/s}} \frac{dc_x}{dt} \tag{9.4}$$

bzw. nach Integration mit den Startwerten $c_s(t=0) = c_{so}$ und $c_x(t=0) = c_{xo}$

$$c_s(t) = c_{so} - \frac{c_x(t) - c_{xo}}{Y_{x/s}} \ . \tag{9.5}$$

Unter der Voraussetzung, daß der Verlauf $c_x = f(t)$ bekannt ist, läßt sich also jeder Zustand $c_s = f(t)$ über die algebraische Gleichung (9.5) berechnen. Somit reduziert sich das Problem um Dgl. (9.2).

Zu 9.3

Bilanzen mit verdichteten Parametern, Definition und Wert der Parameter.
Für die numerische Auswertung ist nachfolgende Form der Dgln. zweckmäßig (vgl. Beispiel 8):

$$\frac{dc_x}{dt} = \left[-p_1 c_x [1 + \alpha(1-\beta)] + p_2 \exp\left(-\frac{p_3}{T}\right)\left(1 - \frac{c_x}{p_4}\right) c_x \right] = \phi_1(c_x, T) \tag{9.6}$$

$$\frac{dT}{dt} = \left[p_{8,i} - p_{7,i} \cdot T + \frac{p_2}{\dfrac{1}{p_6}} \exp\left(-\frac{p_3}{T}\right)\left(1 - \frac{c_x}{p_4}\right) c_x \right] = \phi_2(c_x, T) \ . \tag{9.7}$$

Dabei sind die Parameter p_i wie nachfolgend vereinbart:

$$p_1 = \frac{\dot{V}_L}{V_R} = \frac{3{,}6\,\text{m}^3/\text{h}}{115\,\text{m}^3} = 0{,}0313\,\text{h}^{-1} \tag{9.8}$$

$$p_2 = \mu'_{\max} = 87{,}96 \cdot 10^6\,\text{h}^{-1} \tag{9.9}$$

$$p_3 = \frac{E}{R} = \frac{51\,000\,\text{J/mol}}{8{,}314\,\text{J/(mol}\cdot\text{K)}} = 6134\,\text{K} \tag{9.10}$$

$$p_4 = c_{x,\max} = 24{,}88\,\text{g}\,\text{l}^{-1} \tag{9.11}$$

$$p_5 = Y_{x/s} = 0{,}378 \tag{9.12}$$

$$p_6 = \frac{[-\Delta_R H^{(x)}]}{c_p \varrho} = 2{,}1717\,\text{K}\,\text{l}\,\text{g}^{-1} \tag{9.13}$$

$$p_{7,i} = \frac{\dot{V}}{V_R} + \frac{kA_w}{V_R c_p \varrho} = p_1 + \frac{3600}{115 \cdot 3{,}8 \cdot 1030} kA_w \tag{9.14}$$

$$p_{7,i} = 0{,}0313 + 0{,}008 \cdot kA_w$$

$(k\colon [\text{kJ m}^{-2}\,\text{s}^{-1}\,\text{K}^{-1}];\ A_{\text{w}}\colon [\text{m}^2];\ p_7\colon [\text{h}^{-1}])$

$$p_{8,\text{i}} = \frac{\dot V}{V_{\text{R}}}\,T^0 + \frac{kA_{\text{w}}\bar T_{\text{w}}}{V_{\text{R}}c_{\text{p}}\varrho} + \frac{1}{c_{\text{p}}\varrho}\left(\frac{P_{\text{p}}}{V_{\text{R}}} + \frac{P_{\text{c}}}{V_{\text{R}}}\right) \tag{9.15}$$

$$= \frac{3{,}6}{115}\cdot 277{,}2 + \frac{kA_{\text{w}}\cdot 3600\cdot 272{,}2}{115\cdot 3{,}8\cdot 1030} + \frac{3600}{3{,}8\cdot 1030}\,[(22{,}6+2)\cdot 10^{-3}]$$

$$= 8{,}6904 + 2{,}1771\cdot kA_{\text{w}}$$

$(k\colon [\text{kJ m}^{-2}\,\text{s}^{-1}\,\text{K}^{-1}];\ A_{\text{w}}\colon [\text{m}^2];\ p_8\colon [\text{K h}^{-1}])$

Die Parameter p_7 und p_8 berücksichtigen die jeweiligen $k\cdot A_{\text{w}}$-Verhältnisse. Für den konkreten Fall gelten folgende Werte:

$$p_1 = \quad 0{,}0313\ \text{h}^{-1}$$
$$p_2 = \quad 87{,}96\cdot 10^6\ \text{h}^{-1}$$
$$p_3 = 6134\ \text{K}$$
$$p_4 = \quad 24{,}88\ \text{g l}^{-1}$$
$$p_5 = \quad 0{,}378$$
$$p_6 = \quad 2{,}1717\ \text{K l g}^{-1}$$
$$p_7 = \quad 0{,}0393\ \text{h}^{-1}$$
$$p_8 = \quad 10{,}8675\ \text{K h}^{-1}$$

(Das entspricht Variante (4) in Beispiel 8.)

Zu 9.4

Linearisierung der Differentialgleichungen. Die Gleichungen (9.6) und (9.7) sind hinsichtlich der Variablen c_x und T nichtlinear. Da sich die Sätze von Ljapunov auf die linearisierten Formen nichtlinearer Gleichungssysteme beziehen, besteht der nächste Schritt darin, die beiden Gleichungen zu linearisieren. Zu diesem Zweck werden die Zustandsvariablen c_x und T mit Hilfe der *Lineartransformation*

$$\Delta c_x = c_x - c_{xs} \tag{9.16}$$

$$\Delta T = T - T_{\text{s}} \tag{9.17}$$

durch die Variablen Δc_x und ΔT ersetzt. Die Größen c_{xs} und T_{s} sind die nach Beendigung eines Übergangsverhaltens erreichten Stationärwerte bzw. die Zustandsvariablen des CSTR.

Die Dgln. (9.6) und (9.7) lauten in der transformierten Form:

$$\frac{\mathrm{d}\Delta c_x}{\mathrm{d}t} = \phi_1\,(c_{xs} + \Delta c_x, T_{\text{s}} + \Delta T) \tag{9.18}$$

$$\frac{\mathrm{d}\Delta T}{\mathrm{d}t} = \phi_2\,(c_{xs} + \Delta c_x, T_{\text{s}} + \Delta T)\ . \tag{9.19}$$

Die Funktionen Φ_1 und Φ_2 (vgl. Gl. (9.1)–(9.3)) lassen sich als Taylorreihe aufstellen, wobei die Reihenentwicklung bei hinreichend kleinen Variationsbereichen der Zustandsvariablen Δc_x und ΔT nach dem linearen Glied abgebrochen werden kann. Damit gehen die Dgln. (9.1) und (9.3) in folgende Form über:

$$\frac{\mathrm{d}\Delta c_x}{\mathrm{d}t} = \phi_1(c_{xs}, T_s) + \left(\frac{\partial \phi_1}{\partial c_x}\right)_s \Delta c_x + \left(\frac{\partial \phi_1}{\partial T}\right)_s \Delta T \tag{9.20}$$

$$\frac{\mathrm{d}\Delta T}{\mathrm{d}t} = \phi_2(c_{xs}, T_s) + \left(\frac{\partial \phi_2}{\partial c_x}\right)_s \Delta c_x + \left(\frac{\partial \phi_2}{\partial T}\right)_s \Delta T \ . \tag{9.21}$$

Da die Werte der Funktionen Φ_1 und Φ_2 im stationären Punkt ‚Null' sind, folgt mit

$$\phi_1(c_{xs}, T_s) = 0 \quad \text{und} \tag{9.22}$$

$$\phi_2(c_{xs}, T_s) = 0 \tag{9.23}$$

aus den Gln. (9.20) und (9.21) das linearisierte System

$$\frac{\mathrm{d}\Delta c_x}{\mathrm{d}t} = \left(\frac{\partial \phi_1}{\partial c_x}\right)_s \Delta c_x + \left(\frac{\partial \phi_1}{\partial T}\right)_s \Delta T = a_{11}\Delta c_x + a_{12}\Delta T \tag{9.24}$$

$$\frac{\mathrm{d}\Delta T}{\mathrm{d}t} = \left(\frac{\partial \phi_2}{\partial c_x}\right)_s \Delta c_x + \left(\frac{\partial \phi_2}{\partial T}\right)_s \Delta T = a_{21}\Delta c_x + a_{22}\Delta T \ . \tag{9.25}$$

Zu 9.5

Ermittlung der partiellen Ableitungen der Bilanzen und allgemeine Darstellungen der Lösung der linearisierten Dgln.

Damit die Gln. (9.20) und (9.21) weiter ausgewertet werden können, müssen zunächst die partiellen Ableitungen der Funktionen Φ_1 und Φ_2 ermittelt werden. Man erhält aus den Gln. (9.6) und (9.7):

$$\left(\frac{\partial \phi_1}{\partial c_x}\right)_s = -p_1[1 + \alpha(1-\beta)] + p_2 \exp\left(-\frac{p_3}{T_s}\right)\left(1 - \frac{2c_{xs}}{p_4}\right) = a_{11} \tag{9.26}$$

$$\left(\frac{\partial \phi_1}{\partial T}\right)_s = p_2 \exp\left(-\frac{p_3}{T_s}\right)\cdot\left(\frac{p_3}{T_s^2}\right)\left(1 - \frac{c_{xs}}{p_4}\right) c_{xs} = a_{12} \tag{9.27}$$

$$\left(\frac{\partial \phi_2}{\partial c_x}\right)_s = p_2 p_6 \exp\left(-\frac{p_3}{T_s}\right)\left(1 - \frac{2c_{xs}}{p_4}\right) = a_{21} \tag{9.28}$$

$$\left(\frac{\partial \phi_2}{\partial T}\right)_s = -p_7 + p_2 p_6 \exp\left(-\frac{p_3}{T_s}\right)\left(\frac{p_3}{T_s^2}\right)\left(1 - \frac{c_{xs}}{p_4}\right) c_{xs} = a_{22} \ . \tag{9.29}$$

Die Lösung des Gleichungssystems (9.24) und (9.25) ist mit dem Ansatz

$$\Delta c_x = \alpha_1 e^{\lambda t} \tag{9.30}$$

bzw.

$$\Delta T = \alpha_2 e^{\lambda t} \tag{9.31}$$

möglich. Daraus entsteht durch Differenzieren:

$$\frac{\mathrm{d}\Delta c_x}{\mathrm{d}t} = \lambda\,\alpha_1 e^{\lambda t} \tag{9.32}$$

bzw.

$$\frac{\mathrm{d}\Delta T}{\mathrm{d}t} = \lambda\,\alpha_2 e^{\lambda t} \; . \tag{9.33}$$

Werden die Gln. (9.32) und (9.30) in Gln. (9.24) bzw. (9.33) und (9.31) in Gln. (9.25) eingesetzt, erhält man:

$$\lambda\,\alpha_1 e^{\lambda t} = a_{11}\alpha_1 e^{\lambda t} + a_{12}\alpha_2 e^{\lambda t} \tag{9.34}$$

$$\lambda\,\alpha_2 e^{\lambda t} = a_{21}\alpha_1 e^{\lambda t} + a_{22}\alpha_2 e^{\lambda t} \; . \tag{9.35}$$

Werden die Gleichungen durch den Term, $-e^{\lambda t}$ dividiert, erhält man für die Bestimmung der Konstanten α_1 und α_2 das lineare homogene Gleichungssystem:

$$(a_{11} - \lambda)\,\alpha_1 + a_{12}\alpha_2 = 0 \tag{9.36}$$

$$a_{21} \cdot \alpha_1 + (a_{22} - \lambda)\,\alpha_2 = 0 \; . \tag{9.37}$$

Dieses Gleichungssystem besitzt nur dann eine Lösung hinsichtlich der Unbekannten α_1, α_2, wenn für die Nennerdeterminante des Systems gilt:

$$\Delta = \begin{vmatrix} a_{11} - \lambda & a_{12} \\ a_{21} & a_{22} - \lambda \end{vmatrix} = 0 \tag{9.38}$$

Aus Gl. (9.38) folgt unmittelbar die charakteristische Gleichung des Systems

$$\lambda^2 - (a_{11} + a_{22})\,\lambda + a_{11}a_{22} - a_{12}a_{21} = 0 \tag{9.39}$$

mit der Lösung

$$\lambda_{1/2} = \frac{a_{11} + a_{22}}{2} \pm \sqrt{\frac{(a_{11} + a_{22})^2}{4} - a_{11}a_{22} + a_{12}a_{21}} \tag{9.40}$$

Reelle Wurzeln erhält man unter der Bedingung

$$A' = \left(\frac{a_{11} + a_{22}}{2}\right)^2 - a_{11}a_{22} + a_{12}a_{21} \geq 0 \; . \tag{9.41}$$

Ist $A' > 0$ so verhält sich das System nach dem 1. Satz von Ljapunov monoton stabil, d.h. der vor der Störung vorhandene Betriebszustand stellt sich nach Beseitigung der Störungsursache wieder ein.

Ist $A' < 0$ enthalten die Wurzeln der charakteristischen Gleichung einen Imaginärteil. Dann ist das Übergangsverhalten oszillierend instabil.

Zu 9.6

Bestimmung der stationären Zustandsparameter. Nunmehr kann die numerische Auswertung für den konkreten Fall erfolgen.

Zunächst müssen die Stationärkonzentrationen c_{xs} und T_s bestimmt werden. (Sie sollen nicht Bsp. 8 entnommen werden, sondern durch ein anderes numerisches Verfahren bestimmt werden.)

Unter Berücksichtigung der Anfangsbedingungen

$$c_x(0) = \quad 5{,}12 \, \mathrm{g}\,\mathrm{l}^{-1}$$
$$c_s(0) = \quad 77 \, \mathrm{g}\,\mathrm{l}^{-1}$$
$$T(0) = 277{,}2 \, \mathrm{K}$$

und der Parameter $p_1 - p_8$ erfolgt die numerische Integration der Dgln. (9.1)–(9.3) mit dem Dormand-Prince-Verfahren [9.5], das auf dem Runge-Kutta-Algorithmus 4./5. Ordnung basiert und von höherer Genauigkeit als das Euler-Verfahren ist. Zur Durchführung der Berechnungen wird die Modellbank Biotechnologie [9.4] genutzt.

In den Modelleditor der Nutzerfunktion (vgl. Teil I, Kap. 7) werden die Dgln. in aufbereiteter Form (s. Gln. (9.6) und (9.7) eingeschrieben:

$$x' = -p_1 \cdot x \cdot 0{,}64 + p_2 \cdot \exp(-p_3/\mathrm{M}) \cdot (1 - x/p_4) \cdot x \tag{9.42}$$

$$s' = -p_1 \cdot (s - 77) - p_2/p_5 \cdot \exp(-p_3/\mathrm{M}) \cdot (1 - x/p_4) \cdot x \tag{9.43}$$

$$M' = 10{,}86750 - 0{,}0393 \cdot \mathrm{M} + p_2 \cdot p_6 \cdot \exp(-p_3/\mathrm{M}) \cdot (1 - x/p_4) \cdot x \tag{9.44}$$

Parameter:

$$p_1 = \quad 0{,}0313$$
$$p_2 = \quad 8{,}79600\,\mathrm{E}+07$$
$$p_3 = \quad 6{,}13400\,\mathrm{E}+03$$
$$p_4 = 24{,}8800$$
$$p_5 = \quad 0{,}3780$$
$$p_6 = \quad 2{,}1717$$

Die dimensionslose Rückführgröße

$$A = 1 + \alpha(1 - \beta) = 1 + 0{,}04\,(1 - 10) = 0{,}64$$

ist als Zahlenwert in Gl. (9.42) eingeschrieben ebenso die Zahlenwerte von p_7 und p_8 mit

$$p_7 = 0{,}0393 \, \mathrm{h}^{-1} \quad \text{und} \quad p_8 = 10{,}8675 \, \mathrm{K}\,\mathrm{h}^{-1}$$

Tab. 9.1. Gegenüberstellung der Simulationsergebnisse nach dem Euler- und Dormand-Prince-Verfahren

Verfahren	t_{stat} [h]	c_{xs} [g l^{-1}]	c_{ss} [g l^{-1}]	T_s [K]
Euler	≈ 250	20,386	42,475	299,348
Dormand-Prince	–	20,307	42,585	298,850
$t = 250$ h				
Dormand-Prince	$\approx 267,5$	20,237	42,766	298,799

in Dgl. (9.44), weil in der Programmversion [9.4] maximal sechs Parameter, $p_1 - p_6$, aufgerufen werden können.

Hinweis: Während in den Dgln. (9.42) und (9.43) die Symbolik der Zustandsparameter wie üblich x, s ist, wird in Dgl. (9.44) *statt T* abweichend M verwendet. Die Verwendung von „großem T" und „kleinem t" in der Variablenliste führt zum Absturz oder unsinnigen Ergebnissen, da der Rechner im Falle der genutzten Software nicht unterscheiden kann.

Die Ergebnisse der numerischen Integration sind in Tab. 9.1 zusammengestellt. In der ersten Zeile sind die Ergebnisse nach Bsp. 8 (Euler-Verfahren, vgl. Tab. 8.2) aufgenommen. Kriterium für die Stationarität war lt. Aufgabenstellung:

$$\frac{dc_i}{dt} \leq 0,01 \text{ g l}^{-1} \text{ h}^{-1} \tag{9.45}$$

$$\frac{dT}{dt} \leq 0,01 \text{ K h}^{-1} \ . \tag{9.46}$$

In der zweiten Zeile sind zum Vergleich die Ergebnisse bei $t = 250$ h nach dem Dormand-Prince-Verfahren dargestellt. Bei dem Verfahren ist Stationarität bei $t = 250$ h noch nicht erreicht. Stationarität wird vielmehr erst bei $t_{\text{stat}} \approx 267,5$ h (3. Zeile) erreicht. Aus den Zahlen ist abzulesen, daß die Konzentrationsangaben in Abhängigkeit vom Lösungsverfahren nur unbedeutend voneinander abweichen ($< 0,4\%$). Die Zeitabweichung kann mit 6,54% jedoch nicht toleriert werden.

Das Euler-Verfahren wird gegenüber dem Dormand-Prince-Verfahren bei gleicher Schrittweite $h = 10^{-5}$ aufgrund der Voraussetzungen immer von geringerer Genauigkeit sein. Hier werden deshalb für weitere Berechnungen die Ergebnisse nach dem Dormand-Prince-Verfahren verwendet.

Stationärwerte nach dem Dormand-Prince-Verfahren:

$t_{\text{stat}} = 267,5$ h
$c_{xs} = \ \ 20,237$ g l^{-1}
$c_{ss} = \ \ 42,766$ g l^{-1}
$T_s = 298,799$ K

Zu 9.7

Prüfung des Betriebspunktes bei c_{xs}, T_s auf Stationarität. Die in der Aufgabenstellung angegebenen prozeßtechnischen Größen werden in die Dgln. (9.1) und (9.3) bzw. (9.6) und (9.7) eingesetzt. Es ergibt sich:

$$\phi_1(c_{xs}, T_s) = -0{,}0313 \cdot 20{,}237 \cdot [1 + 0{,}04(1-10)]$$

$$+ 87{,}96 \cdot 10^6 \exp\left(-\frac{6134}{298{,}8}\right)\left(1 - \frac{20{,}237}{24{,}88}\right) \cdot 20{,}237 = 0 \qquad (9.47)$$

$$\phi_2(c_{xs}, T_s) = 10{,}8675 - 0{,}0393 \cdot 298{,}8$$

$$+ 87{,}96 \cdot 10^6 \cdot 2{,}1717 \cdot \exp\left(-\frac{6134}{298{,}8}\right)\left(1 - \frac{20{,}237}{24{,}88}\right) \cdot 20{,}237 = 0 \ . $$

$$(9.48)$$

Die Werte für Φ_1 und Φ_2 werden nicht exakt Null, sondern

$$\phi_1 = -1{,}888 \cdot 10^{-3}\,\mathrm{g\,l^{-1}\,h^{-1}}$$

$$\phi_2 = 9{,}399 \cdot 10^{-4}\,\mathrm{K\,h^{-1}} \ .$$

Die Abweichung ist im numerischen Verfahren zu suchen. Sie ist durch Schrittweitenverringerung kaum zu unterschreiten.

Zu 9.8

Berechnung der Koeffizienten a_{ij} aus den partiellen Ableitungen

Ausgangspunkt ist die linearisierte Form beider Bilanzen Gln. (9.26)–(9.29). Zu diesem Zweck werden die Stationärwerte in vorgenannte Gleichungen eingesetzt und der Wert der Ableitungen berechnet:

$$a_{11} = \left(\frac{\partial \phi_1}{\partial c_x}\right)_s = -0{,}0313 \cdot 0{,}64 + 87{,}96 \cdot 10^6 \exp\left(-\frac{6134}{298{,}8}\right)\left(1 - \frac{2 \cdot 20{,}237}{24{,}88}\right)$$

$$(9.49)$$

$$a_{12} = \left(\frac{\partial \phi_1}{\partial T}\right)_s = 87{,}96 \cdot 10^6 \exp\left(-\frac{6134}{298{,}8}\right)\left(\frac{6134}{298{,}8^2}\right)\left(1 - \frac{20{,}237}{24{,}88}\right) \cdot 20{,}237$$

$$(9.50)$$

$$a_{21} = \left(\frac{\partial \phi_2}{\partial c_x}\right)_s = 87{,}96 \cdot 10^6 \cdot 2{,}1717 \exp\left(-\frac{6134}{298{,}8}\right)\left(1 - \frac{2 \cdot 20{,}237}{24{,}88}\right) \qquad (9.51)$$

$$a_{22} = \left(\frac{\partial \phi_2}{\partial T}\right)_s = -0,0393 + 87,96 \cdot 10^6 \cdot 2,1717 \exp\left(-\frac{6134}{298,8}\right)\left(\frac{6134}{298,8^2}\right)$$

$$\cdot \left(1 - \frac{20,237}{24,88}\right) \cdot 20,237 \ . \tag{9.52}$$

Es ergibt sich:

$$a_{11} = -0,08699 \ \mathrm{h}^{-1}$$
$$a_{12} = \ \ \ 0,06020 \ \mathrm{K}^{-1} \mathrm{l}^{-1} \mathrm{g} \, \mathrm{h}^{-1}$$
$$a_{21} = -0,1454 \ \mathrm{K} \, \mathrm{l} \, \mathrm{g}^{-1} \mathrm{h}^{-1}$$
$$a_{22} = \ \ \ 0,0209 \ \mathrm{h}^{-1}$$

Aufstellung der charakteristischen Gleichung des Systems und Bestimmung der Art des Übergangsverhaltens

Nach Gl. (9.39) erhält man für die charakteristische Gleichung des Systems:

$$\lambda^2 + 0,0661 \, \lambda + 6,935 = 0 \ . \tag{9.53}$$

Reelle Wurzeln erhält man, wenn die Bedingung Gl. (9.41) erfüllt ist. Eingesetzt ergibt sich:

$$A' = \left(\frac{-0,0869 + 0,0209}{4}\right)^2 - [(-0,0869) \cdot 0,0209 - 0,0602 \cdot (-0,1454)] \tag{9.54}$$

$A' = -6,662 \cdot 10^{-3} \, \mathrm{h}^2$ also < 0, d.h. keine reellen Wurzeln.

In diesem Fall besitzt das Übergangsverhalten des Reaktors bei Störungen oszillierenden Charakter.

Die notwendige und hinreichende Bedingung für die Existenz eines stabilen Betriebspunktes ist durch die Ungleichungen

$$a_{11} + a_{22} < 0 \tag{9.55}$$

und

$$a_{11} \cdot a_{22} - a_{12} \cdot a_{21} > 0 \tag{9.56}$$

gegeben ([9.2] und [9.3]).

Werden die konkreten Werte nach den Gln. (9.49)−(9.52) eingesetzt, so folgt

$$a_{11} + a_{22} = -0,06609 < 0 \tag{9.57}$$

und

$$a_{11} \cdot a_{22} - a_{12} \cdot a_{21} = 6,9349 \cdot 10^{-3} > 0 \ . \tag{9.58}$$

Mit der Erfüllung der Kriterien (Gln. (9.55) und (9.56) ist die Existenz eines stabilen Betriebspunktes bestätigt. Die Einhaltung des Kriteriums (Gl. (9.56)) weist darauf hin, daß das Übergangsverhalten gedämpfte Schwingungen zeigt.

Zu 9.9

Darstellung des Schwingungsverhaltens für definierte Störungen.

In Aufgabe 9.8 (b) wurde festgestellt, daß es sich bei unserem Beispielsystem bei kleinen Störungen um ein

– Übergangsverhalten mit oszillierendem Charakter mit gedämpften Schwingungen

handelt.

Zunächst wird folgende definierte Störung impulsförmig auf das stationäre System aufgegeben:

$$t = 0: \quad \Delta c_x = c_x - c_{xs} = -5 \text{ g l}^{-1}$$
$$\Delta T = T - T_s = -5 \text{ K}$$

Weiterhin gelten die Werte a_{ij} nach 9.8 (a). Zur Simulation des Dgl.-Systems (9.24) und (9.25)

$$\frac{\mathrm{d}\Delta c_x}{\mathrm{d}t} = a_{11}\Delta c_x + a_{12}\Delta T \tag{9.59}$$

$$\frac{\mathrm{d}\Delta T}{\mathrm{d}t} = a_{21}\Delta c_x + a_{22}\Delta T \tag{9.60}$$

wird wieder die Nutzerfunktion der Modellbank Biotechnologie (MB) [9.4] verwendet.

In Tab. 9.2 ist das Bild der Nutzerfunktion in der Darstellungsform der MB angegeben.

Tab. 9.2. Differentialgleichungen (9.24) und (9.25) im Modelleditor der Programmodule Nutzerfunktion sowie Differentialgleichungen nach [9.4]

Transformation/Nutzerfunktion

Name: Stabilität

$x' = a_{11} \cdot x + a_{12} \cdot M$
$M' = a_{21} \cdot x + 0{,}0209 \cdot M$

Variable:

t	Zeit	
x	Delta Biomasse	
M	Delta Temperatur	$M' = \mathrm{d}M/\mathrm{d}t$
x'	$\mathrm{d}x/\mathrm{d}t$	

Parameter:

a_{11}	$(\mathrm{d}f1/\mathrm{d}x)\,\mathrm{s}$
a_{12}	$(\mathrm{d}f1/\mathrm{d}M)\,\mathrm{s}$
a_{21}	$(\mathrm{d}f2/\mathrm{d}x)\,\mathrm{s}$

Konstanten:

a_{22}	$(\mathrm{d}f2/\mathrm{d}M)\,\mathrm{s} = 0{,}0209$

Hierbei wurden die Terme in den Gln. (9.59) und (9.60) aus Gründen der Übersicht einfacher vereinbart:

$$\frac{\mathrm{d}\Delta c_x}{\mathrm{d}t} \triangleq x' \qquad \frac{\mathrm{d}\Delta T}{\mathrm{d}t} \triangleq M'$$

$$\Delta c_x \triangleq x \qquad \Delta T \triangleq M$$

Hinweis: Der Wert für a_{22} wurde als Zahlenwert in die Dgl. eingeschrieben, da diese Version **MB** bei 2 Dgln. nur die Eingabe von 3 Parametern erlaubt.

In Tab. 9.3 sind die jeweiligen Zahlenwerte im Zeitbereich von 0 bis 400 h angegeben. Die korrespondierenden 1. Ableitungen zeigen den Zeitpunkt der Stationarität an.

Man kann ablesen, daß unter Berücksichtigung der definierten Stabilitätsgrenze $\mathrm{d}c_i/\mathrm{d}t \leq 0{,}01 \ \mathrm{g\,l}^{-1}\,\mathrm{h}^{-1}$ bzw. $\mathrm{d}T/\mathrm{d}t \leq 0{,}01 \ \mathrm{K\,h}^{-1}$ die Stationarität bei

$$t_s \approx 140 \ \mathrm{h} \quad x' = -4{,}08 \cdot 10^{-3} \ \mathrm{g\,l}^{-1}\,\mathrm{h}^{-1}$$
$$M' = -3{,}49 \cdot 10^{-3} \ \mathrm{K\,h}^{-1}$$

Tab. 9.3. Wertesätze des Übergangsverhaltens im Zeitbereich $0 \leq t \leq 400$ h einschließlich der Gesamtänderung der instationären Terme

$a_{11} = -0{,}08699 \qquad \Delta c_x = -5 \ \mathrm{g\,l}^{-1}$
$a_{12} = 0{,}0602$
$a_{21} = -0{,}1454 \qquad \Delta T = -5 \ \mathrm{K}$
$a_{22} = 0{,}0209$

t [h]	x [g·l^{-1}]	M [K]	x'	M'
0,0	−5,000	−5,000	0,134	0,622
20,0	−0,319	2,978	0,207	0,108
40,0	1,319	1,462	−0,026	−0,161
60,0	0,142	−0,730	−0,056	−0,036
80,0	−0,345	−0,421	4,68 E-03	0,041
100,0	−0,053	0,176	0,015	0,011
120,0	0,089	0,120	−5,88 E-04	−0,010
140,0	0,018	−0,041	−4,08 E-03	−3,49 E-03
160,0	−0,023	−0,033	−2,03 E-05	2,66 E-03
180,0	−5,81 E-03	9,69 E-03	1,08 E-03	1,04 E-03
200,0	5,92 E-03	9,44 E-03	5,26 E-05	−6,64 E-04
220,0	1,80 E-03	−2,17 E-03	−2,88 E-04	−3,08 E-04
240,0	−1,50 E-03	−2,61 E-03	−2,65 E-05	1,63 E-04
260,0	−5,46 E-04	4,67 E-04	7,56 E-05	8,92 E-05
280,0	3,77 E-04	7,16 E-04	1,03 E-05	−3,98 E-05
300,0	1,62 E-04	−9,34 E-05	−1,97 E-05	−2,55 E-05
320,0	−9,35 E-05	−1,95 E-04	−3,61 E-06	9,51 E-06
340,0	−4,73 E-05	1,64 E-05	5,10 E-06	7,22 E-06
360,0	2,28 E-05	5,27 E-05	1,18 E-06	−2,22 E-06
380,0	1,36 E-05	−2,09 E-06	−1,30 E-06	−2,02 E-06
400,0	−5,51 E-06	−1,41 E-05	−3,73 E-07	5,05 E-07

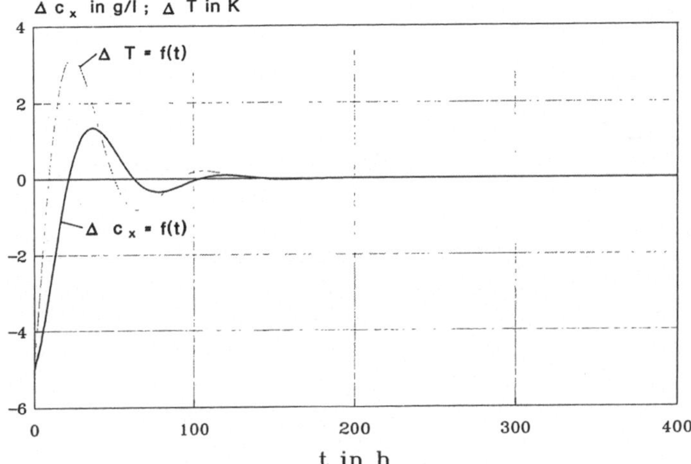

Abb. 9.1. Übergangsverhalten eines kontinuierlichen Rührreaktors mit Rückführung bei imaginären Wurzeln der charakteristischen Gleichung des linearisierten Systems. Störung: $c_x = -5\,\mathrm{g\,l^{-1}}$, $T = -5\,\mathrm{K}$ (Tab. 9.3)

erreicht wird. Die Abweichungen vom stationären Zustand betragen dann nur noch $-0{,}025\%$. Abbildung 9.1 zeigt, daß die Abweichung mit zunächst großer Amplitude sehr schnell abklingt.

Aus den Zahlenwerten von $x = f(t)$ und $M = f(t)$ (Tab. 9.3) ist aber gut erkennbar, daß ein oszillatorisches Abklingen vorliegt, da die Vorzeichen ungefähr im zeitlichen Abstand von 80 h wechseln. Deutlicher macht dieses Schwingungsverhalten ein anderer Skalierungsmaßstab (Abb. 9.2).

Unter Verwendung der berechneten Datensätze (Tab. 9.3) wurde mit Hilfe der MB das Phasenporträt des linearen Systems dargestellt (Abb. 9.3). Der Verlauf vom Startpunkt A (Aufgabe der Störung) bis zum Einschwingen zum Endpunkt B zeigt, daß nach Erreichen der Maximalamplitude ein schnelles Abklingen erfolgt.

Weiterhin wurde eine Simulation für

$$t = 0: \quad \Delta c_x = +5\,\mathrm{g\,l^{-1}}$$

$$\Delta T = +5\,\mathrm{K}$$

realisiert (Abb. 9.4, Tab. 9.4). Die Abb. 9.1 und 9.4 sind aufgrund der im Vorzeichen entgegengesetzten, aber sonst identischen Konzentrations-Temperatur-Werte absolut reziprok spiegelbildlich zueinander. Eine Drehung der Abb. 9.4 um $180°$ würde sie deckungsgleich zu Abb. 9.1 machen. Vergleicht man die jeweils letzte Zeile von Tab. 9.3 und 9.4, wird die „Spiegelung" der Ergebnisse absolut verifiziert. Das entsprechende Phasendiagramm (Abb. 9.5) liefert die gleichen Analogien.

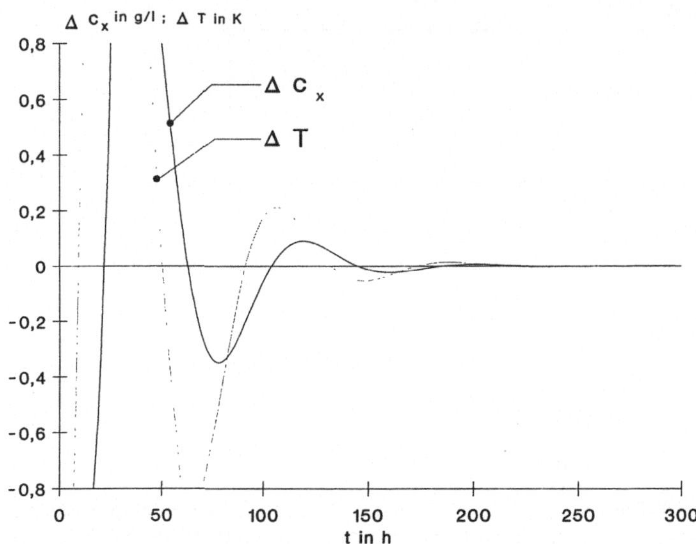

Abb. 9.2. Übergangsverhalten entsprechend Abb. 9.1 in einem ≈ 100fach vergrößerten Maßstab bezüglich der Ordinate

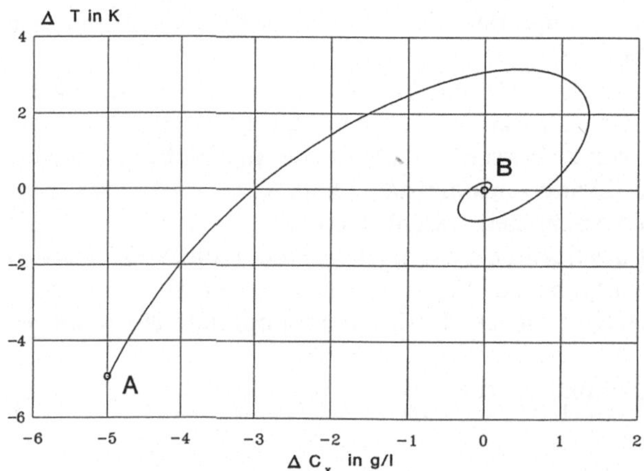

Abb. 9.3. Phasendiagramm; A: Beginn des Schwingungshaltens nach Aufgabe der Störung; B: Ende des Übergangsverhaltens, d. h. stationäre Verhältnisse; Störung: $c_x = -5\,\mathrm{g\,l^{-1}}$, $T = -5\,\mathrm{K}$

Bei anderen Anfangswerten (Störungen) verändert sich der Charakter der abklingenden Schwingung, nicht aber sein Zeitverhalten. Würde man folgende Störung aufgeben

$$t = 0: \quad \Delta c_x = -5\,\mathrm{g\,l^{-1}}$$
$$\Delta T = -2\,\mathrm{K}$$

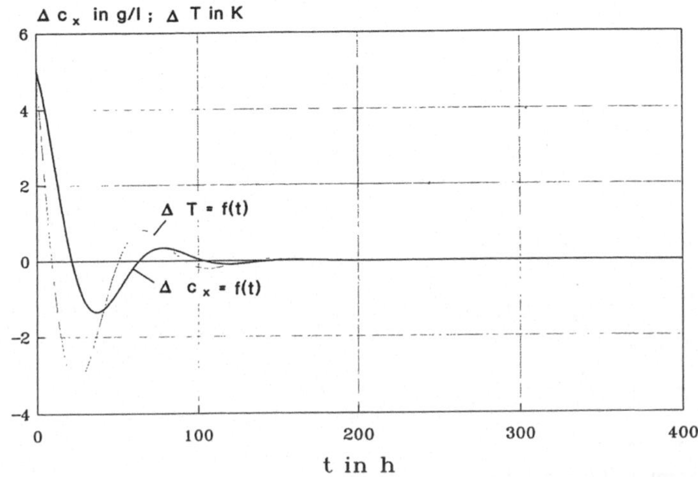

Abb. 9.4. Übergangsverhalten analog Abb. 9.1; Störung: $c_x = 5\,\mathrm{g\,l^{-1}}$, $T = 5\,\mathrm{K}$ (s. Tab. 9.4).

Tab. 9.4. Wertesätze des Übergangsverhaltens im Zeitbereich $0 \le t \le 400\,\mathrm{h}$ einschließlich der Gesamtänderung der instationären Terme

$a_{11} = -0,08699 \qquad \Delta c_x = -5\,\mathrm{g\,l^{-1}}$

$a_{12} = 0,0602$

$a_{21} = -0,1454 \qquad \Delta T = +5\,\mathrm{K}$

$a_{22} = 0,0209$

t [h]	x [g·l⁻¹]	M [K]	x′	M′
0,0	5,000	5,000	−0,134	−0,622
20,0	0,319	−2,978	−0,207	−0,108
40,0	−1,319	−1,462	0,026	0,161
60,0	−0,142	0,730	0,056	0,036
80,0	0,345	0,421	−4,68 E-03	−0,041
100,0	0,053	−0,176	−0,0152	−0,011
120,0	−0,089	−0,120	5,88 E-04	0,010
140,0	−0,018	0,041	4,08 E-03	3,49 E-03
160,0	0,023	0,033	2,03 E-05	−2,66 E-03
180,0	5,81 E-03	−9,69 E-03	−1,08 E-03	−1,04 E-03
200,0	−5,92 E-03	−9,44 E-03	−5,26 E-05	6,64 E-04
220,0	−1,80 E-03	2,17 E-03	2,88 E-04	3,08 E-04
240,0	1,50 E-03	2,61 E-03	2,65 E-05	−1,63 E-04
260,0	5,46 E-04	−4,67 E-04	−7,56 E-05	−8,92 E-05
280,0	−3,77 E-04	−7,16 E-04	−1,03 E-05	3,98 E-05
300,0	−1,62 E-04	9,34 E-05	1,97 E-05	2,55 E-05
320,0	9,35 E-05	1,95 E-04	3,61 E-06	−9,51 E-06
340,0	4,73 E-05	−1,64 E-05	−5,10 E-06	−7,22 E-06
360,0	−2,28 E-05	−5,27 E-05	−1,18 E-06	2,22 E-06
380,0	−1,36 E-05	2,09 E-06	1,30 E-06	2,02 E-06
400,0	5,51 E-06	1,41 E-05	3,73 E-07	−5,05 E-07

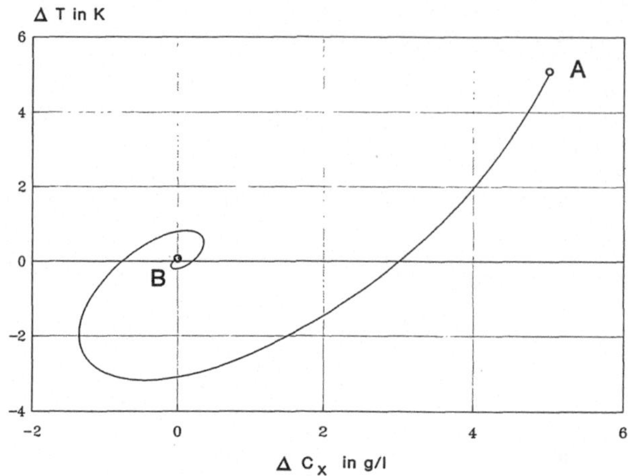

Abb. 9.5. Phasendiagramm; Störung: $c_x = 5\,\mathrm{g\,l^{-1}}$, $T = 5\,\mathrm{K}$.

so würden die Stationärwerte aufgrund der nunmehr geringen Störung (von ΔT) gegenüber der vorgenannten Simulation bereits bei etwa $t \approx 130\,\mathrm{h}$ erreicht.

Literatur

[9.1] K. Hartmann, u. a. (1971) Analyse und Steuerung von Prozessen der Stoffwirtschaft. Akademie Verlag Berlin, S. 483−551

[9.2] K. Budde, u. a. (1976) Reaktionstechnik II, 1. Auflage. VEB Deutscher Verlag für Grundstoffindustrie, Leipzig, S. 194−205

[9.3] K. Budde, u. a. (1977) Reaktionstechnik III, 1. Auflage. VEB Deutscher Verlag für Grundstoffindustrie, Leipzig, S. 138−146

[9.4] B. Goldschmidt (1986) Modellbank Biotechnologie − Softwarepaket zur Erfassung, Verarbeitung und Auswertung von Daten biochemischer, chemischer und physikalischer Versuche (Offerte und Anwenderbeschreibung). Martin-Luther-Universität, Biotechnikum, Halle

[9.5] E. Hairer, S. P. Nørsett, G. Wanner (1987) Solving Ordinary Differential Equations I (Nonstiff Problems). Springer Verlag, Berlin−Heidelberg−New York

Beispiel 10:
Blasenfreie Begasung eines Zellkulturreaktors

- Stoffübergang an der Membraninnenseite k_G
- Stoffdurchgang der mit Wasser gefüllten Membranwandung k_{ML}
- Stoffdurchgang der mit Luft gefüllten Membranwandung k_{MG}
- Stoffübergang an der Membranaußenseite k_L
- Stoffdurchgangskoeffizient k

Aufgabenstellung

In einem Zellkulturreaktor wird eine kontinuierliche Fermentation von CHO-Zellen (Chinese Hamster Ovarion Cells) realisiert. Bei den CHO-Zellen handelt es sich um adhärente Zellen, die auf Mikrocarriern (z. B. kleine Dextrankugeln $d \approx 10^{-4}$ m) haften und sich dort vermehren. Diese Mikrocarrier sind erforderlich, weil tierische Zellen nur eine empfindliche Zellmembran besitzen, aber ohne Schutz einer außen aufgelagerten Zellwand sind. Die Zellen benötigen die Oberfläche des Mikrocarriers zum Wachstum. Aufgrund der hohen Empfindlichkeit der Zellen gegenüber hydrodynamischen Effekten (Scherung durch Mikrowirbel, Kollision der Mikrocarrier, Schaumbildung, Zerplatzen der Luftbläschen) verwendet man Zellkulturreaktoren mit blasenfreier Begasung und mäßiger Medienbewegung. Die blasenfreie Begasung erfolgt über offenporige, hydrophobe Polypropylenschläuche (Membranbegaser), die ähnlich einem Kollektor gewickelt sind, um eine hohe Oberfläche zu realisieren. Die Begasungseinheit besteht aus mehreren Membransegmenten, die in einem Membrankorb befestigt sind, der im Reaktorraum linear hin und her bewegt wird. Abb. 10.1 zeigt ein Reaktorschema.

Den Sauerstoffbedarf verschiedener Zellen zeigt Tab. 10.1. Der hier verwendete Reaktor ist durch die in Tab. 10.2 zusammengestellten geometrischen Parameter charakterisiert, und das Membran-Material durch die in Tab. 10.3 enthaltenen Angaben.

Der Volumenstrom der Luft durch die Membran beträgt $\dot{V}_G = 2{,}778 \cdot 10^{-6}$ m^3/s.

Für die Berechnung des Stoffdurchgangs durch die Membranwandung wurden folgende Annahmen getroffen:

(1) Die Membranwandung ist entweder vollkommen mit Wasser bzw. Fermentationslösung oder vollkommen mit Luft gefüllt,

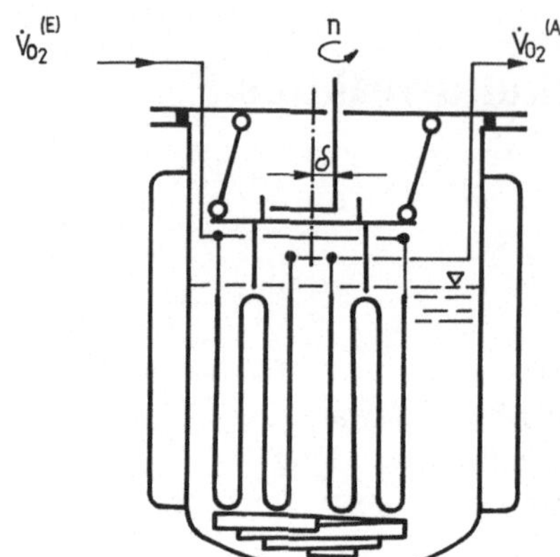

Abb. 10.1. Reaktorschema eines Membran-
bioreaktors für die blasenfreie Begasung
nach Vorlop [10.2]

Tab. 10.1. Sauerstoffbedarf verschiedener Zellinien nach Spier und Griffiths [10.1]

Zellinie	$10^{-12}\,\mathrm{g\,h^{-1}}$	$10^{-18}\,\mathrm{mol/s}$
Leukozyte	1,28	11,1
FS4	1,6	13,9
Lymphoblastoid	1,6	13,9
Haut-Fibroblast	1,28 – 10,56	11,1 – 91,7
Leberzelle	2,24 – 8,96	19,4 – 77,8
HeLa	3,2 – 12,8	27,8 – 111,1
CEF-Fibroblast	3,2	27,8
Hybridom 14-4-48	4,16	36,1
WI-38	5,44 – 16	47,2 – 138,9
LS-Fibroblast	5,76	50,0
BHK	6,4	55,6
Long To	7,68	66,7
Hybridoma NBI	10,56	91,7
Detroit 6	13,76	119,4

Tab. 10.2. Hauptabmessung des Reaktors

Füllvolumen	20 l
Reaktorvolumen	0,030 m³
Reaktordurchmesser	0,297 m
Füllhöhe	0,335 m
Membrangesamtlänge	20 m

(2) die Anströmungsgeschwindigkeit senkrecht zum Membranschlauch beträgt 0,04 m/s,

(3) die Temperatur entspricht der normalen Fermentationstemperatur von
37 °C,

(4) die Luft in der Membran hat die Umgebungstemperatur von 26 °C.

Tab. 10.3. Spezifikation der Accurel-Membran [10.2, S. 28]

Bezeichnung	Accurel
Hersteller	Enka AG, Wuppertal
Material	Polypropylen
Außendurchmesser d_a	2,6 mm
Innendurchmesser d_i	1,8 mm
Hohlraumanteil ε	75%
mittlere Porengröße	$3\cdot10^{-7}$ m
Berstdruck	$6,5\cdot10^5$ Pa
Implosionsdruck	$1,5\cdot10^5$ Pa
spez. Oberfläche außen	$8,17\cdot10^{-3}$ m^2/m
spez. Oberfläche innen	$5,65\cdot10^{-3}$ m^2/m
spez. Volumen außen	$5,30\cdot10^{-6}$ m^3/m
spez. Volumen innen	$2,50\cdot10^{-6}$ m^3/m

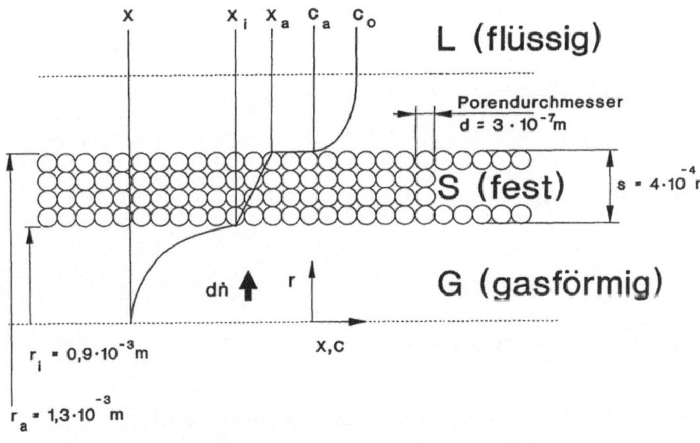

$$\dot{n} = k_L a\,(c_o^* - c_o) = k\,A_m(c_o^* - c_o)$$

Abb. 10.2. Stofftransport durch die Wand einer Membranfaser.

Für die Berechnung des Stoffübergangs gelten die grundlegenden Überlegungen des Wärmeübergangs an einem Rohr. (In Beispiel 12 wird der Stoffübergang am Kapillarmembran-Modul berechnet.) Das formale Schema des Stofftransports durch den Membranhohlfaden zeigt Abb. 10.2.

Bei der Ermittlung des Stofftransports sind zwei Extremwerte zu unterscheiden:

1. Beginn der Fermentation: Membranporen mit Luft gefüllt.
2. Ende der Fermentation: Membranporen mit Flüssigkeit gefüllt

Zwischen dem ersten und zweiten Zustand kommt es, wenn Serum beigegeben wird, im Laufe der Fermentation zu einem steten Abfall der Stofftransportleistung. Die Zugabe von Serum ist erforderlich, denn die Proteine im Serum (etwa 10% des Serums besteht aus Proteinen) sind verantwortlich für die Haftung der Zellen am Mikrocarrier. Andererseits sind sie die Ursache für das langsame Einwandern hydrophilisierender Proteine in die Poren, wodurch das Eindringen von Fermentationslösung ermöglicht wird. Somit stellen die beiden Zustände Extrema in der Zustandsbeschreibung dar.

Aufgaben

10.1

Lesen Sie in einem Standardwerk, z. B. [10.3, 10.4] die Thematik ‚Stofftransport durch semipermeable Wände' nach.
Günstig wäre die Kenntnis der spezifischen Grundlagen aus der Arbeit von Vorlop [10.2].

10.2

Berechnen Sie den Stoffübergang an der Membraninnenseite (Gasseite).

10.3

Stoffdurchgang durch die poröse Membran.

– Stoffdurchgang durch die mit Wasser gefüllte Membranwandung.
– Stoffdurchgang durch die mit Luft gefüllte Membranwandung.

10.4

Stoffübergang an der Membranaußenseite (Fermentationsmedium-Seite).

10.5

Bewerten Sie den Stofftransport.

10.6

Wie hoch sind die maximal und die minimal möglichen Stofftransportleistungen des Systems bei $\Theta = 37\,°C$?

Lösungen

Zu 10.2

Stoffübergang an der Membraninnenseite. Für den gasseitigen Stofftransport durch poröse Wände von Röhren gilt die ähnlichkeitstheoretische Korrelation [10.4, 10.5]:

$$Sh = 1{,}62 \left(Re \cdot Sc \cdot \frac{d_i}{L_M} \right)^{1/3} \quad (Re < 2300) \; . \tag{10.1}$$

Hierbei sind:

$$Sh = \frac{k_G \cdot d_i}{D}$$

$$Re = \frac{w \, d_i}{\nu}$$

$$Sc = \frac{\nu}{D} \; .$$

Die Stoffwerte für Luft bei $\Theta = 26\,°C$ lauten:

$$\nu_{26} \quad = 15{,}667 \cdot 10^{-6} \, m^2/s \quad \text{(Lit. [10.6, Db 7])}$$

$$D_{O_2,20} = \quad 1{,}78 \cdot 10^{-5} \, m^2/s \quad \text{(Lit. [10.7])}$$

Die Umrechnung von D_{20} auf $\Theta = 26\,°C$ folgt aus Gl. (10.2):

$$D = D_{20} \frac{p_o}{p} \left(\frac{T}{T_o} \right)^{3/2} \quad \text{(aus Lit. [10.8, S. 577])} \tag{10.2}$$

Mit

$$P_o = p$$

ergibt sich

$$D_{O_2,26} = 1{,}78 \cdot 10^{-5} \left(\frac{299{,}15}{293{,}15} \right)^{3/2}$$

$$D_{O_2,26} = 1{,}83 \cdot 10^{-5} \, m^2/s \; .$$

Damit folgt für die dimensionslosen Kennzahlen:

$$Re = \frac{w \, d_i}{\nu} = \frac{\dot{V}_G \, 4 \, d_i}{\pi \, d_i^2 \, \nu} \tag{10.3}$$

$$= \frac{2{,}778 \cdot 10^{-6} \cdot 4}{\pi \cdot 0{,}0018} \cdot \frac{1}{15{,}667 \cdot 10^{-6}}$$

$$Re = 125{,}42 \quad (< 2300), \quad \text{d. h.}$$

die Strömung im Membranschlauch liegt erwartungsgemäß im laminaren Bereich. Die Schmidt-Zahl folgt zu:

$$Sc = \frac{\nu}{D_{O_2, 26}} = \frac{15{,}667 \cdot 10^{-6}}{1{,}83 \cdot 10^{-5}} \tag{10.4}$$

$$Sc = 0{,}854$$

Werden die Werte für Re und Sc in Gl. (10.1) eingesetzt, so erhält man:

$$Sh_i = 1{,}62 \cdot \left(125{,}42 \cdot 0{,}854 \cdot \frac{0{,}0018}{20} \right)^{1/3}$$

$$Sh_i = 0{,}345$$

Der innere Stoffübergangskoeffizient beträgt somit

$$k_G = \frac{D_{O_2, 26} \, Sh_i}{d_i} \tag{10.5}$$

$$= \frac{1{,}83 \cdot 10^{-5} \cdot 0{,}345}{0{,}0018}$$

$$k_G = 3{,}507 \cdot 10^{-3} \, \text{m/s}$$

Zu 10.3

Stoffdurchgang durch die Membran

Stoffdurchgang durch die mit Wasser bzw. Fermentationsmedium gefüllten Membranporen

Aufgrund der geringen Wanddicke der Membran

$$s = (d_a - d_i)/2 = (2{,}6 \cdot 10^{-3} - 1{,}8 \cdot 10^{-3})/2 \quad [\text{m}]$$

$$s = 4 \cdot 10^{-4} \, \text{m}$$

und der günstigen Wärmeleitung von Wasser wird vorausgesetzt, daß die Temperatur der mit Fermentationsmedium gefüllten Pore gleich der im Reaktor mit $\Theta = 37\,°\text{C}$ ist.

Da der Stoffdurchgang durch Diffusion erfolgt, muß der Diffusionskoeffizient für die Bezugstemperatur von $37\,°\text{C}$ ermittelt werden. Näherungweise gilt [10.7, S. 589]

$$D_{37} = D_{20} \, [1 + 0{,}02 \, (\Theta - 20)] \; . \tag{10.6}$$

Diese Beziehung gilt für Wasser, also näherungsweise für das Fermentationsmedium.

Für den Diffusionskoeffizienten des *Sauerstoffs im Wasser* findet man:

$$D_{20} = 2{,}08 \cdot 10^{-9}\,\mathrm{m/s} \qquad [10.7,\ \mathrm{S.}\ 589]$$

Wird dieser Wert in Gl. (10.6) eingesetzt, erhält man

$$D_{37} = 2{,}79 \cdot 10^{-9}\,\mathrm{m^2/s}$$

Dieser Diffusionskoeffizient verringert sich, weil der geringe Porendurchmesser des Membranmaterials $d_{\mathrm{p}} = 3 \cdot 10^{-7}\,\mathrm{m}$ und die Porenverteilung die freie Diffusion behindern, so daß mit einem effektiven Diffusionskoeffizienten gerechnet werden muß [10.4]:

$$D_{\mathrm{eff}} = \frac{D\varepsilon}{\tau} \tag{10.7}$$

(τ: Tortuosität (Porenverlängerungsfaktor, hier $\tau = 1$ gesetzt); ε: Porosität (s. Tab. 10.2))

$$= 2{,}79 \cdot 10^{-9} \cdot 0{,}75$$

$$D_{\mathrm{eff}} = 2{,}09 \cdot 10^{-9}\,\mathrm{m/s}$$

Nunmehr folgt für den Stoffdurchgangskoeffizienten durch poröse Rohrmembranen auf der Grundlage des 1. Fickschen Gesetzes, des Henryschen Gesetzes und einer Dimensionsbetrachtung die Beziehung [10.2, S. 41]

$$k_{\mathrm{ML}} = \frac{p(z)\, 2\pi L\, D_{\mathrm{eff}}}{H \ln\,(d_{\mathrm{a}}/d_{\mathrm{i}})} \cdot \frac{M}{\varrho A_{\mathrm{m}}}\ . \tag{10.8}$$

Bekannt sind folgende Größen:

$$
\begin{aligned}
p(z) &= 1\,\mathrm{bar} = 101\,325 \cdot 10^{-6}\,\mathrm{MPa}\\
L &= 20\,\mathrm{m}\\
M_{\mathrm{O_2}} &= 32\,\mathrm{kg/kmol}\\
\varrho_{\mathrm{O_2}} &= 1{,}31\,\mathrm{kg/m^3}
\end{aligned}
$$

Die mittlere Stoffaustauschfläche (Bezugsfläche) berechnet sich wie folgt:

$$A_{\mathrm{m}} = \frac{A_{\mathrm{a}} - A_{\mathrm{i}}}{\ln\,(A_{\mathrm{a}}/A_{\mathrm{i}})} = \frac{\pi L\,(d_{\mathrm{a}} - d_{\mathrm{i}})}{\ln\,(d_{\mathrm{a}}/d_{\mathrm{i}})} \tag{10.9}$$

$$A_{\mathrm{m}} = \frac{\pi \cdot 20 \cdot (0{,}0026 - 0{,}0018)}{\ln\,(0{,}0026/0{,}0018)}$$

$$A_{\mathrm{m}} = 0{,}137\,\mathrm{m^2}\ .$$

Angaben für den Henry-Koeffizienten von Sauerstoff findet man in verschiedenen Tabellenwerken und verfahrenstechnischer Literatur, z. B. [10.9, S. 178]. Die Werte wurden hier durch eine Regressionsgleichung korreliert, um Zwischenwerte einfach berechnen zu können:

$$H(\Theta) = 44{,}831 + 1{,}60 \cdot \Theta - 0{,}00709 \cdot \Theta^2\ . \tag{10.10}$$

Gültigkeitsbereich: $0 \le \Theta\,[°C] \le 100$

Genauigkeit: $s_R = 0{,}968\ \text{MPa m}^3/\text{kmol},\ \delta < 1\%.$

Für $\Theta = 37\,°C$ berechnet sich nach Gl. (10.10): $H = 93{,}32\ \text{MPa m}^3/\text{kmol}$.
Durch Einsetzen der bekannten Größen in Gl. (10.8) erhält man:

$$k_{ML} = \frac{101\,325 \cdot 10^{-6}\,2 \cdot \pi \cdot 20 \cdot 2{,}09 \cdot 10^{-9} \cdot 32}{93{,}32 \cdot \ln\,(0{,}0026/0{,}0018) \cdot 1{,}31 \cdot 0{,}137}$$

$$k_{ML} = 1{,}383 \cdot 10^{-7}\ \text{m/s}\ .$$

Aufgrund der geringen Unterschiede zwischen Außen- und Innendurchmesser und Bezugsdurchmesser d_m läßt sich Gl. (10.8) vereinfachen:

$$k_{ML} = \frac{p(z)\,D_{eff}\,M}{H\,s\,\varrho} \tag{10.11}$$

mit $s = r_a - r_i$.

Unter Verwendung der Zahlenwerte liefert Gl. (10.11) für k'_{ML} einen Wert von $1{,}386 \cdot 10^{-7}$ m/s. Die Abweichung der vereinfachten Lösung beträgt nur $\approx 0{,}2\%$. Im Rahmen der Ungenauigkeiten von D_{eff}, d_a, d_i ist eine Berechnung mit Gl. (10.11) völlig ausreichend.

Stoffdurchgang durch die mit Luft gefüllten Membranporen

Der Stoffdurchgang berechnet sich in unserem Beispiel analog zu den Gln. (10.7) bzw. (10.11). Unterschiedlich sind die Stoffdaten und der Temperaturbezug ($\Theta = 26\,°C$).
So muß von den Stoffwerten nach Pkt. 10.2 ausgegangen werden:

$$D_{O_2,20} = 1{,}78 \cdot 10^{-5}\ \text{m}^2/\text{s}\ .$$

Die Umrechnung auf die Bezugstemperatur erfolgt mit Gl. (10.2). Daraus ergibt sich:

$$D_{O_2,26} = 1{,}835 \cdot 10^{-5}\ \text{m}^2/\text{s}\ .$$

Hieraus folgt der effektive Diffusionskoeffizient:

$$\begin{aligned}
D_{eff,O_2,26} = D_{eff} &= D_{O_2,26} \cdot \varepsilon \\
&= 1{,}835 \cdot 10^{-5} \cdot 0{,}75 \\
D_{eff} &= 1{,}376 \cdot 10^{-5}\ \text{m}^2/\text{s}
\end{aligned}$$

Für die reine Diffusion des Sauerstoffs (ohne Phasenwechsel) ergibt sich aus der Definition des Stoffdurchgangskoeffizienten der Zusammenhang

$$k_{MG} = \frac{D}{\delta} = \frac{D_{eff}}{s}$$ (10.12)

$$= \frac{1{,}376 \cdot 10^{-5}}{4 \cdot 10^{-4}}$$

$$k'_{MG} = 3{,}44 \cdot 10^{-2}\,\text{m/s} \ .$$

Zu 10.4

Stoffübergang an der Membranaußenseite (Fermentationsmedium-Seite).

Für den Stoffübergang an der Außenseite der Membranfaser kann man näherungsweise von einer *laminaren Umströmung eines querangeströmten Zylinders ausgehen* [10.2]. Aufgrund der geringen Flüssigkeitshöhe $h_o = 0{,}33$ m (s. Tab. 10.2) kann ein Einfluß des hydrostatischen Drucks auf den Stoffübergang ausgeschlossen werden. Nach Brauer und Sucker [10.10] gilt für den querangeströmten Zylinder die nachfolgende ähnlichkeitstheoretische Korrelation, die speziell für bewegte Hohlfasersegmente als Membranrührer von Vorlop [10.2, S. 88] um den Faktor C = 0,68 ... 0,8 ($V_L = 20 - 150$ l) korrigiert wurde. Hier wird mit einer mittleren Anpassungskonstante $\bar{C} = 0{,}74$ gerechnet:

$$Sh = \bar{C}\left[0{,}46\,(Re \cdot Sc)^{0,1} + fz \cdot \frac{(Re \cdot Sc)^{0,7}}{1 + 2{,}79 \cdot (Re \cdot Sc)^{0,2}} \right]$$ (10.13)

mit $\bar{C} = 0{,}74$

Gültigkeitsbereich: $0 \le Re \le Re_{kr} = 2 \cdot 10^5$.

Hierin bedeutet Re_{kr} diejenige Re-Zahl, bei der die Strömung vom laminaren ins turbulente Regime umschlägt.

Weiterhin besteht folgende Abhängigkeit:

$$fz = \frac{2{,}5}{[1 + (1{,}25\,Sc^{1/6})^{5/2}]^{2/5}} \ .$$ (10.14)

Die Kennzahlen sind vereinbart zu:

$$Re \ = \frac{w\,d_a}{v} = \frac{2\pi n \delta d_a}{v} \qquad (\delta:\ \text{Membrankorbauslenkung})$$

$$Sc \ = \frac{v}{D}$$

$$Sh_a = \frac{k_L d_a}{D} \ .$$

Für den Außenraum gelten folgende Bedingungen (vgl. Gl. 10.6, Pkt. 10.3 (a)):

$$\Theta \quad = 37\,°\mathrm{C} \qquad\qquad w = 0{,}04\,\mathrm{m/s}$$
$$\nu \quad = 1{,}3 \cdot 10^{-6}\,\mathrm{m^2/s}$$
$$D_{\mathrm{O_2},37} = 2{,}79 \cdot 10^{-9}\,\mathrm{m^2/s}.$$

Durch Einsetzen der aktuellen Werte erhält man für Re_a:

$$Re_\mathrm{a} = \frac{w\,d_\mathrm{a}}{\nu}$$

$$= \frac{0{,}04 \cdot 0{,}0026}{1{,}3 \cdot 10^{-6}}$$

$$Re_\mathrm{a} = 80$$

und für Sc

$$Sc \quad = \frac{\nu}{D}$$

$$= \frac{1{,}3 \cdot 10^{-6}}{2{,}79 \cdot 10^{-9}}$$

$$Sc \quad = 465{,}95 \approx 466$$

$Re_\mathrm{a} = 80$ zeigt eine laminare Strömungscharakteristik an. Eine kriterielle Re-Zahl für den Umschlag laminar/turbulent in dem speziellen Fall eines mit der Auslenkung δ intermittierenden Membransegmentkorbes ist nicht bekannt, dürfte aber in der Größenordnung $Re \approx 10^3$ liegen.

Zunächst folgt nach Gl. (10.14) für den Faktor fz:

$$fz = \frac{2{,}5}{[1 + (1{,}25 \cdot 466^{1/6})^{5/2}]^{2/5}}$$

$$fz = 0{,}706$$

Das Produkt ‚$Re \cdot Sc$' wird mehrfach und mit unterschiedlichen Exponenten benötigt, deshalb wird es vorab berechnet.

$$Re \cdot Sc = 80 \cdot 466 = 37\,280$$

Eingesetzt in Gl. (10.13) ergibt sich:

$$Sh_\mathrm{a} = 0{,}74 \left[0{,}46\,(37\,280)^{0{,}1} + 0{,}706\,\frac{(37\,280)^{0{,}7}}{1 + 2{,}79\,(37\,280)^{0{,}2}} \right]$$

$$Sh_\mathrm{a} = 35{,}62\ .$$

Für den äußeren Stoffübergangskoeffizient ergibt sich somit:

$$k_{\mathrm{L}} = \frac{D\,Sh_{\mathrm{a}}}{d_{\mathrm{a}}} \qquad (10.15)$$

$$= \frac{2,79 \cdot 10^{-9} \cdot 35,62}{0,0026}$$

$$k_L = 3,82 \cdot 10^{-5}\ \mathrm{m/s}$$

Zu 10.5

Bewertung des Stofftransports. Der Kehrwert des Stofftransportkoeffizienten kann als Stofftransportwiderstand gedeutet werden. Aus den Berechnungen lassen sich die zwei grundsätzlich unterschiedlichen Zustände der Membranbegasung mit porösen Hohlfasern erkennen:

(1) Sind die Poren der Membranwandung mit Wasser bzw. Fermentationslösung gefüllt, dann wird der Gesamtwiderstand zu $\approx 99\%$ durch den Transport in der Membran bestimmt:

$$
\begin{aligned}
1/k_{\mathrm{G}} &= 285,1\ \mathrm{s/m} \triangleq\ \approx 0,004\% \\
1/k_{\mathrm{ML}} &= 7\,232\,138,7\ \mathrm{s/m} \triangleq\ 99,635\% \\
1/k_{\mathrm{L}} &= 26\,178,0\ \mathrm{s/m} \triangleq\ \approx 0,36\% \\
\hline
1/k &= 7\,258\,601,8\ \mathrm{s/m} \triangleq 100,00\%
\end{aligned}
$$

(2) Sind die Poren der Membranwandung mit Luft gefüllt, dann wird der Gesamtwiderstand zu $\approx 99\%$ durch den Stoffübergang Gas-flüssig an der Außenseite der Membran bestimmt:

$$
\begin{aligned}
1/k_{\mathrm{G}} &= 285,1\ \mathrm{s/m} \triangleq\ 1,08\% \\
1/k'_{\mathrm{MG}} &= 29,07\ \mathrm{s/m} \triangleq\ 0,11\% \\
1/k_{\mathrm{L}} &= 26\,178,0\ \mathrm{s/m} \triangleq\ 98,81\% \\
\hline
1/k &= 26\,492,17\ \mathrm{s/m} \triangleq 100,00\%
\end{aligned}
$$

Da bei wassergefüllten Poren der Transportwiderstand gegenüber den luftgefüllten Poren sich wie $274:1$ verhält, ist es für den Betrieb der Membran von ausschlaggebender Bedeutung, das Eindringen von Fermentationslösung in die Membranporen zu verhindern.

Hier sind zwei Effekte zu unterbinden:

(1) Eine hohe Druckdifferenz zwischen Membranaußen- und -innenseite. (Der Benetzungsdruck beträgt bei einer Porengröße von $d \approx 5 \cdot 10^{-7}$ m etwa 250 bar $= 25,33$ MPa [10.11]).
(2) Die Benetzung der Membran mit hydrophilisierenden Substanzen (bestimmte Proteine).

Zu 10.6

Maximale Stofftransportrate. Nach dem Stofftransportgesetz gilt allgemein:

$$\dot{n} = k A_m (c_o^* - c_o) \ . \tag{10.16}$$

Die maximale Leistung wird erreicht, wenn $c_o = 0$ mg/l ist. Damit kann abgeschätzt werden, ob das System für die konzipierte Zellinie nach Tab. 10.1 geeignet ist. Die tatsächliche Transportrate ist wegen $c_o > 0$ immer kleiner als $\dot{n}_{max}$.

mit
$$\dot{n}_{max} = k A_m c_o^* \tag{10.17}$$

$$k \quad = 3{,}775 \cdot 10^{-5}\,\text{m/s} \ \ (\text{Fall 2})$$

$$A_m \ = 0{,}137\,\text{m}^2 \ .$$

Die Sättigungskonzentration des Sauerstoffs in Wasser (als Näherung für das Fermentationsmedium) bei $\Theta = 37\,°C$ kann aus folgender Korrelation berechnet werden:

$$c_o^*(\Theta) = 4{,}95 + 9{,}716 \exp\left(-0{,}03992 \cdot \Theta\right) \tag{10.18}$$

Gültigkeitsbereich: $0 \le \Theta\,[°C] \le 100$; c_o^* [mg/l]

Genauigkeit: $s_R = 0{,}037$ mg/l .

Die sehr genaue Beziehung Gl. (10.18) liefert für $\Theta = 37\,°C$:

$$c_o^* = 7{,}168\ \text{mg/l}$$

Somit ergibt sich $\dot{n}_{max}$ zu

$$\dot{n}_{max} = 3{,}7754{,}3 \cdot 10^{-5} \cdot 0{,}137 \cdot 7{,}168 \cdot \frac{1}{32}$$

$$\dot{n}_{max} = 1{,}158 \cdot 10^{-6}\ \text{mol/s} \ .$$

Im ungünstigsten 1. Fall erhält man bei analoger Rechnung

$$\dot{n}_{max} = 1{,}383 \cdot 10^{-7} \cdot 0{,}137 \cdot 7{,}168 \cdot \frac{1}{32}$$

$$\dot{n}_{max} = 4{,}244 \cdot 10^{-9}\ \text{mol/s} \ .$$

Im 1. Fall beträgt der maximale Stofftransportstrom gegenüber dem 2. Fall nur 1/273.

Literatur

[10.1] R. E. Spier (1984) An examination of the data on concepts germane to the oxygenation of cultured animal cells. Dev. Biol. Standard 55, S. 81−92

[10.2] J. Vorlop (1989) Entwicklung eines Membranrührers zur blasenfreien Begasung und Durchmischung von Zellkulturreaktoren im Pilotmaßstab. Dissertation, TU Carolo-Wilhelmina zu Braunschweig

[10.3] H. Brauer (1971) Stoffaustausch einschließlich chemischer Reaktion. Verlag Sauerländer, Aarau Frankfurt/Main

[10.4] A. Mersmann (1986) Stoffübertragung. Springer Verlag, Berlin

[10.5] R. Rautenbach, R. Albrecht (1981) Membrantrennverfahren, Ultrafiltration und Umkehrosmose. Otto Salle Verlag, Verlag Sauerländer, Aarau Frankfurt/Main Salzburg

[10.6] VDI Wärmeatlas, 5. Auflage (1988) Deutscher Ingenieurverlag mbH Düsseldorf

[10.7] K. F. Pawlow, P. G. Romanow, A. A. Noskow (1972) Beispiele und Übungsaufgaben zur Chemischen Verfahrenstechnik, 5. bearb. Auflage. VEB Deutscher Verlag für Grundstoffindustrie, Leipzig 1972

[10.8] W. R. A. Vauck, H. A. Müller (1992) Grundoperationen chemischer Verfahrenstechnik, 9. überarb. u. erweit. Aufl. Deutscher Verlag für Grundstoffindustrie GmbH

[10.9] F. Liepe, W. Meusel, H.-O. Möckel, B. Platzer, H. Weissgärber (1988) Verfahrenstechnische Berechnungsmethoden − Stoffvereinigen in fluiden Phasen (Teil 4), Ausrüstungen und ihre Berechnung, 1. Aufl. VEB Deutscher Verlag für Grundstoffindustrie, Leipzig

[10.10]H. Brauer, D. Sucker (1976) Stoff- und Wärmeübergang an angeströmten Platten, Zylindern und Kugeln. Chem.-Ing. Tech. 48 9, S. 737−741

[10.11]S. Ripperger (1986) Die blasenfreie Be- und Entgasung von Flüssigkeiten mit mikroporösen Membranen 58, S. 322−323

Beispiel 11:
Einfluß verschiedener Differenzenquotienten auf die Parameterbestimmung und Güte der Anpassung beim Monod-Modell und dem Aufsättigungsmodell der Sauerstoffaufnahme

– Optimales Verfahren zur Bestimmung $\qquad$ $RQS \rightarrow \min!$

des Differenzenquotienten $\dfrac{\mathrm{d}y}{\mathrm{d}x} \approx \dfrac{\Delta y}{\Delta x}$ $\qquad$ $s_\mathrm{R} \rightarrow \min!$

Vorbemerkung

Zahlreiche naturwissenschaftliche Gesetzmäßigkeiten werden durch gewöhnliche Differentialgleichungen 1. oder 2. Ordnung beschrieben.

Im Fall der Modellierung von experimentellen Befunden sind in der Regel sowohl Struktur der Dgl. als auch ihre Parameter (Konstanten) unbekannt. Um nun aus experimentellen Ergebnissen die gesuchte Struktur sowie die Parameter ermitteln zu können, müssen die differentiellen Änderungen bestimmt werden. Da die Dgl. selbst unbekannt ist, sind die differentiellen Änderungen nicht zu ermitteln. Um das Problem zu lösen, werden die Differentialquotienten durch Differenzenquotienten ersetzt:

$$y' = \frac{\mathrm{d}y}{\mathrm{d}x} \approx \frac{\Delta y}{\Delta x} \;.$$

Damit wird eine gewöhnliche Dgl. 1. Ordnung zu einer algebraischen Gleichung reduziert.

Je nach Genauigkeitsansprüchen wird der Differenzenquotient nach verschiedenen Methoden bestimmt.

Die Methode selbst nimmt Einfluß auf das Ergebnis des speziellen Anwendungsfalles. Sie bestimmt die Größe der Parameter (Konstanten) und Güte der Anpassung. Über die Eignung der einzelnen Methoden liegen im Bereich der Ingenieurwissenschaften kaum Erkenntnisse vor.

In Tab. 11.1 sind einige Methoden aus der Literatur aufgenommen, die nachfolgend kurz vorgestellt werden.

Methode 1: Einfacher Differenzenquotient (DQ) [11.1, 11.2]

Differenzenquotient *zweier* benachbarter Punkte (grobe Näherung)

$$\left(\frac{\mathrm{d}y}{\mathrm{d}x}\right)_{h+1/2} = \frac{y_{h+1}-y_h}{x_{h+1}-x_h} \qquad 1 \le h \le N-1 \tag{11.1}$$

Tab. 11.1. Methoden aus der Literatur zur Anpassung von Modellen auf Differentialgleichungssysteme unter Verwendung von Differenzenquotienten

1.	einfacher Differenzenquotient (DQ) [11.1, 11.2]
2.	*nur* zentrale Differenzenapproximation 1. Ordnung [11.3]
2.1	einfacher DQ für $h = 1$ und N und für $2 \leq h \leq N-1$ zentrale Differenzenapproximation 1. Ordnung [11.4]
3.	Dreipunktformel für $h = 1$ und N und für $2 \leq h \leq N-1$ zentrale Differenzenapproximation 1. Ordnung [11.5]
4.	DQ durch zentrale Differenzenapproximation 2. Ordnung für $1 \leq h \leq N-2$ [11.6]
4.1	DQ durch zentrale Differenzenapproximation 2. Ordnung und für $h = N,\ N-1$ nach Methode 2.1

Methode 2: Zentrale Differenzenapproximation 1. Ordnung [11.3]

$$\left(\frac{dy}{dx}\right)_h = \frac{y_{h+1} - y_{h-1}}{x_{h+1} - x_{h-1}} \qquad 2 \leq h \leq N-1 \tag{11.2}$$

Methode 2/1: Einfache DQ für $h = 1$ und N und zentrale Differenzenapproximation 1. Ordnung für $2 \leq h \leq N-1$ [11.4]

$$\left(\frac{dy}{dx}\right)_{1+1/2} = \frac{y_2 - y_1}{x_2 - x_1} \qquad h = 1 \tag{11.3a}$$

$$\left(\frac{dy}{dx}\right)_h = \frac{y_{h+1} - y_{h-1}}{x_{h+1} - x_{h-1}} \qquad 2 \leq h \leq N-1 \tag{11.3b}$$

$$\left(\frac{dy}{dx}\right)_{N-1/2} = \frac{y_h - y_{h-1}}{x_h - x_{h-1}} \qquad h = N \tag{11.3c}$$

Methode 3: Dreipunktformel für $h = 1$ und N und zentrale Differenzenapproximation 1. Ordnung für $2 \leq h \leq N-1$ [11.5]

Für *nichtäquidistante Schrittweiten* gilt für die Stützstellen h und N die sogenannte *Dreipunktformel*, die auf der Differenzenapproximation 2. Ordnung beruht. Somit folgt für $h = 1$ bis N:

Vorderer Differenzenquotient 2. Ordnung

$$\left(\frac{dy}{dx}\right)_1 = \left(1 + \frac{x_2 - x_1}{x_3 - x_1}\right) \cdot \left(\frac{y_2 - y_1}{x_2 - x_1}\right) - \left(\frac{x_2 - x_1}{x_3 - x_1}\right) \cdot \left(\frac{y_3 - y_2}{x_3 - x_2}\right) \qquad h = 1 \tag{11.4a}$$

Zentrale Differenz

$$\left(\frac{dy}{dx}\right)_h = \frac{y_{h+1} - y_{h-1}}{x_{h+1} - x_{h-1}} \qquad 2 \leq h \leq N-1 \tag{11.4b}$$

Hinterer Differenzenquotient

$$\left(\frac{dy}{dx}\right)_N = \left(1+\frac{x_N-x_{N-1}}{x_N-x_{N-2}}\right)\cdot\left(\frac{y_N-y_{N-1}}{x_N-x_{N-1}}\right)$$

$$-\left(\frac{x_N-x_{N-1}}{x_N-x_{N-2}}\right)\cdot\left(\frac{y_{N-1}-y_{N-2}}{x_{N-1}-x_{N-2}}\right)\quad h=N \qquad (11.4\,c)$$

Für äquidistante Schrittweiten

$$x_N-x_{N-1}=x_{N-1}-x_{N-2}=h \qquad (11.4\,d)$$

gehen die Gln. (11.4a−c) in folgende Beziehungen über:

$$\left(\frac{dy}{dx}\right)_1 = \frac{-3y_1+4y_2-y_3}{x_3-x_1}\quad h=1 \qquad (11.4\,e)$$

$$\left(\frac{dy}{dx}\right)_h = \frac{y_{h+1}-y_{y-1}}{x_{h+1}-x_{h-}}\quad 2\le h\le N-1 \qquad (11.4\,f)$$

$$\left(\frac{dy}{dx}\right)_N = \frac{y_{N-2}-4y_{N-1}+3y_N}{x_N-x_{N-2}}\quad h=N \qquad (11.4\,g)$$

Methode 4: Differenzenquotient durch zentrale Differenzenapproximation 2. Ordnung für $1\le h\le N-2$

Für nichtäquidistante Schrittweiten gilt nachfolgende Approximation

$$\left(\frac{dy}{dx}\right)_h = \left(1+\frac{x_{h+1}-x_h}{x_{h+2}-x_h}\right)\cdot\left(\frac{y_{h+1}-y_h}{x_{h+1}-x_h}\right)-\left(\frac{x_{h+1}-x_h}{x_{h+2}-x_h}\right)\cdot\left(\frac{y_{h+2}-y_{h+1}}{x_{h+2}-x_{h+1}}\right)$$

$$(11.5\,a)$$

die für äquidistante Schritte in

$$\left(\frac{dy}{dx}\right)_h = \frac{-y_{h+2}+4y_{h+1}-3y_h}{x_{h+2}-x_h}\quad 1\le h\le N-2 \qquad (11.5\,b)$$

übergeht.

Bei diesem Differenzenquotienten erhält man keine Werte für N und $N-1$. Sie können nach Methode 2 oder 3 gewonnen werden.

Methode 4/1: Differenzenquotient durch zentrale Differenzenapproximation 2. Ordnung und für $h=N$ und $h=N-1$ nach Methode 2.1

$$\left(\frac{dy}{dx}\right)_1 = \left(1+\frac{x_{h+1}-x_h}{x_{h+2}-x_h}\right)\cdot\left(\frac{y_{h+1}-y_h}{x_{h+1}-x_h}\right)-\left(\frac{x_{h+1}-x_h}{x_{h+2}-x_h}\right)\cdot\left(\frac{y_{h+2}-y_{h+1}}{x_{h+2}-x_{h+1}}\right)$$

$$1\le h\le N-2 \quad (11.6\,a)$$

$$\left(\frac{dy}{dx}\right)_h = \frac{y_{h+1}-y_{h-1}}{x_{h+1}-x_{h-1}} \quad h = N-1 \qquad (11.6\,b)$$

$$\left(\frac{dy}{dx}\right)_{N-1/2} = \frac{y_h-y_{h-1}}{x_h-x_{h-1}} \quad h = N \qquad (11.6\,c)$$

Aufgabenstellung

Es soll der Einfluß der Bestimmungsmethode für den Differenzenquotienten auf die Parameter von Modellen und die Güte der Modellanpassung untersucht werden.

Aufgaben

11.1 Monodsches Modell

In Tab. 11.2 ist ein Biomasse-Zeit-Verlauf von J. Monod [11.7] angegeben, und es ist bekannt, daß das formalkinetische Gesetz dem Monodschen Ansatz gehorcht [11.7].

(1) Berechnen Sie nach den verschiedenen Methoden 1−4.1 (Gln. (11.1)−(11.6)) den Differenzenquotienten $\Delta c_x/\Delta t$ und daraus die spezifische Wachstumsgeschwindigkeit μ.

Hinweis: Beachten Sie den Bezug des Differenzenquotienten: h oder $(h+1/2)$, weil der jeweilige μ-Wert entweder mit c_s oder $\bar{c}_s$ korrespondiert.

Tab. 11.2. Biomasse-Zeit-Verlauf nach [11.7]; zu Aufgabe 11.1

h	$\tilde{t}$ [h]	$\tilde{c}_x$ [mg/l]	$\tilde{c}_s$ [mg/l]
1	0,00	15,5	151,0
2	0,54	23,0	123,0
3	0,90	30,0	105,0
4	1,23	38,8	75,0
5	1,58	48,5	48,5
6	1,95	58,3	14,5
7	2,33	61,3	3,5
8	2,70	62,5	0,5

Besonders bei Methode 2.1 ist zu beachten, daß folgende Schrittweiten gelten: $h = 1^{1/2}$, 2, 3, ..., $N-1$, $N-1/2$ (vgl. Gln. (11.3a−c)).

(2) Bestimmen Sie durch nichtlineare Regression der nach den Methoden 1−4.1 unterschiedlichen Datensätze $\mu = f(c_s)$ die Konstante der Monodschen Gleichung:

$$\mu = \mu_{max} \frac{c_s}{K_s + c_s} \; . \tag{11.7}$$

(3) Berechnen Sie die c_x-c_s-t-Verläufe durch Simulation mit den nach den Methoden 1−4.1 gewonnenen unterschiedlichen Konstanten μ_{max}, K_s, und vergleichen Sie mit den Meßwerten (RQS_x, RQS_s).

Hinweis: Numerische Integration und Optimierung von $Y_{x/s}$

$$\frac{dc_x}{dt} = \mu_{max} \frac{c_s}{K_s + c_s} c_x \tag{11.8}$$

$$\frac{dc_s}{dt} = - \frac{1}{Y_{x/s}} \frac{dc_x}{dt} \; . \tag{11.9}$$

(4) Bestimmen Sie für das Dgl.-System (Gln. (11.8) und (11.9)) auf der Grundlage des Monod-Modelles und der experimentellen c_x-c_s-t-Verläufe (durch numerische Integration und gleichzeitige Optimierung) die Modellparameter μ_{max}, K_s, $Y_{x/s}$ und geben Sie die Restquadratsummen RQS_x sowie RQS_s an.

Hinweis: Modellbank Biotechnologie [11.4] o.a.; Software

(5) Stellen Sie die Ergebnisse in einer Übersicht dar und werten Sie die Ergebnisse aus.

11.2 Aufsättigungsmodell

In Tab. 11.3 ist ein Gelöstsauerstoff-Zeit-Verlauf der Aufsättigungsphase III bei einer dynamischen Messung (vgl. Beispiel 3, [11.7]) in einem Phenolharzmedium mit einer Mischpopulation angegeben, der den nachfolgenden Teilaufgaben zugrunde gelegt werden soll. Die Sauerstoffverbrauchsrate beträgt $R_0 = 2{,}136 \cdot 10^{-2}$ mg/(ls). Diese Information ist aus Phase II bekannt, die hier nicht dargestellt ist.

(1) Frischen Sie die Zusammenhänge auf (Beispiel 3, oder [11.6]).
(2) Geben Sie die instationäre Sauerstoffbilanz für die Aufsättigungsphase und schreiben Sie sie in eine Differenzengleichung um.
(3) Bestimmen Sie nach den Methoden 1−4.1 aus der c_0-t-Meßreihe die Differenzenquotienten $\Delta c_0/\Delta t$.

Tab. 11.3. Gelöstsauerstoff-Zeit-Verlauf der Aufsättigungsphase III bei einer dynamischen Messung in einem Phenolharzmedium mit einer Mischpopulation (s. Bsp. 3, [11.7]); zu Aufgabe 11.2

h	$\tilde{c}_o$ [mg/l]	t [s]
1	2,96	345
2	3,32	360
3	3,60	375
4	3,90	390
5	4,15	405
6	4,40	420
7	4,64	435
8	4,82	450
9	5,01	465
10	5,11	480
11	5,26	495
12	5,36	510
13	5,44	525
14	5,53	540
15	5,62	555
16	5,68	570
17	5,78	585

Hinweis: Achten Sie darauf, ob sich der Differenzenquotient auf die Stützstelle h oder $(h+1/2)$ bezieht!

(4) Stellen Sie durch die nach den Methoden 1−4.1 berechneten unterschiedlichen Datensätze $c_o = f((\Delta c_o/\Delta t)+R_o)$ als Grafiken $y = f(x)$ dar.

Bewerten Sie die Grafiken und schätzen Sie aus den Streuungen ab, welcher Verlauf die günstigsten Regressionsergebnisse erwarten läßt.

(5) Führen Sie für alle Wertesätze nach den Methoden 1−4.1 eine lineare Regression der Art $c_o = f((\Delta c/\Delta t)+R_o)$ durch und bestimmen Sie die Koeffizienten und die Restquadratsummen.

Ermitteln Sie, wie sich die Fehler der Parameter im linearisierten Raum und im Originalraum

$$c_o(t) = \left(c_o^* - \frac{R_o}{k_L a}\right) - \left(c_o^* - \frac{R_o}{k_L a} - c_o^0\right) \cdot \exp\left[-k_L a \cdot (t - t'_{03})\right]$$

$$(11.10)$$

auswirken. (Vergleich des gemessenen Verlaufs mit dem berechneten c_o-t-Verlauf.)

(6) Bestimmen Sie die Parameter c_o^*, R_o und $k_L a$ der Gl. (11.10) durch nichtlineare Regression der Werte nach Tab. 11.3.

(7) Werten Sie die Ergebnisse in einer Übersicht!

11.3

Welche Schlußfolgerungen ziehen Sie aus den Ergebnissen der Aufgabenstellung 11.1 und 11.2?

Lösungen

Zu 11.1 Monod-Modell

Zu (1)

Berechnung der Differenzquotienten nach den Methoden 1−4.1 aus Tab. 11.2
    Allgemein gilt für die Berechnung der spezifischen Wachstumsgeschwindigkeit im diskontinuierlichen Reaktor

$$\mu = \frac{1}{c_x}\frac{dc_x}{dt} \approx \frac{1}{c_x}\frac{\Delta c_x}{\Delta t} \ . \tag{11.11}$$

Um die Rechnungen nachvollziehen zu können, sind für den Aufgabenteil 11.1 die nach den Methoden 1−4.1 berechneten Wertesätze in Tab. 11.4 angegeben.
    Besonders zu beachten ist die jeweilige Korrespondenz von μ zu c_s, die zeilenweise versetzt dargestellt ist.

Tab. 11.4. Wertesätze und daraus ermittelte Werte für μ nach den Methoden 1−4.1; zu Aufgabe 11.1 (1)

h	t [h]	$\tilde{c}_x$ [mg/l]	$\tilde{c}_s$ [mg/l]	$\bar{c}_x$ [mg/l]	$\bar{c}_s$ [mg/l]	$\mu = \dfrac{1}{c_x}\dfrac{\Delta c_x}{\Delta t}$ nach Methode					
						1	2	2.1	3	4	4.1
1	0	15,5	151,0				−	−	0,6810	0,6810	0,6810
				19,25	137,0	0,7215		0,7215			
2	0,54	23,0	123,0				0,7005	0,7005	0,7005	0,6816	0,6816
				26,50	114,0	0,7338					
3	0,90	30,0	105,0				0,7633	0,7633	0,7633	0,8719	0,8719
				34,40	90,0	0,7752					
4	1,23	38,8	75,0				0,7012	0,7012	0,7012	0,7297	0,7297
				43,65	59,25	0,6349					
5	1,58	48,5	43,5				0,5584	0,5584	0,5584	0,7352	0,7352
				53,40	29,0	0,4960					
6	1,95	58,3	14,5				0,2927	0,2927	0,2927	0,1758	0,1758
				59,80	9,0	0,1320					
7	2,33	61,3	3,5				0,0914	0,0914	0,0914	−	0,0914
				61,90	2,0	0,0524		0,0524			0,0524
8	2,70	62,5	0,5				−	−	0,0152	−	−

Vergleicht man die Werte nach den Methoden $1-4.1$, so ist festzustellen, daß die größten Abweichungen, die die Parametergröße beeinflussen werden, jeweils am Anfangspunkt $h = 1$ sowie Endpunkt $h = N$ auftreten.

Zu (2)

Nichtlineare Regressionen zur Bestimmung von μ_{max} und K_s in Gl. (11.7)

In unserem Beispiel verwenden wir das Verfahren nach Levenberg-Marquardt [11.4]. Als Schätzwerte dienen die Werte aus Beispiel 6 [11.1, S. 98].

Tab. 11.5. Nichtlineare Regressionen für die Methoden $1-4.1$ nach dem Levenberg-Marquardt-Verfahren [11.4]; zu Aufgabe 11.1 (2)

DQ-Methode	Nichtlineare Regression Monod-Modell					
	1	2	2.1	3	4	4.1
μ_{max}	0,9576	0,9361	0,8924	0,8696	0,9304	0,9336
K_s	31,722	26,6578	26,2957	24,8447	25,927	26,374
$RQS_\mu \cdot 10^2$	1,59	0,519	0,890	1,18	8,57	8,73

Numerische Integration des Dgl.-System (11.8, 11.9) mit vorgegebenen μ_{max} und K_s und Parameteroptimierung von $Y_{x/s}$

Ungewichtet						
	1	2	2.1	3	4	4.1
$Y_{x/s}$	0,3095	0,3069	0,2986	0,2931	0,3160	0,3160
RQS_x	2,395	3,230	14,756	29,6313	5,5269	5,4215
RQS_s	21,381	20,714	22,508	24,997	19,809	19,615
$\sum RQS_i$	23,776	23,944	37,265	54,628	25,336	25,037

Residuen gleichverteilt						
	1	2	2.1	3	4	4.1
$Y_{x/s}$	0,3104	0,3088	0,3040	0,3007	0,3128	0,3129
RQS_x	1,2119	1,0548	3,7593	8,2878	2,9924	2,9809
RQS_s	16,8143	16,2310	21,9668	30,4144	20,0113	19,8641
$\sum RQS_i$	18,0262	17,2858	25,7211	38,7022	23,0037	22,8450

Die einzelnen Regressionen liefern die in Tab. 11.5 dargestellten Konstanten. Die jeweiligen RQS_μ sind zwar angegeben, aber nur relativ zu werten, weil die unterschiedlichen Wertesätze M1 bis M4.1 (s. Tab. 11.4) eine absolute Wertung ausschließen. Letztendlich will man wissen, wie sich die Modellparameter auf den c_x-c_s-t-Verlauf auswirken und nicht ihre Wirkung auf den isolierten Zusammenhang $\mu = f(c_s)$ nach Gl. (11.7).

Zu (3)

Numerische Integration mit vorgegebenen $\mu_{\max}$ und K_s sowie Parameteroptimierung von $Y_{x/s}$

Um den Einfluß der Parameter auf die Anpassung an die c_x-c_s-t-Verläufe nach
dem Monod-Modell zu bewerten, wird in folgendem Schritt von dem
Dgl.-System (11.8) und (11.9) ausgegangen. Dabei werden die durch nichtlineare Regression ermittelten Konstanten $\mu_{\max}$ und K_s als Festwerte vorgegeben
und als einziger zu optimierender Parameter $Y_{x/s}$ zugelassen, der bisher noch
nicht bekannt ist.

Die Anpassung an den experimentellen Verlauf erfolgt über eine numerische Integration, die mit einer Parameteroptimierung verknüpft ist [11.4]. Die
Ergebnisse sind in Tab. 11.5 (untere zwei Drittel) angegeben.

Bei der statistischen Auswertung der Anpassung werden jeweils die Restquadratsummen für die Verläufe ausgegeben:

- für $c_x = f(t) \rightarrow RQS_x$
- für $c_s = f(t) \rightarrow RQS_s$.

Für eine Gesamtwertung wird die „kombinierte Fehlerquadratsumme" herangezogen [11.1, S. 92].

$$\sum_{h=1}^{N} [RQS_{x,h} + RQS_{s,h}] \rightarrow \min! \tag{11.12}$$

bzw.

$$\sum_{h=1}^{N} [(\tilde{c}_{x,h} - \hat{c}_{x,h})^2 + (\tilde{c}_{s,h} - \hat{c}_{s,h})^2] \rightarrow \min! \tag{11.13a}$$

Das Zielkriterium Gl. (11.13 a) führt nur dann zu optimalen Parametern, wenn
sich die empirischen Varianzen der Meßwerte c_x, c_s praktisch nicht unterscheiden. Die Varianzen der Meßwerte lassen sich einfach berechnen:

$$\left. \begin{array}{l} \sigma_{n-1,x} = 17{,}021 \\ \sigma_{n-1,s} = 54{,}098 \end{array} \right\} \rightarrow \frac{\sigma_{n-1,s}}{\sigma_{n-1,x}} \approx \frac{3}{1}$$

(Die Bestimmung der Varianzen kann mit Hilfe der Modellbank Biotechnologie [11.4] über den Dateneditor/Modul: Normieren-N, Normal-Verteilung erfolgen; y_m-Mittelwert, Fak-emp. Varianz.)

Diese erheblich unterschiedlichen Varianzen werden durch ein modifiziertes Zielkriterium berücksichtigt:

$$\sum_{h=1}^{N} \left[\frac{1}{\sigma_{n-1,x}} (\tilde{c}_{x,h} - \hat{c}_{x,h})^2 + \frac{1}{\sigma_{n-1,s}} (\tilde{c}_{s,h} - \hat{c}_{s,h})^2 \right] \rightarrow \min! \tag{11.13b}$$

Auf diese Weise werden die Residuen gleichverteilt. Bei den nachfolgenden
Berechnungen erfolgt die Parameteroptimierung jeweils nach Gl. (11.13 a) für

ungewichtete Residuen bzw. nach Gl. (11.13 b) für gleichverteilte Residuen. Dies gilt auch für Pkt. 11.1 (4).

Zu (4)

Gleichzeitige Anpassung der Parameter μ_{max}, K_s und $Y_{x,s}$

Die gleichzeitige Anpassung der Konstanten erfolgt nach dem Algorithmus von Levenberg-Marquardt. Anschließend wird so lange numerisch integriert, bis das Abbruchkriterium

$$\varepsilon = 1 \cdot 10^{-5}$$

erreicht wird.

Hier wird der Modul Nutzerfunktion/Dgl. der Modellbank Biotechnologie [11.4] genutzt. Als Anfangsschätzungen dienen die Werte nach Methode 2, da bezüglich der RQS_μ nach Tab. 11.5 das Minimum für M.2 erzielt wurde, und der Wert für $\sum RQS_i$ etwa dem mit Methode 1 erhaltenen Wert entspricht.

Schätzwerte: $\mu_{max} = 0{,}936 \, \text{h}^{-1}$
$K_s = 26{,}658 \, \text{mg/l}^{-1}$
$Y_{x/s} = 0{,}307$ (ungerichtet).

Das Parameteroptimum wird wegen der sehr guten Anfangsschätzungen schnell erreicht. Die geringen Änderungen in der Parametergröße bewirken jedoch eine merkliche Verbesserung der kombinierten RQS_i um ca. 14% (ungewichtet) bzw. ca. 34% (gewichtet). Das bedeutet, daß die besten Ergebnisse durch gleichverteilte Residuen erzielt werden (Tab. 11.6).

In einer grafischen Darstellung ist diese Verbesserung allerdings nicht festzustellen, da die Änderungen gering sind.

Tab. 11.6. Gleichzeitige Anpassung der Parameter μ_{max}, K_s und $Y_{x/s}$ mit dem Algorithmus nach Levenberg-Marquardt und anschließender numerischer Integration; zu Aufgabe 11.1 (4)

Parameter	Optimierte Anfangsschätzung	Gl. (11.13 a) ungewichtete Meßwerte	Gl. (11.13 a) gewichtete Meßwerte	Gerundete Ergebnisse
μ_{max}	0,9361	0,9198	0,9056	0,91
K_s	26,6578	26,3672	24,632	25,0
$Y_{x/s}$	0,3069	0,3102	0,3097	0,31
$\sum RQS_i$	23,944	20,589	15,915	16,257

Zu (5)

Wertung der Ergebnisse

Die Tabellen 11.5 und 11.6 enthalten alle gewonnenen Informationen. Daraus lassen sich folgende Schlußfolgerungen ziehen:

(1) *Das Differenzenverfahren 2 − nur zentrale Differenz 1. Ordnung −* führt bei der Monodschen Gleichung (11.7) zu den eindeutig besten Ergebnissen $(RQS_{\mu,\min})$.

  Die minimale Restquadratsumme ist wesentlich kleiner als bei den Methoden 1 und 2.1 (um ca. 65 bzw. 45%).
(2) Die Parameter $\mu_{\max}$ und K_s liegen sehr nahe dem Optimum nach dem aufwendigen Verfahren der numerischen Integration (Tab. 11.5 und 11.6) und können deshalb als sehr gute Schätzwerte für anspruchsvolle numerische Verfahren dienen.
(3) Nur das Differenzenverfahren 2 sollte zur Ermittlung der formalkinetischen Abhängigkeiten

$$\mu = f(c_s)$$

genutzt werden.

Andere Verfahren, wie die Methoden 1, 3, 4 und 4.1, führen zu wesentlich höheren Werten für RQS_μ. Die Verfahren 1 und 3 liefern zwar vertretbare RQS_μ, aber relativ auffällig vom Optimum abweichende Parameter.

  Ursache hierfür sind die jeweiligen Werte für die Differenzenquotienten bei $h = 1{,}5$ und $h = N - 1/2$ (Methode 1) bzw. $h = 1$ und $h = N$ (Methode 3).

11.2 Aufsättigungsmodell

Sauerstoffbilanz und Differenzengleichung

Zu (2) und (3)

Die allgemeine Sauerstoffbilanz bei ideal durchmischter Flüssigphase und vollständiger Segregation der Gasphase lautet:

$$\frac{dc_o}{dt} = k_L a (c_o^* - c_o) - R_o \; . \tag{11.14}$$

(Vgl. [11.6] [11.1, Beispiel 1].)

  Wird in der Dgl. (11.14) der Differentialquotient durch den Differenzenquotient ersetzt und nach c_o umgestellt, so folgt:

$$c_{\mathrm{o}} = -\frac{1}{k_{\mathrm{L}}a}\left(\frac{\Delta c_{\mathrm{o}}}{\Delta t}+R_{\mathrm{o}}\right)+c_{\mathrm{o}}^{*} \qquad (11.15)$$

$$y = b\cdot x + a$$

Hierbei ist:

$$y \quad = c_{\mathrm{o}}$$
$$k_{\mathrm{L}}a = -1/b$$
$$c_{\mathrm{o}}^{*} \ = a$$

Nunmehr sind die Daten nach Tab. 11.3 bezüglich der Aufsättigungsphase (ein exp-Verlauf) auszuwerten.

Die Wertepaare zur Regression: $x = ((\Delta c/\Delta t)+R_{\mathrm{o}})$; $y = c_{\mathrm{o}}$ lassen sich mit dem Taschenrechner oder PC einfach gewinnen (z. B. Modellbank Biotechnologie [11.4], Dateneditor-Modul: Transformation oder dem Programm Quattro pro). Der Wert für

$$R_{\mathrm{o}} = 2{,}136\cdot 10^{-2}\,\mathrm{mg/(l\cdot s)}$$

wird zu jedem Differenzenquotienten hinzuaddiert.

Zu (4)

Grafiken der linearisierten Aufsättigungsphase II nach den jeweiligen Methoden 1−4.1

Auf der Grundlage von Tab. 11.7 werden in Abb. 11.1 die geforderten Abhängigkeiten $y = f(x)$ als sechs Teilgrafiken angegeben. Aus Gründen der Übersicht wurde der Koordinatenursprung auf $(x, y = 20{,}2)$ gelegt.

Bei einer sorgfältigen Betrachtung fällt auf, daß die Streuung der Differenzenquotienten

− bei den Methoden 4 und 4.1 über den gesamten Bereich am größten ist
− bei den Methoden 1, 3 und 2.1 im Anfangsbereich (für kleine x-Werte) auffällig ist und
− bei Methode 2 über den ganzen Bereich am kleinsten scheint.

Diese Aussage müßte sich in den Ergebnissen der linearen Regression widerspiegeln.

Zu (5)

Lineare Regression im linearisierten Raum und Prüfung der Ergebnisse im Originalraum

Mit den Datensätzen nach Tab. 11.7 werden die linearen Regressionen realisiert (jede Methode für sich). Die $k_{\mathrm{L}}a$-Werte errechnen sich entsprechend den Ver-

Tab. 11.7. Linearisierung der Daten aus der Aufsättigungsphase II nach den Methoden 1 – 4.1; zu Aufgabe 11.2

h	t [s]	$y = c_o$ c_o [mg/l]	$x = \left(\dfrac{\Delta c_o}{\Delta t} + R_o\right)$ nach Methode					h	$\bar{x}$	$\bar{y}*$ $\bar{c}_o$
			2	2.1	3	4	4.1		1	
1	345	2,96	–	–	0,048027	0,048027	0,048027	–	–	–
1,5	–	–	–	0,04536	–	–	–	1,5	0,04536	3,14
2	360	3,32	0,042693	0,042693	0,042693	0,03936	0,03936	2,5	0,040027	3,46
3	375	3,6	0,040693	0,040693	0,040693	0,043027	0,043027	3,5	0,04136	3,75
4	390	3,9	0,039693	0,039693	0,039693	0,038027	0,038027	4,5	0,038027	4,025
5	405	4,15	0,038027	0,038027	0,038027	0,03836	0,03836	5,5	0,038027	4,275
6	420	4,4	0,037693	0,037693	0,037693	0,03936	0,03936	6,5	0,03736	4,52
7	435	4,64	0,03536	0,03536	0,03536	0,033027	0,033027	7,5	0,03336	4,73
8	450	4,82	0,033693	0,033693	0,033693	0,037027	0,037027	8,5	0,034027	4,915
9	465	5,01	0,031027	0,031027	0,031027	0,02636	0,02636	9,5	0,028027	5,06
10	480	5,11	0,029693	0,029693	0,029693	0,033027	0,033027	10,5	0,03136	5,185
11	495	5,26	0,029693	0,029693	0,029693	0,028693	0,028693	11,5	0,028027	5,31
12	510	5,36	0,02736	0,02736	0,02736	0,02636	0,02636	12,5	0,026693	5,4
13	525	5,44	0,027027	0,027027	0,027027	0,02736	0,02736	13,5	0,02736	5,485
14	540	5,53	0,02736	0,02736	0,02736	0,02836	0,02836	14,5	0,02736	5,575
15	555	5,62	0,02636	0,02636	0,02636	0,024027	0,024027	15,5	0,02536	5,65
16	570	5,68	0,026693	0,026693	0,026693	–	0,02536	16,5	0,028027	5,73
16,5	–	–	–	0,02827	–	–	–	–	–	–
17	585	5,78	–	–	0,02936	–	0,028027	–	–	–

$*\bar{y}_{h+1/2} = \bar{c}_o(h+1/2) = (c_{o,h} + c_{o,h+1})/2;\ \bar{x}_{h+1/2} = (c_{o,h+1} - c_{o,h})/(t_{h+1} - t_h) + R_o\ (R_o = 2{,}136 \cdot 10^{-2}\ \text{mg}/(\text{ls}))$

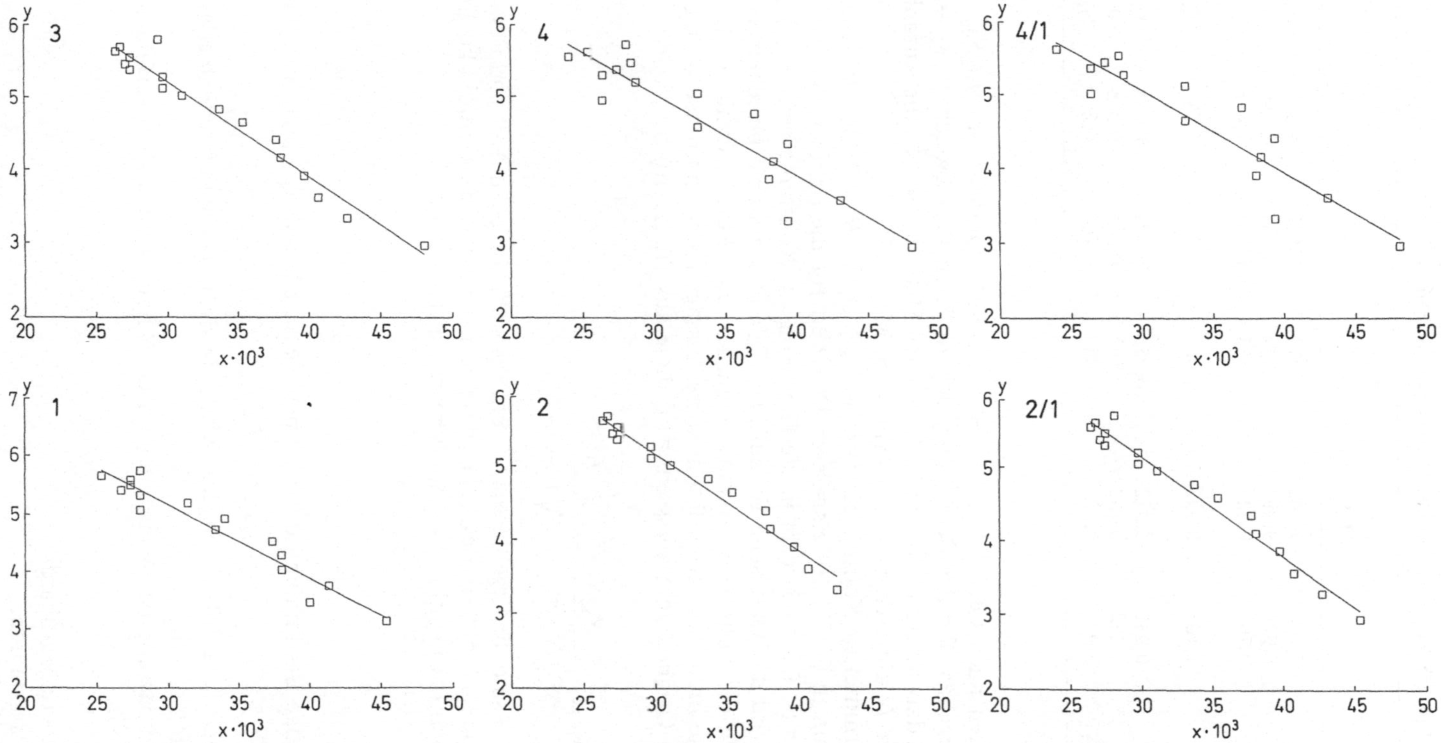

Abb. 11.1. Darstellung der in Tab. 11.7 zusammengestellten Abhängigkeiten der nach den Methoden 1–4.1 ermittelten Differenzenquotienten $\Delta y/\Delta x$ von den korrespondierenden x-Werten.

Tab. 11.8. Lineare Regressionen der Wertesätze aus Tab. 11.7

Methode	1	2 Optimum	2/1	3	4	4/1
$k_{\mathrm{L}}a \cdot 10^3$	7,864	7,643	7,272	7,642	8,997	8,708
c_{o}^*	8,973	9,09	9,322	9,131	8,390	8,544
RQS (linear)	0,700	0,227	0,363	0,505	1,486	1,717
$RQS \cdot 10^2$ (Original)	1,10	0,892	1,08	1,78	3,53	2,73
B	0,931	0,972	0,959	0,971	0,854	0,862
$s_{\mathrm{R,lin}}$	0,232	0,132	0,167	0,197	0,338	0,363
$s_{\mathrm{R,nolin}} \cdot 10^2$	2,9	2,62	2,88	3,70	5,2	4,58

einbarungen nach Gl. (11.15). Die jeweilige Restquadratsumme RQS_{lin} wird mit ausgegeben. Bei der Berechnung der mittleren Restabweichung s_{R} ist zu beachten, daß aufgrund der unterschiedlichen Methoden 1 − 4.1 die Anzahl der Wertesätze N unterschiedlich ist (M1 = 16, M2 = 15, ...).

Die ermittelten Konstanten $k_{\mathrm{L}}a$ und c_{o}^* sowie $R_{\mathrm{o}} = 2{,}136 \cdot 10^{-2}$ mg/(ls) werden nun in Gl. (11.10) eingesetzt. Der Wert für die Laufzeit der Messung $t'_{03} = 345$ s (s. Tab. 11.3) geht in die Gleichung als Konstante ein.

Nun wird der gemessene Verlauf nach Tab. 11.3 mit dem berechneten Verlauf durch die Restquadratsumme verglichen und RQS_{min} ermittelt. Da die RQS-Werte im linearisierten Raum keine Aussage zu der mittleren Restabweichung im Originalraum zulassen, wird diese aus Gl. (11.10) berechnet:

$$s_{\mathrm{R}} = \sqrt{\frac{RQS}{N-p-1}} = \sqrt{\frac{RQS}{17-3-1}} \; . \tag{11.16}$$

In Tab. 11.8 sind die Ergebnisse zusammengestellt. In jedem Fall sind Restquadratsumme und mittlere Restabweichung s_{R} nach Methode 2 sowohl bei linearer als auch bei nichtlinearer Auswertung am kleinsten.

Zu (6)

Gleichzeitige Bestimmung der Parameter $k_{\mathrm{L}}a$, c_{o}^* und R_{o} durch nichtlineare Regression

Die Auswertung erfolgt nach einer Methode, die in [11.6] tiefgreifend erläutert und empfohlen wird.

Zur Anpassung der Konstanten an Gl. (11.10) werden zwei Verfahren genutzt [11.4]:

(1) Levenberg-Marquardt
(2) Zufallsverfahren.

Tab. 11.9. Optimierung der Koeffizienten in Gl. (11.10)

Läufe	Levenberg-Marquardt				Zufallsverfahren	
	1	2	3	4	5	6
c_o^0	2,937	2,937	2,937	2,96	2,937	2,944
c_o^*	8,299	8,187	6,772	6,969	9,283	9,276
$k_L a \cdot 10^3$	7,755	7,755	7,755	7,566	7,755	7,081
$R_o \cdot 10^2$	1,56	1,78	3,776	0,495	2,33	2,0
$RQS \cdot 10^3$	8,128	8,128	8,128	9,08	8,37	16,6
$s_R \cdot 10^2$	2,50	2,50	2,50	2,64	2,54	3,57

Die Schätzwerte für R_o, $k_L a$ und c_o^* werden Tab. 11.8 (Optimum, Methode 2) entnommen, der Schätzwert für c_o^0 der Tab. 11.7: $c_o^0(t = 345 \text{ s}) = 2,96 \text{ mg/l}$. Der Wert für $t_{03}' = 345$ s ist eine unveränderliche Eingangskonstante.

Zur Optimierung werden die vier vorgenannten Parameter freigegeben. Für die einzelnen Optimierungsabläufe wurden die Startwerte in sinnvollen Eckwerten variiert. Das Ergebnis der Anpassungen gibt Tab. 11.9 wieder: Die Analyse der Daten und Reststreuungen zeigt, daß bei den Läufen 1−3 trotz unterschiedlicher Startpunkte immer die gleiche Genauigkeit der Anpassung erreicht wird. Die Optimierung führt trotz unterschiedlicher Läufe stets zu den gleichen $k_L a$- und c_o^0-Werten. Das liegt am gewählten Startwertgebiet und an der Struktur der Funktion Gl. (11.10). Lediglich die Parameter c_o^0 und R_o sind verändert.

Trotz der insgesamt geringen Restabweichung erfüllt kein R_o die Vorgabe

$$R_{o,II} = 2,136 \cdot 10^{-2} \text{ mg/(ls)} .$$

Der Lauf 4 fällt bezüglich R_o völlig aus dem Rahmen (ungünstige Startwerte).

Mit dem *Zufallsverfahren − Läufe 5 und 6* wurden Parameter erzielt, die der Realität besser entsprechen. Aufgrund der mittleren Restabweichung $s_{R,min} = 2,54 \cdot 10^{-2} \text{ mg/l}$ und der Ähnlichkeit der Parameter werden die Ergebnisse nach Lauf 5 als Optimum betrachtet.

Stellt man die optimalen Ergebnisse nach dem Differenzenverfahren 2 und der nichtlinearen Regression Lauf 5 gegenüber, so ergeben sich folgende Relationen (Tab. 11.10):
Prinzipiell ist festzustellen, daß

$$s_R \ll c_o^0, c_o^*$$

d. h. die mittlere Restabweichung beträgt nur

$$\frac{s_R}{c_o^0} \approx \frac{1}{100} .$$

Diese Anpassung ist ausgezeichnet, da Abweichungen erst in der 2. Stelle nach dem Komma auftreten. Es ist zweckmäßig, sich für die Ergebnisse der nichtlinearen Regression mit Gl. (11.10) zu entscheiden, weil

Tab. 11.10. Gegenüberstellung der besten Ergebnisse aus dem Differenzen-Verfahren und dem Verfahren der nichtlinearen Regression

	Diff. Verfahren Gl. (11.15) Methode 2	Nichtlin. Regression Gl. (11.10)
c_o^0 [mg/l]	$2,96^c$	2,937
c_o^* [mg/l]	9,09	9,283
R_o [mg/(ls)]	$2,136 \cdot 10^{-2}$	$2,33 \cdot 10^{-2}$
$k_L a$ [s^{-1}]	$7,643 \cdot 10^{-3\,b}$	$7,755 \cdot 10^{-3}$
RQS^a	$0,922 \cdot 10^{-2}$	$8,37 \cdot 10^{-2}$
s_R [mg/l]^a	$2,66 \cdot 10^{-2}$	$2,54 \cdot 10^{-2}$

^{a}Originalraum; ^{b}aus Phase II; ^{c}Meßwert $t = 345$ s)

(1) der Aufrauhungseffekt des Differenzenverfahrens nicht auftritt und

(2) die Übertragung von R_o aus vorangegangenen Untersuchungen von Phase II auf Phase III nicht ganz kritikfrei zu akzeptieren ist.

Tatsache ist, daß die Parameter aus den beiden Verfahren (quasilineares Verfahren bzw. nichtlineare Regression) voneinander im Rahmen folgender Größenordnung abweichen (relativer Fehler) (Tab. 11.10):

$$\delta(c_o^*) \approx 0,8\%$$
$$\delta(R_o) \approx -2,1\%$$
$$\delta(k_L a) \approx -1,44\%.$$

Unter Berücksichtigung der Meßgenauigkeit sind diese Abweichungen zu akzeptieren.

Zu (7)

Wertung der Ergebnisse

Tabelle 11.8 enthält alle Informationen. Es ergeben sich die nachstehenden Schlußfolgerungen:

(1) Das Differenzenverfahren 2 − nur zentrale Differenz 1. Ordnung − führt bei der Auswertung der Aufsättigungskurve Gl. (11.15) zu den eindeutig besten Ergebnissen (RQS_{min}). Die minimale Restquadratsumme ist im Originalraum etwa 10% kleiner als nach Methode 1 und 2.1. Die anderen Methoden fallen völlig aus dem Rahmen.

(2) Die Parameter $k_L a, c_o^*$ liegen sehr nahe dem Optimum und sollten als Schätzwerte für die nichtlineare Regression zugrunde gelegt werden.

11.3 Schlußfolgerungen aus den Ergebnissen der numerischen Untersuchung nach 11.1 und 11.2

Bei der Anwendung von Differenzenverfahren sollte nur die Methode 2 — zentrale Differenz 1. Ordnung — Anwendung finden, da sie gegenüber vergleichbaren Verfahren zu optimalen Ergebnissen führt. Sind aus Gründen der grafischen Präsentation die Endpunkte $h = 1$ und N erwünscht, sollte die Berechnung nach Methode 2.1 erfolgen.

Literatur

[11.1] K.-H. Wolf (1991) Berechnungsbeispiele zur Bioverfahrenstechnik. Baehr's-Verlag, Hamburg

[11.2] A. Ishizoki, T. Ohta, G. Kobayashi (1991) Batch Culture Growth Model and Computer Simulation. BFE 8 4, S. 186–195

[11.3] G. D. Smith (1961) Numerical Solution of Partial Differential Equations. Oxford University Press, Elly House

[11.4] B. Goldschmidt (1991) Modellbank Biotechnologie — Softwarepaket zur Erfassung, Verarbeitung und Auswertung von Daten biochemischer, chemischer und physikalischer Versuche — Version 6.0. Martin-Luther-Universität Halle-Wittenberg, Institut für Biotechnologie

[11.5] K. Budde, u. a. (1988) Reaktionstechnik I, 2. durchgesehene Auflage. VEB Deutscher Verlag für Grundstoffindustrie, Leipzig

[11.6] K.-H. Wolf, F. Voigt (1992) Dynamische Methode zur Bestimmung des Sauerstofftransportkoeffizienten $k_L a$. Arbeitsblätter zur Lehrveranstaltung Bioprozeßtechnik (Scriptum). Institut für Lebensmittel- und Bioverfahrenstechnik der Technischen Universität Dresden, Eigenverlag Dresden

[11.7] J. Monod (1942) Recherches sur la Croissances des Cultures Bacteriennes. Herman et Cie, Paris

Beispiel 12:
Integrierte Produktabtrennung durch einen Kapillarmembran-Modul

- Stoffdurchgangskoeffizient $\quad k_\mathrm{p}$
- innerer Stoffübergangskoeffizient $\quad k_\mathrm{i}$
- äußerer Stoffübergangskoeffizient $\quad k_\mathrm{a}$
- diffundiver Membrantransportparameter $\quad B_\mathrm{F}$
- Temperaturabhängigkeit $\quad k_\mathrm{p}(T)$

Aufgabenstellung

Bei der Synthese von Streptokinase durch *Streptococcus equisimilis* entsteht während der primären Stoffwechselphase Milchsäure, die die Produktbildung inhibiert.

Um eine hohe Produktivität und Ausbeute zu erzielen, soll deshalb das Zwischenprodukt laufend abgetrennt werden.

Die Trennung erfolgt über einen Membranmodul. Abbildung 12.1 zeigt das Schema der Zwischenproduktabtrennung.

Die Flüssigkeitsführung und Abtrennung durch den Kapillarmembran-Modul verdeutlicht Abb. 12.2.

Der eingesetzte handelsübliche Modul (Material: Polyamid) ist durch folgende Angaben charakterisiert:

1. Geometrie des Hohlfasermoduls (HFM) – Firmenangaben

effektive Stoffaustauschfläche $\qquad A_\mathrm{q} \quad = \quad 1{,}32\,\mathrm{m}^2$ [1]

Faser

Innendurchmesser $\qquad d_\mathrm{i} \quad = \quad 2{,}24\cdot10^{-4}\,\mathrm{m}$
Außendurchmesser $\qquad d_\mathrm{a} \quad = \quad 2{,}93\cdot10^{-4}\,\mathrm{m}$
Anzahl $\qquad n_\mathrm{F} \quad = 10\,530$
Länge $\qquad l \quad = \quad 0{,}25\,\mathrm{m}$
freier Strömungsquerschnitt (Außenraum) $\qquad A_\mathrm{q,a} = \quad 1{,}6\cdot10^{-3}\,\mathrm{m}^3$
Lückenvolumen $\qquad \varepsilon \quad = \quad 0{,}554$

---

[1] Die effektive Austauschfläche ist kleiner als die formal geometrisch berechnete. Sie berücksichtigt Unregelmäßigkeiten der Fasergeometrie.

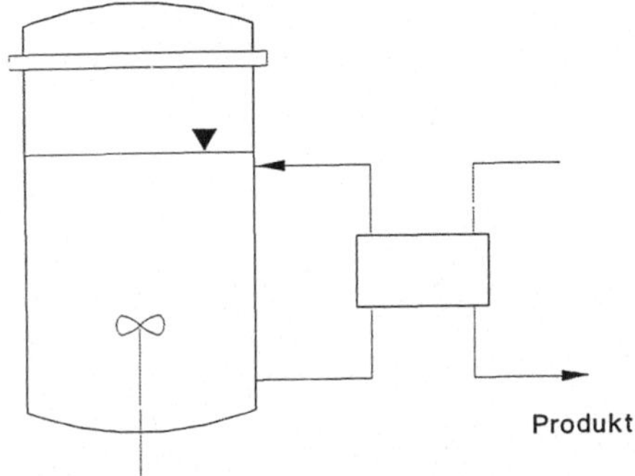

Abb. 12.1. Schematische Darstellung der Zwischenproduktabtrennung durch einen Membranmodul im Bypass

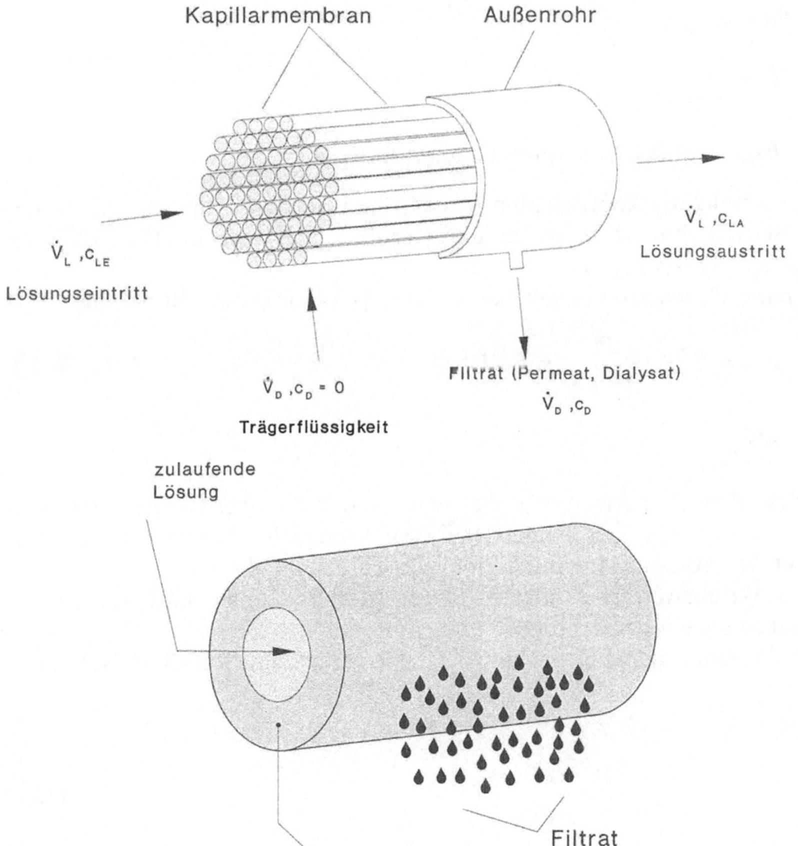

Abb. 12.2. Schema der Flüssigkeitsführung im Kapillarmembran-Modul

2. Betriebsparameter

Lösungsmittelstrom: $\dot{V}_L = 3{,}33 \cdot 10^{-6} \, \text{m}^3/\text{s}$
Trägermittelstrom: $\dot{V}_D = 8{,}33 \cdot 10^{-6} \, \text{m}^3/\text{s}$

3. Stoffwerte (20 °C)

$$D_{\text{NaCl}} = 1{,}19 \cdot 10^{-9} \, \text{m}^2/\text{s} \qquad v = 1{,}4 \cdot 10^{-6} \, \text{m}^2/\text{s}$$

4. Hydrodynamischer Parameter

(Rückvermischung im Außenraum)

$$Pe = 7 \quad \text{bzw.} \quad \sigma^2 = 0{,}245 \qquad \text{(experimentell ermittelt)}$$

5. Leistungsparameter (Extraktionsfaktor)

$$E = \frac{c_{\text{LE}} - c_{\text{LA}}}{c_{\text{LE}} - c_{\text{D}}} \qquad 0 \leq E \leq 1$$

$$E_{\text{NaCl}} = 0{,}602 \qquad \text{(experimentell ermittelt)} \ .$$

Den Stoffdurchgangskoeffizienten k_p kann man iterativ ermitteln, wenn man von der Betriebscharakteristik für reale Gegenströmer ausgeht [12.1, 12.2 oder 12.3, Blätter N1–N12].

Für *reale Gegenströmer* gilt nach Tietze [12.4] folgende Beziehung:

$$E^{\downarrow\uparrow} = E^{\uparrow\infty} + \frac{Pe}{Pe+2}(E_\infty^{\downarrow\uparrow} - E^{\uparrow\infty}) \ . \tag{12.1}$$

Hierbei sind:

$E^{\uparrow\downarrow}$: wirklicher Extraktionswert des realen (nichtidealen) Gegenströmers
$E^{\uparrow\infty}$: Extraktionswert bei axialer Rückvermischung im Außenraum und idealer Vermischung im Innenraum des Faserbündels
$E_\infty^{\uparrow\downarrow}$: Extraktionswert eines idealen Gegenströmers (Innen- und Außenraum-ideale Vermischung)
Pe: Peclet-Zahl, als Maß der dimensionslosen axialen Rückvermischung.

Weiterhin gilt:

$$E_\infty^{\uparrow\downarrow} = \frac{1 - \exp[q(1-z)]}{z - \exp[q(1-z)]} \tag{12.2}$$

$$E^{\uparrow\infty} = \frac{1 - \exp(-q)}{1 + z[1 - \exp(-q)]} \ . \tag{12.3}$$

Als dimensionslose Größen werden in Analogie zum Wärmeübergang vereinbart:

$$z = \frac{\dot{V}_L}{\dot{V}_D} \qquad (12.4)$$

$$q = \frac{k_p A_q}{\dot{V}_L} \; . \qquad (12.5)$$

Aufgaben

12.1

Falls Sie keine Vorkenntnisse zur Betriebscharakteristik von realen Gegenströmern haben, informieren Sie sich in [12.1 – 12.3].

12.2

Bestimmen Sie den Stofftransportkoeffizienten k_p.

12.3

Bestimmen Sie den inneren Stoffübergangskoeffizienten k_i.

12.4

Bestimmen Sie den äußeren Stoffübergangskoeffizienten k_a.

12.5

Bestimmen Sie den Membrantransportparameter B_F.

12.6

Welchen Einfluß nimmt die Temperatur auf den Stoffdurchgangskoeffizienten k_p.

Lösungen

Zu 12.2

Nunmehr muß ein Wert für q gefunden werden, der die Gln. (12.2 und 12.3) erfüllt, wenn für $E^{\uparrow\downarrow}$ der Meßwert E_{NaCl} zugrundegelegt wird.

Die dimensionslose Betriebsvariable z folgt zu

$$z = \frac{\dot{V}_L}{\dot{V}_D} = \frac{3{,}33 \cdot 10^{-6}}{8{,}33 \cdot 10^{-6}} = 0{,}4 \ . \tag{12.6}$$

Da in Gl. (12.5) der Wert für k_p unbekannt ist, muß q iterativ bestimmt werden.

Als erste Schätzung wird $q = 1$ festgelegt und die Werte für Gln. (12.2) und (12.3) berechnet. Die Ergebnisse werden in Gl. (12.1) eingesetzt. Nach einigen Iterationen erhält man

$$q = 1{,}14 \ .$$

Der Wert erfüllt Gl. (12.1).

Nunmehr errechnet sich, eingesetzt in die Gln. (12.2), (12.3) und (12.1), endgültig:

$$E_\infty^{\uparrow\downarrow} = \frac{1 - \exp\,[1{,}14 \cdot (1 - 0{,}4])}{0{,}4 - \exp\,[1{,}14 \cdot (1 - 0{,}4])} = 0{,}621 \tag{12.7}$$

$$E^{\uparrow\infty} = \frac{1 - \exp\,(-1{,}14)}{1 + 0{,}4\,[1 - \exp\,(-1{,}14)]} = 0{,}535 \tag{12.8}$$

$$E^{\uparrow\downarrow} = 0{,}535 + \frac{7}{7+2} \cdot (0{,}621 - 0{,}535) = 0{,}6018 \ . \tag{12.9}$$

Dieser berechnete Wert $E^{\uparrow\downarrow}$ weicht nur $0{,}1\%$ von $E_{NaCl} = 0{,}602$ ab. Somit folgt für den Stoffdurchgangskoeffizienten nach Gl. (12.5):

$$\begin{aligned}
k_p &= q\,\dot{V}_L/A_q \\
&= 1{,}14 \cdot 3{,}33 \ 10^{-6}/1{,}32 \\
k_p &= 2{,}88 \cdot 10^{-6}\,\text{m/s} \ .
\end{aligned} \tag{12.10}$$

Zu 12.3

Zunächst muß das Strömungsregime charakterisiert werden, um eine entsprechende Korrelation anzuwenden:

$$\begin{aligned}
Re &= \frac{w \cdot d_i}{v} \\[2mm]
&= \frac{\dot{V}_L \cdot 4 \cdot d_i}{n_F\,\pi\,d_i^2 v} \\[2mm]
Re &= 1{,}284 \ .
\end{aligned} \tag{12.11}$$

Es liegt erwartungsgemäß eine eindeutig laminare Strömung vor. Die mittlere Strömungsgeschwindigkeit in einer Faser beträgt $w \approx 8 \cdot 10^{-3}\,\text{m/s} \approx 8\,\text{mm/s}$ und entsprechend die mittlere Verweilzeit $\approx 31{,}3$ s.

Nach Hausen gilt für den gesamten Bereich der laminaren Rohrströmung die ähnlichkeitstheoretische Korrelation [12.5]:

$$Sh_i = 3{,}66 + \frac{0{,}188 \cdot (4\,Gz/\pi)^{0{,}8}}{1 + 0{,}117 \cdot (4\,Gz/\pi)^{0{,}467}} \, , \qquad (12.12)$$

mit

$$Sh_i = \frac{k_i d_i}{D} \, . \qquad (12.13)$$

Dabei ist die Graetz-Zahl wie folgt definiert:

$$Gz = \frac{\pi}{4} \cdot \frac{d_i}{l} \, Re\,Sc = \frac{\pi}{4} \cdot \frac{d_i}{l} \, Pe_i \, . \qquad (12.14)$$

Dabei gilt:

$$Re = \frac{w\,d_i}{v}$$

$$Sc = \frac{v}{D}$$

$$Pe_i = \frac{w\,d_i}{D} \, .$$

Die angegebene Korrelation für Sh_i gilt unter der Annahme, daß der Innendurchmesser der Fasern wirklich konstant ist (= monodisperse Verteilung). Eine Streuung, die herstellungsseitig nicht auszuschließen ist, führt zu Leistungsminderungen bis 4% [12.7].

Für den inneren Stoffübergang der Lösungsseite erhält man nach Gl. (12.14) zunächst

$$Gz = \frac{\pi\,d_i}{4\,l} \, Re\,Sc = \frac{\dot{V}_L}{l\,D\,n_F} \qquad (12.15)$$

$$Gz = \frac{3{,}33 \cdot 10^{-6}}{0{,}25 \cdot 1{,}19 \cdot 10^{-9} \cdot 10\,530} \, . \qquad (12.16)$$

Daraus folgt mit Gl. (12.12)

$$Sh_i = 3{,}66 + \frac{0{,}188 \cdot (4 \cdot 1{,}06/\pi)^{0{,}8}}{1 + 0{,}117 \cdot (4 \cdot 1{,}06/\pi)^{0{,}467}} \qquad (12.17)$$

$$Sh_i = 3{,}87$$

und für den Stoffübergangskoeffizienten

$$k_i = \frac{3{,}87 \cdot 1{,}19 \cdot 10^{-9}}{2{,}24 \cdot 10^{-4}} \qquad (12.18)$$

$$k_i = 20{,}6 \cdot 10^{-6} \, \text{m/s} \, .$$

Zu 12.4

Zunächst muß das Strömungsregime im Außenraum definiert sein. Es gilt im Außenraum des Rohrbündels folgende modifizierte *Re*-Zahl [12.4]:

$$Re = \frac{1}{1-\varepsilon}\, w \cdot \frac{3}{2}\, d_{\mathrm{a}} \cdot \frac{1}{v} \qquad \text{oder} \tag{12.19}$$

$$Re = \frac{1}{1-\varepsilon}\, \frac{\dot{V}_{\mathrm{D}}}{A_{\mathrm{q,a}}} \cdot \frac{3}{2}\, \frac{d_{\mathrm{a}}}{v} \tag{12.20}$$

wobei

$\dot{V}_{\mathrm{D}}$:   Volumenstrom des Dialysates

$A_{\mathrm{a,q}}$: freie Durchströmquerschnittsfläche im Außenraum (Dialysatseite).

Der Faktor 3/2 geht auf den hydraulischen Durchmesser zurück, der für Fasern zu

$$d_{\mathrm{H}} = \frac{3}{2}\, d_{\mathrm{F}} = \frac{3}{2}\, d_{\mathrm{a}} \tag{12.21}$$

definiert ist.

Für die Re_{a}-Zahl folgt:

$$Re = \frac{1}{1-0{,}554} \cdot \frac{8{,}33 \cdot 10^{-6}}{1{,}6 \cdot 10^{-3}} \cdot \frac{3}{2} \cdot \frac{2{,}93 \cdot 10^{-4}}{1{,}4 \cdot 10^{-6}} \tag{12.22}$$

$$Re = 3{,}66 \ .$$

Es handelt sich wieder um eine laminare Strömung.

Für den Stoffübergang im Außenraum gilt nach Tietze [12.4] die ähnlichkeitstheoretische Beziehung

$$Sh_{\mathrm{a}} = 4{,}26 \cdot \frac{0{,}12 + \varepsilon}{T_1} \,(Re\,Sc)^{1/3}\, T_2 \ . \tag{12.23}$$

Gültigkeitsbereich: $0{,}2 < Re < 100$; $0{,}25 < \varepsilon < 0{,}75$.

Hierbei ist:

$$Sh_{\mathrm{a}} = \frac{k_{\mathrm{a}} \cdot d_{\mathrm{a}}}{D} \cdot \frac{3}{2} \cdot \frac{\varepsilon}{1-\varepsilon}$$

und

T_1: Parameter, der die geometrische Anordnung der Fasermatten charakterisiert;
    parallel angeordnet: $T_1 = 2{,}5$
    gekreuzt (verdrillt) angeordnet: $T_1 = 1{,}7$
T_2: Parameter, der die axiale Dispersion im Außenraum berücksichtigt.

Da das Verweilzeitverhalten des Dialysatstromes einer logarithmischen Normalverteilung (LNV) folgt, wird für T_2 folgender Zusammenhang angegeben [12.4]:

$$T_2 = 10^{\Omega \sigma^2} \ .$$

Für die Varianz σ^2 gilt die weitbekannte Beziehung nach Levenspiel und Smith [12.6]:

$$\sigma^2 = \frac{2}{Pe} - \frac{2}{Pe^2}[1 - \exp(-Pe)] \tag{12.25}$$

mit

$$Pe = w\,l/D_{\mathrm{ax}} \ .$$

In unserem Beispiel gilt für die Varianz σ^2:

$$\sigma^2 = 0{,}245 \ .$$

Für den zweiten Parameter gilt: $\Omega = -4$ [12.4]. Damit ergibt sich für die äußere Sherwood-Zahl:

$$Sh_{\mathrm{a}} = 4{,}26 \cdot \frac{0{,}12 + 0{,}554}{2{,}5} \cdot \left(3{,}66 \cdot \frac{1{,}4 \cdot 10^{-6}}{1{,}19 \cdot 20^{-9}}\right)^{1/3} \cdot 10^{-4 \cdot 0{,}245} \tag{12.26}$$

$$Sh_{\mathrm{a}} = 1{,}957$$

und für den äußeren Stoffübergangskoeffizienten folgt

$$k_{\mathrm{a}} = \frac{Sh_{\mathrm{a}} \cdot D}{d_{\mathrm{a}}} \cdot \frac{2}{3} \cdot \frac{1 - \varepsilon}{\varepsilon} \tag{12.27}$$

$$= \frac{1{,}957 \cdot 1{,}19 \cdot 10^{-9}}{2{,}93 \cdot 10^{-4}} \cdot \frac{2}{3} \cdot \frac{(1 - 0{,}554)}{0{,}554}$$

$$k_{\mathrm{i}} = 4{,}266 \cdot 10^{-6}\,\mathrm{m/s}.$$

Zu 12.5

Entsprechend des Analogiegesetzes zum Wärmeübergang folgt für den Stoffübergang

$$\frac{1}{k_{\mathrm{p}}} = \frac{1}{k_{\mathrm{i}}} + \frac{d_i}{2\alpha D} \ln \frac{d_{\mathrm{a}}}{d_i} + \frac{1}{k_{\mathrm{a}}} \cdot \frac{d_i}{d_{\mathrm{a}}} \tag{12.28}$$

mit

α: Verteilungsparameter an der Grenzfläche Pore/Grenzschicht
D: molekularer Diffusionskoeffizient

Da die Größe für den Verteilungskoeffizienten α unzulänglich ist, definiert man den Membrantransportparameter B_F wie folgt:

$$\frac{1}{B_F} = \frac{d_i}{2\alpha D} \ln \frac{d_a}{d_i} \ . \tag{12.29}$$

Nunmehr folgt für B_F:

$$B_F = \cfrac{1}{\cfrac{1}{k_p} - \cfrac{1}{k_i} - \cfrac{1}{k_a} \cdot \cfrac{d_i}{d_a}} \tag{12.30}$$

$$= \cfrac{1}{\cfrac{10^6}{2,88} - \cfrac{10^6}{20,6} - \cfrac{10^6}{4,266} \cdot \cfrac{2,24 \cdot 10^{-4}}{2,93 \cdot 10^{-4}}}$$

$$B_F = 8,37 \cdot 10^{-6} \ \text{m/s}.$$

Zu 12.6

Entscheidend für den Temperatureinfluß auf den Stoffdurchgangskoeffizienten ist die Temperaturabhängigkeit des Diffusionskoeffizienten.

Dieser beeinflußt alle drei Teilschritte des Stofftransportes in unterschiedlicher Weise, so daß jeder Teilschritt einzeln korrigiert werden muß. Die Addition nach Gl. (12.28) führt dann zum temperaturkorrigierten Stoffdurchgangskoeffizienten.

a) Innerer Stoffübergang (Feed-Seite)

Aus Gl. (12.14) geht hervor, daß die Graetz-Zahl dem Diffusionskoeffizienten indirekt proportional ist:

$$Gr = \frac{\pi}{4} \cdot \frac{d_i}{l} \, Re \, Sc \sim \frac{1}{D} \ . \tag{12.31}$$

Folglich ergibt sich für den Innenraum

$$Gr_2 = Gr_1 \frac{D_1(T_1)}{D_2(T_2)} \ . \tag{12.32}$$

Wird mit Gr_2 die temperaturkorrigierte Graetz-Zahl in Gl. (12.12) eingefügt, ergibt sich die Sh_2-Zahl, und daraus $k_{i,2}$.

b) Äußerer Stoffübergang (Permeat-Seite)

Aus Gl. (12.27) erhält man folgendes Verhältnis:

$$k_{a2} = k_{a1} \left(\frac{D_2}{D_1}\right)^{2/3} . \tag{12.33}$$

Wird angenommen, daß der summarische Membrandiffusionskoffizient B_F die gleiche Temperaturabhängigkeit wie der Diffusionskoeffizient in freier wäßriger Lösung aufweist, so ergibt sich

$$B_{F2} = B_{F1} \cdot \frac{D_2}{D_1} . \tag{12.34}$$

Für den Diffusionskoeffizient gilt nach Stokes-Einstein:

$$D_2 = D_1 \cdot \frac{T_2}{T_1} \cdot \frac{\eta_1}{\eta_2} . \tag{12.35}$$

Damit sind zur Auslegung eines HFM alle notwendigen Beziehungen bekannt. Dabei kann man sich weitgehend an die Logik der Auslegung von Röhrenbündelwärmeübertragern halten.

Literatur

[12.1] H. Strathmann (1990) Membranes and Membrane Separation Process Vol. A 16, aus Ullmanns Encyclopedia of Industrial Chemistry. VCH Verlagsgesellschaft mbH, Weinheim

[12.2] M. Bosnjakovic, M. Vilicic, B. Slipcevic (1951) Einheitliche Berechnung von Rekuperatoren. VDI Forschungsheft 432. VDI-Verlag, Düsseldorf

[12.3] VDI-Wärmeatlas, 5. Auflage (1988) Deutscher Ingenieurverlag mbH, Düsseldorf

[12.4] R. Tietze (1984) Beitrag zu den Grundlagen der optimalen Gestaltung und Anwendung von Membrantrennprozessen. Promotion B, TU Dresden

[12.5] H. Brauer (1971) Stoffaustausch einschließlich chemischer Reaktion. Verlag Sauerländer, Aarau und Frankfurt/M

[12.6] O. Levenspiel, W. K. Smith (1957) Note of the diffusiontype model for the longitudinal mixing of fluid in flow. Chem. Eng. Sci. 6, S. 227−233

[12.7] B.-R. Angierski (1990) Untersuchungen zur Optimierung, Modellierung und Qualitätsbewertung von Hohlfaserhämodialysatoren. Dissertation, TU Dresden

Beispiel 13:
Temperaturabhängigkeit des Wachstums
von *Pediococcus acidilactici*

- Abschätzung der Startwerte $v_{max}, c_{N,max}, c_{N,o}, t_i$
- nichtlineare Regression $v_{max}, c_{N,max}, c_{N,o}, t_i$
- quasilineare Regression E, v'_{max}
- nichtlineare Regression E, v'_{max}
- statistischer Vergleich v_{min}

Aufgabenstellung

Mit dem Analysensystem Bioscreen [13.1] wurden Wachstumsverläufe des Milchsäurebildners *Pediococcus acidilactici* bei verschiedenen Temperaturen aufgenommen.

Gemessen wurde die optische Dichte des Kulturmediums in Abhängigkeit von der Zeit. Die erhaltenen Wertesätze sind in Tab. 13.1 zusammengestellt.

Aufgaben

13.1

Stellen Sie die Wachstumsverläufe bei Θ 25° und 40 °C dar. Schlagen Sie ein Modell vor.

13.2

Bestimmen Sie die Startwerte v_{max}, $c_{N,max}$, $c_{N,o}$ und t_i für die nichtlineare Regression.

Hinweis: Ermitteln Sie die Parameter v_{max} und t_i aus der Darstellung $\ln(c_N/c_{N,o}) = f(t)$.

Stellen Sie *einen* ausgewählten Verlauf in vorgenannter Form dar. Tabellieren Sie die Startwerte.

Tab. 13.1. Wachstumsverhalten von *Pediococcus acidilactici* bei verschiedenen Temperaturen (Konzentration in o.D.)

t [h]	Temperatur [°C]				
	25	30	35	40	45
0	0,2	0,189	0,164	0,168	0,174
0,5	0,2	0,19	0,164	0,168	0,182
1	0,203	0,191	0,165	0,172	0,193
1,5	0,209	0,194	0,166	0,181	0,214
2	0,21	0,196	0,166	0,199	0,238
2,5	0,217	0,198	0,168	0,204	0,262
3	0,228	0,205	0,172	0,254	0,354
3,5	0,243	0,216	0,18	0,347	0,503
4	0,261	0,236	0,195	0,47	0,73
4,5	0,284	0,267	0,225	0,644	1,02
5	0,314	0,315	0,279	0,893	1,308
5,5	0,351	0,383	0,358	1,173	1,475
6	0,397	0,473	0,448	1,377	1,562
6,5	0,448	0,567	0,566	1,488	1,61
7	0,503	0,669	0,682	1,568	1,647
7,5	0,562	0,77	0,841	1,613	1,675
8	0,621	0,883	1,052	1,643	1,69
8,5	0,679	1,048	1,278	1,673	1,711
9	0,738	1,219	1,458	1,696	1,739
9,5	0,803	1,383	1,565	1,722	1,75
10	0,888	1,516	1,618	1,737	1,758
10,5	1,006	1,601	1,667	1,754	1,752
11	1,137	1,659	1,694	1,772	1,76
11,5	1,278	1,7	1,72	1,784	1,756
12	1,409	1,732	1,749	1,802	1,756
12,5	1,504	1,758	1,768	1,812	1,768
13	1,57	1,782	1,784	1,81	1,786
13,5	1,613	1,796	1,812	1,818	1,812
14	1,649	1,816	1,838	1,821	1,829
14,5	1,679	1,837	1,847	1,832	1,834
15	1,702	1,853	1,859	1,842	1,839
15,5	1,723	1,863	1,877	1,858	1,844
16	1,747	1,877	1,885	1,875	1,845
16,5	1,766	1,893	1,891	1,891	1,845
17	1,776	1,907	1,897	1,903	1,849
17,5	1,79	1,921	1,887	1,911	1,846
18	1,804	1,933	1,889	1,917	1,846
18,5	1,81	1,943	1,887	1,919	1,849
19	1,824	1,95	1,885	1,921	1,845
19,5	1,836	1,961	1,887	1,921	1,847
20	1,847	1,969	1,889	1,923	1,845

13.3

Realisieren Sie die nichtlinearen Regressionen für alle Verläufe und bestimmen Sie die Parameter mit geeigneter Software, z. B. der Modellbank Biotechnologie [13.2] – MB –. Kommentieren Sie die Ergebnisse.

13.4

Stellen Sie die Abhängigkeit der kinetischen Konstante im Originalraum und transformierten Raum (Arrhenius-Plot) dar.

13.5

Bestimmen Sie die Aktivierungsenergie E und den sterischen Faktor durch

– nichtlineare Regression (Originalraum)
– quasilineare Regression (transformierter Raum).

Interpretieren Sie die Ergebnisse.

13.6

Führen Sie Simulationen für alle Temperaturen: $\Theta = 25$, 30, 35, 40, 45 °C durch. Aus Gründen der Vergleichbarkeit sind folgende „Einheitsparameter" für $c_{N,o}$, $c_{N,max}$ und t_i zu wählen:

$c_{N,o}$ = 0,18 o. D.

$c_{N,max}$ = 1,92 o. D.

t_i = 20 h.

Für die Aktivierungsenergie E und den sterischen Faktor v'_{max} sind die Ergebnisse nach Pkt. 13.5 zu verwenden.

Lösungen

Zu 13.1

In Abb. 13.1 sind die Verläufe für $c_N = f(t)$ für $\Theta = 25$ und 40 °C dargestellt.

Eindeutig erkennbar ist, daß beide Verläufe eine ausgeprägte lag-Phase besitzen, die mit höherer Temperatur ($\Theta = 40$ °C) wesentlich kleiner ist.

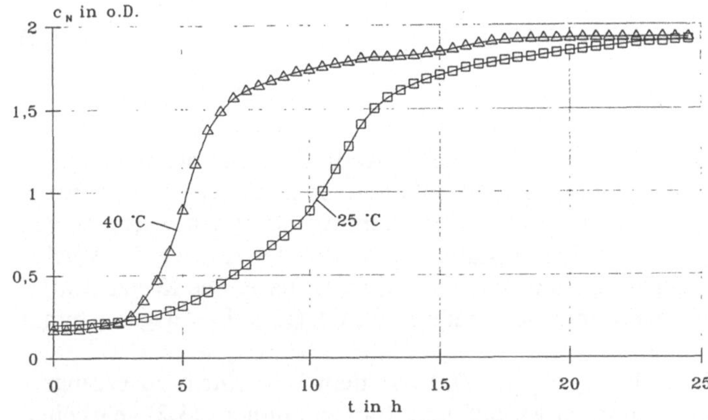

Abb. 13.1. Abhängigkeit der Zelldichte von *Pediococcus acidilactici* bei 25 und 40 °C (Experimentalwerte); 25 °C – □; 40 °C – △

Da mit dem Analysengerät Bioscreen [13.1] nur die optische Dichte als biologischer Zustandsparameter und die Zeit meßbar sind, können nur autonome Modelle (Klasse der logistischen Gleichungen) zur Beschreibung verwendet werden. Durch die ausgeprägte lag-Phase bietet sich als begründetes Konzept nur das erweiterte logistische Modell [13.3] an:

$$c_N = \frac{c_{N,max}}{1 + \left(\dfrac{c_{N,max}}{c_{N,o}} - 1\right) \cdot \exp\{-v_{max} \cdot [t + t_i \cdot (\exp(-t/t_i) - 1)]\}} \tag{13.1}$$

mit $t_i = 6 \cdot t_L$.

Zu 13.2

Als Startwerte für die Parameter $c_{N,o}$ und $c_{N,max}$ werden die entsprechenden Meßwerte aus Tab. 13.1 entnommen ($c_N(t = 0) = c_{No}$ und $c_N(t = t_{End}) = c_{N,max}$).

Die Abschätzung der maximalen spezifischen Teilungsrate und der Verzögerungskonstante ist wesentlich aufwendiger.

Zunächst muß man davon ausgehen, daß für einen Teil der Wachstumskurve exponentielle Vermehrung gilt. Die maximale spezifische Teilungsrate $v = v_{max}$ ist eine Konstante, womit folgt:

$$\frac{dc_N}{dt} = v_{max} \cdot c_N \tag{13.2}$$

bzw. lautet die integrierte Form

$$\ln\left(\frac{c_N}{c_{N,o}}\right) = v_{max} \cdot t \qquad\qquad (13.3)$$

$$y \qquad\qquad = a \cdot x \; .$$

Gl. (13.3) hat die Form einer Geraden, die im Koordinatenursprung entspringen würde, wenn keine lag- und/oder Akzellerationsphase vorliegt. Ansonsten ist diese Gerade um die genannten Phasen in Richtung der x-Achse verschoben.

Die maximale spezifische Teilungsrate v_{max} ist also der Anstieg der Wachstumskurve während der logarithmischen Wachstumsphase. Die Konzentrationen ergeben sich unmittelbar aus den Meßwerten. Gl. (13.3) ist Ausgangspunkt zur Startwertgewinnung.

Um die Darstellung $\ln(c_N/c_{N,o}) = f(t)$ auf dem Bildschirm zu erzeugen, wird zweckmäßigerweise mit der Modellbank Biotechnologie [13.2] gearbeitet. Hierzu wird mit dem Dateneditor-Modul ‚Transformation' zunächst für jeden Verlauf $c_i = f(t)$ die Ordinate $y_i = \ln(c_N/c_{N,o})$ (mit i = 1 bis 5) erzeugt und dann mit dem Modul ‚Zeichnung' dargestellt.

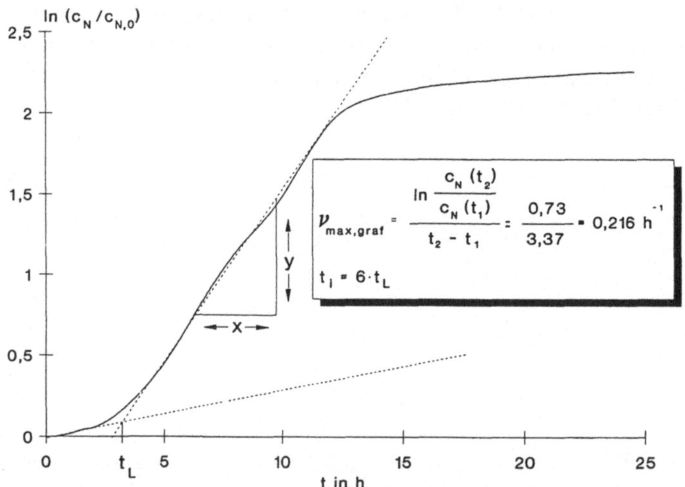

$$v_{max,graf} = \frac{\ln \dfrac{c_N(t_2)}{c_N(t_1)}}{t_2 - t_1} = \frac{0{,}73}{3{,}37} \approx 0{,}216 \; h^{-1}$$

$$t_i = 6 \cdot t_L$$

Abb. 13.2. Abhängigkeit der normierten logarithmierten Zelldichte von *P. acidilactici* von der Zeit bei 35 °C

Tab. 13.2. Startwerte für die nichtlineare Regression (ohne Dimension)

θ [°C]	25	30	35	40	45
$c_{N,max}$ [o.D.]	1,92	2,01	1,89	1,93	1,84
$c_{N,o}$ [o.D.]	0,200	0,189	0,164	0,168	0,174
$v_{max} \approx 4 \cdot v_{max,graf}$ [h^{-1}]	0,86	1,56	2,00	3,08	3,44
$t_i = 6 \cdot t_L$ [h]	18	20	25	15	15

Für die Temperatur $\Theta = 35\,°C$ wird in Abb. 13.2 gezeigt, wie die Parameter v_{max} und t_L aus der Grafik abgeschätzt werden können. Zu beachten ist, daß die lag-Zeit mit der Zeitkonstanten in der Relation $t_i = 6 \cdot t_L$ steht (vgl. Gl. 13.3) und $v_{max} \approx 4\,v_{max,graf}$ [13.3] gilt.

Für alle Temperaturen ergeben sich die in Tab. 13.2 ermittelten Schätzwerte als Startwerte.

Zu 13.3

Die nichtlinearen Regressionen werden hier ebenfalls mit dem MB-Hauptmenü/Modul ‚Nutzerfunktion' realisiert (vgl. Beispiel 2, Pkt. 2.6). Als Optimierungsverfahren wird das Levenbeck-Marquardt-Verfahren genutzt, das aber bei relativ ungenauen Schätzwerten und einer hohen Parameterzahl schnell divergiert. Selbstverständlich sind auch andere Verfahren oder eine andere Software einsetzbar.

Durch die vorangegangene, sorgfältige Bestimmung der Startwerte erübrigen sich mehrere Läufe mit verschiedenen Startwerten bzw. unterschiedlichen Startwertgebieten. Die Ergebnisse sind in Tab. 13.3 zusammengestellt. Abbildung 13.3 zeigt *zwei* Anpassungen. Der niedrige Variationskoeffizient $v < 5\%$ bestätigt eine gute Anpassung (Tab. 13.3).

Tab. 13.3. Durch nichtlineare Regression bestimmte Parameter und statistische Angaben (RQS, v).

θ [°C]	25	30	35	40	45
$c_{x,max}$ [o. D.]	1,87	1,194	1,88	1,86	1,81
$c_{x,o}$ [o. D.]	0,200	0,189	0,164	0,168	0,174
v_{max} [h^{-1}]	1,13	1,54	2,22	2,93	4,17
t_i [h]	22,61	20,35	25,00	15,14	16,05
RQS	0,054	0,134	0,162	0,243	0,130
v [%]	2,92	4,04	4,48	4,87	3,57

Tab. 13.3.1. Ergänzung für Normierung zum Erreichen von Dimensionshomogenität in Abb. 13.5. $v_{max,o} = v_{max}\,(298,2\,K) = 1,13\,h^{-1}$

θ [°C]	25	30	35	40	45
$1/T \cdot 10^3$ [1/K]	3,353	3,298	3,245	3,193	3,142
v_{max} [h^{-1}]	1,13	1,54	2,22	2,93	4,17
$v_{max}/v_{max,o}$ [−]	1,0	1,36	1,96	2,59	3,69
$\ln(v_{max}/v_{max,o})$	0	0,309	0,675	0,952	1,305

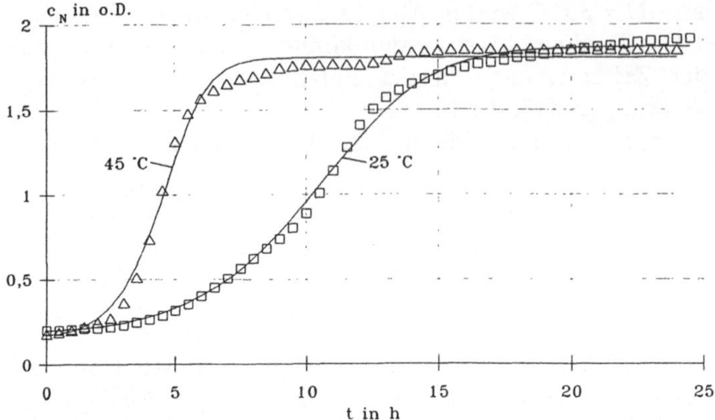

Abb. 13.3. Gegenüberstellung von Meßwerten und Anpassung nach dem erweiterten logistischen Modell bei 25 und 40 °C; 25 °C − □; 40 °C − △

Zu 13.4

In Abb. 13.4 sind die kinetischen Konstanten im Originalraum dargestellt. Die Temperaturabhängigkeit von v_{max} läßt einen exponentiellen Zusammenhang vermuten, und als zur Beschreibung geeignetes Modell die Arrhenius-Gleichung.

$$v_{max}(T) = v'_{max} \cdot e^{-E/(R \cdot T)} \; . \tag{13.4}$$

Die Logarithmierung führt zu:

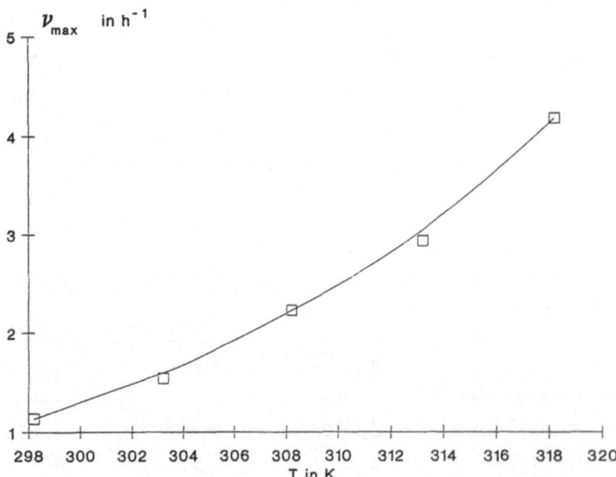

Abb. 13.4. Abhängigkeit der maximalen spezifischen Teilungsrate v_{max} von *P. acidilactici* von verschiedenen Temperaturen

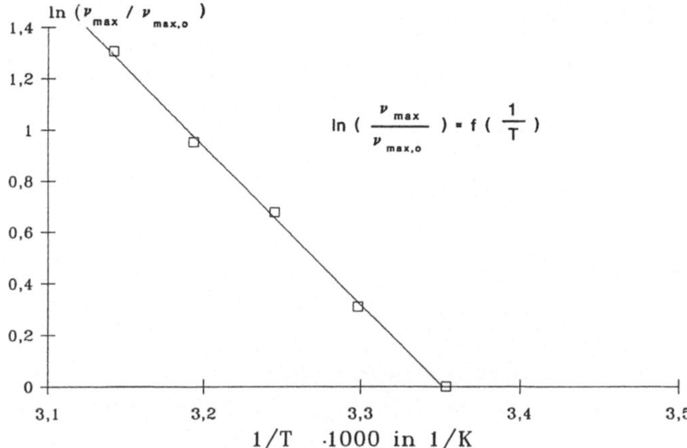

Abb. 13.5. Abb. 13.4 in Arrhenius-Auftragung

$$\ln v_{\max}(T) = \ln v'_{\max} - \frac{E}{R}\cdot\frac{1}{T} \qquad\qquad (13.5)$$

$$y \qquad\quad = a + b\cdot x \; .$$

Gl. (13.5) besitzt die Form einer Geradengleichung und ist die Grundlage der transformierten Darstellung in Abb. 13.5, die mit Hilfe der normierten Form nach Tab. 13.3.1 entsteht. Es ist ein streng linearer Zusammenhang erkennbar. Die Arrhenius-Gleichung ist als gemessener Temperaturbereich gültig.

Zu 13.5

Gln. (13.4) und (13.5) sind formal mathematisch identisch, allerdings gilt Gl. (13.4) im Originalraum und Gl. (13.5) im transformierten Raum – *ln-Raum* –. Die Bestimmung der Parameter E und $v'_{\max}$ erfolgt

– im Originalraum durch nichtlineare Regression und
– im transformierten Raum durch quasilineare Regression.

Beide Regressionen wurden mit Hilfe der MB [13.2] durchgeführt. Die Ergebnisse der Anpassungen sind in Tab. 13.4 zusammengestellt.

Die Ergebnisse der Parameteroptimierung belegen, daß für unser Beispiel die Anpassung im Originalraum geringfügig besser ist als im transformierten Raum. Die unterschiedlichen Parameter belegen diese Aussage etwas deutlicher.

Empfehlenswert ist *folgende Vorgehensweise:*

(1) *Lineare Regression zur Gewinnung von Startwerten* und zur Eingrenzung des Startwertgebietes (besonders wegen $v'_{\max}$, der nicht abgeschätzt werden kann);

Tab. 13.4. Ergebnisse der Modellanpassung durch nichtlineare und lineare Regression

	Originalraum	transformierter Raum
E [J/mol]	53 000	51 340
v'_{max} [h^{-1}]	$2{,}09 \cdot 10^9$	$1{,}10 \cdot 10^9$
RQS (Originalraum)	0,0138	0,0148
v [%] (Originalraum)	2,44	2,53
B	–	0,998

(2) *Nichtlineare Regression mit engem Startwertgebiet*;
(3) *Vergleich der statistischen Kennwerte*: RQS, s_R, v im Originalraum.

Das *Prozeßmodell* für unser Beispiel lautet:

$$c_N = \frac{\bar{c}_{N,max}}{1 + \left(\dfrac{\bar{c}_{N,max}}{\bar{c}_{N,o}} - 1 \right) \cdot \exp \left\{ - \left[v'_{max} \cdot \exp \left(-\dfrac{E}{RT} \right) \right] \cdot \left[t + t_i \left(\exp \left(-\dfrac{t}{t_i} \right) - 1 \right) \right] \right\}}$$

$$(13.6)$$

$$\bar{c}_{N,max} = 1{,}971 \text{ o. D.}$$
$$c_{N,o} = 0{,}180 \text{ o. D.}$$
$$v'_{max} = 2{,}09 \cdot 10^9 \text{ h}^{-1}$$
$$E = 53\,000 \text{ J/mol.}$$

Zu 13.6

Abbildung 13.6 zeigt Simulationsverläufe im Definitionsgebiet des Prozeßmodells mit folgenden Parametern

$$c_{No} = 0{,}18 \text{ o. D.}$$
$$c_{N,max} = 1{,}92 \text{ o. D.}$$
$$v'_{max} = 2{,}09 \cdot 10^9 \text{ h}^{-1}$$
$$E = 53\,000 \text{ J/mol}$$
$$t_i = 20 \text{ h.}$$

Der Temperatureinfluß im betrachteten Bereich ist deutlich und gibt das Wachstumsverhalten wieder.

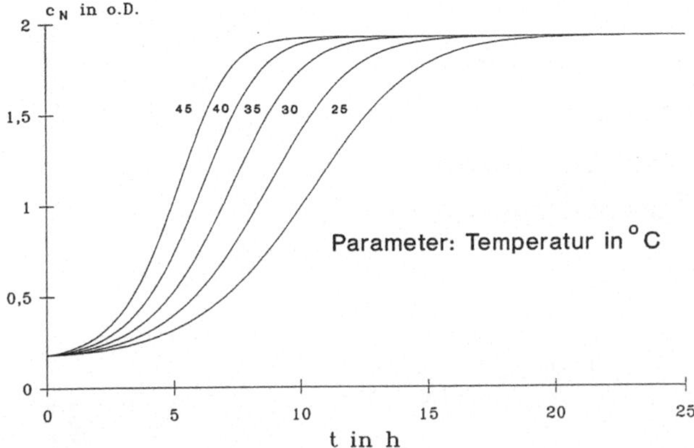

Abb. 13.6. Simulierte Wachstumsverläufe bei verschiedenen Temperaturen ($c_{No} = 0,18$ o. D., $c_{N,max} = 1,92$ o. D., $v'_{max} = 2,09 \cdot 10^9\,\mathrm{h}^{-1}$, $E = 53\,000$ J/mol, $t_i = 20$ h)

Literatur

[13.1] T. Heinonen, u. a. (1989) Bioscreen, automated analyzer for microbiology. In: A. Ba-lows, R. C. Tilton, A. Turano (Hrsg.) Rapid Methods and Automation in Microbiology and Immunology. Brixia Academic Press, Brescia

[13.2] B. Goldschmidt, u. a. (1986) Modellbank Biotechnologie Softwarepaket zur Erfassung, Verarbeitung und Auswertung von Daten biochemischer und physikalischer Versuche (Offerte und Dokumente, Martin-Luther-Universität, Biotechnikum, Halle)

[13.3] K.-H. Wolf, J. Venus (1992) Description of the Delayed Microbial Growth by an Extended Logistic Equation. Acta Biotechnol. 12 5, S. 405–410

Beispiel 14:
Dimensionsanalyse zur Ableitung eines Kennzahlenansatzes für die axiale Rückvermischung im segmentierten Tower-Type-Fermenter

- Relevanzliste
- Dimensionsanalyse
- Kennzahlenansatz $\quad 1/Bo_{s,R} = f(N_i)$
- Reduzierung des Ansatzes $\quad 1/Bo_{s,R} = f(N_{i-x})$

Aufgabenstellung

In Abb. 14.1 ist das Schema der Pilotanlage zur kontinuierlichen Gärung und Reifung von Bier dargestellt.

Der Turmfermenter ist segmentiert und besteht aus 12 geometrisch identischen Kammern. Die Segmentierung erfolgt durch zylinderkonische Böden, die zahlreiche kleine Bohrungen besitzen und durch deren Mitte eine Welle mit aufgesetzten Rührflügeln führt. Der Rührer sorgt für ausreichende Turbulenz im jeweiligen Bilanzraum. Hierbei ist zwischen Welle und Trennboden eine freie Ringfläche vorhanden. Die Bohrungen und die Ringfläche gestatten den Fluß des Mediums von Zelle zu Zelle, aber auch eine axiale Rezirkulation (Rückströmung $\dot{V}_R$). Abbildung 14.2 verdeutlicht Geometrie und Strömungsverhältnisse zwischen zwei Schüssen. Diese Rückströmung wird durch die lineare Strömungsgeschwindigkeit, die Rührerdrehzahl, die Geometrie einer Kammer und die Stoffwerte bestimmt.

Das Prozeßmodell wird durch das stationäre eindimensionale Diffusionsmodell mit Reaktion beschrieben:

$$D_{ax}\frac{\mathrm{d}^2 c}{\mathrm{d}j^2} - w\frac{\mathrm{d}c}{\mathrm{d}j} - R_i = 0 \; . \tag{14.1}$$

Der axiale Diffusionskoeffizient ermittelt sich nach

$$D_{ax} = D_{ax,St} + D_{ax,R} = w h_o \left(\frac{K_1}{\beta'} + \frac{\beta}{\beta'}\right) \tag{14.2}$$

wobei die Indices ‚St' für Strömung und ‚R' für Rührung stehen (vgl. Teil I, Kap. 3.3, Gln. (67)–(70)).

Während die Bedingungen bei *reiner Strömung* (*St*) ausreichend genau durch bekannte Modelle beschreibbar sind (Teil I, Kap. 3.3, Gl. (68)), ist die

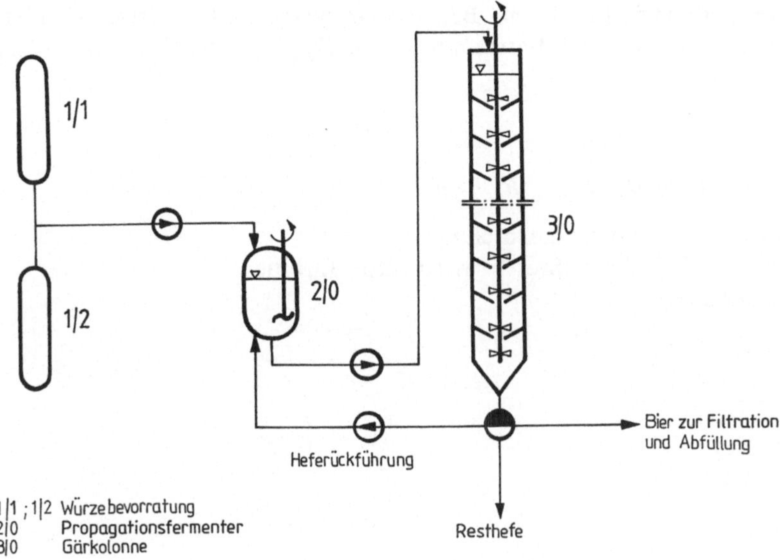

1|1 ; 1|2 Würzebevorratung
2|0   Propagationsfermenter
3|0   Gärkolonne

Abb. 14.1. Schema der Pilotanlage zur kontinuierlichen Gärung und Reifung von Bier

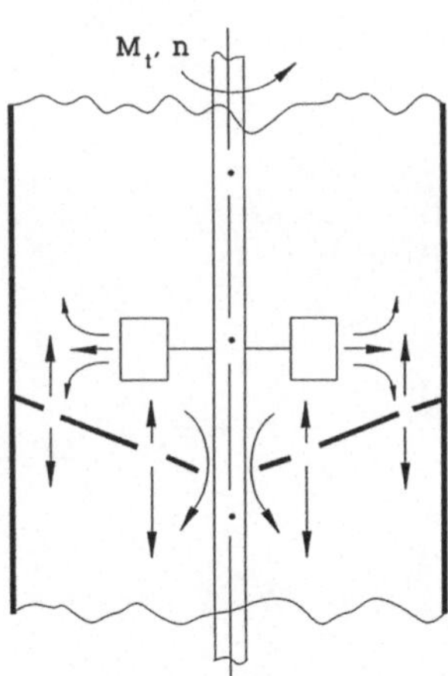

Abb. 14.2. Schema der Strömungsverhältnisse zwischen zwei Kolonnenschüssen

Veränderung der Verweilzeitverteilung durch gleichzeitiges Rühren (R) nur mit Hilfe der *Dimensionsanalyse* zugänglich.

Das Dreiphasensystem (Jungbier−Hefe−CO_2) wird aufgrund der geringen Phasenanteile von Hefe ($\approx$ 1,5%) und CO_2 ($<$ 1%) vereinfacht als homogenes, Newtonsches Medium betrachtet.

Folgende geometrische Daten, Betriebsparameter und Stoffwerte sollen einem Kennzahlenansatz zur Bestimmung von $D_{ax,R}$ (*in der Folge nur D_{ax}*) zugrunde gelegt werden:

— Geometrische Angaben

$$d_1, d_2, d_3, d_w, d_{sp}, h_o, h_1, h_2, a_1$$

4 Stromstörer N_s mit dem Durchmesser d_3
$1 \times$ Sechsblatt-Scheibenrührer bzw. Rushton-Turbine
— Betriebsparameter

$$n, \dot{V}$$

— Stoffwerte

$$\varrho, \eta$$

Aufgaben

14.1

Stellen Sie die Relevanzliste auf.

14.2

Stellen Sie die Dimensionsmatrix (Kern- und Restmatrix) auf.

14.3

Ermitteln Sie die Einheitsmatrix.

14.4

Lesen Sie die Π-Größen ab.

14.5

Formen Sie die Π-Größen in bekannte Kennzahlen um.

14.6

Reduzieren Sie den Kennzahlenansatz mittels Berücksichtigung hydrodynamischer Gesetzmäßigkeiten in bewehrten Rührbehältern ($Re > 10^4$!)

14.7

Ermitteln Sie in analoger Vorgehensweise einen Kennzahlenansatz für die axiale Rückvermischung von begaster Flüssigkeit im gerührten segmentierten Turmfermenter. Versuchen Sie eine begründete Reduzierung des Kennzahlenansatzes!

Hinweis: Bevor Sie mit der Dimensionsanalyse beginnen, lesen Sie bitte Teil I, Kap. 3.3.

Damit Ihnen die Arbeitsschritte bei der Dimensionsanalyse geläufig werden, sei Ihnen das Studium von [14.1 − 14.3], und davon besonders [14.1] empfohlen.

Lösungen

Zu 14.1

Der konstante Volumenstrom $\dot{V}$ ist eine Intensitätsgröße:

$$\dot{V} = \frac{\pi}{4} d_1^2 \cdot w \ . \tag{14.3}$$

Für die Relevanzliste werden deshalb d_1 und w als Einflußgrößen berücksichtigt.

N_s ist die Zahl der Stromstörer, die nur in Zusammenhang mit dem Durchmesser der Stromstörer verkoppelt werden kann. Da N_s keine Einflußgröße, aber problemrelevant ist, wird nachfolgender Komplex $N_s \cdot d_3$ als Einflußgröße erfaßt. Das ist prinzipiell möglich, weil N_s in der Bewehrungskennzahl $Be = c_w N_s (d_3/d_1) \cdot (h_3/d_1)$ enthalten ist [14.4].

Nunmehr entsteht folgende Relevanzliste:

$$\{ \underbrace{D_{ax}}_{\substack{\text{Ziel-}\\\text{größe}}} , \underbrace{w, n}_{\substack{\text{Betriebs-}\\\text{parame-}\\\text{ter}}} , \underbrace{d_1, d_2, N_s \cdot d_3, d_w, d_{sp}, h_0, h_1, h_2, a_1,}_{\text{Geometrische Parameter}} \underbrace{\varrho, \eta}_{\substack{\text{Stoff-}\\\text{werte}}} \} \ . \tag{14.4}$$

Zu 14.2

	Kernmatrix			Restmatrix										
	ϱ	d_1	η	D_{ax}	w	n	d_2	$(N_s \cdot d_3)$	d_w	d_{sp}	h_0	h_1	h_2	a_1
M	1	0	1	0	0	0	0	0	0	0	0	0	0	0
L	−3	1	−1	2	1	0	1	1	1	1	1	1	1	1
T	0	0	−1	−1	−1	−1	0	0	0	0	0	0	0	0

(M, L, T-Dimension: Masse, Länge, Zeit)

Zu 14.3

Mit nur 4 Lineartransformationen (der Zeilen) gelangt man zur Einheitsmatrix.

	Einheitsmatrix			Restmatrix										
	ϱ	d_1	η	D_{ax}	w	n	d_2	$(N_s \cdot d_3)$	d_w	d_{sp}	h_0	h_1	h_2	a_1
M+T	1	0	0	−1	−1	−1	0	0	0	0	0	0	0	0
3M+L+2T	0	1	0	0	−1	−2	1	1	1	1	1	1	1	1
−T	0	0	1	1	1	1	0	0	0	0	0	0	0	0

Es zeigt sich, daß der Rang der Matrix erwartungsgemäß r = 3 ist, also werden 14−3 Kennzahlen existieren.

Die dimensionslosen Kennzahlen ergeben sich nun nach folgender Regel: Jede Größe der Restmatrix tritt im Zähler des Bruches auf, dessen Nenner von Füllgrößen der Einheitsmatrix mit dem jeweils zugehörigen Exponenten (aus der Restmatrix) gebildet wird.

Zu 14.4

$$\Pi_1 = \frac{D_{\mathrm{ax}}}{\varrho^{-1}\eta} = \frac{D_{\mathrm{ax}}}{v} \qquad \Pi_7 = \frac{d_{\mathrm{sp}}}{d_1} \tag{14.5}$$

$$\Pi_2 = \frac{w}{\varrho^{-1}d_1^{-1}\eta} = \frac{wd_1}{v} \qquad \Pi_8 = \frac{h_0}{d_1}$$

$$\Pi_3 = \frac{n}{\varrho^{-1}d_1^{-2}\eta} = \frac{nd_1^2}{\nu} \qquad \Pi_9 = \frac{h_1}{d_1}$$

$$\Pi_4 = \frac{d_2}{d_1} \qquad\qquad \Pi_{10} = \frac{h_2}{d_1}$$

$$\Pi_5 = \frac{N_s d_3}{d_1} \qquad\qquad \Pi_{11} = \frac{a_1}{d_1}$$

$$\Pi_6 = \frac{d_w}{d_1}$$

Zu 14.5

Die Strukturen der Kennzahlen Π_1, Π_2 und Π_3 eignen sich weder zur Interpretation noch zu praktischen Anwendungen. Die Kennzahlen entsprechen nicht dem gewohnten Bild von Kennzahlen mit ihrer Verbindung zu anderen Zusammenhängen.

Man rekombiniert Π_1 mit anderen Π-Größen so, daß ν wegfällt, und eine bekannte Kennzahl entsteht:

$$\Pi_1^{-1} \cdot \Pi_2 \Pi_8 = \frac{w h_0}{D_{ax}} \equiv Bo \ . \tag{14.6}$$

Bo steht für die Bodenzahl. Sie charakterisiert, dimensionslos, die axiale Rückvermischung.

Führt man nunmehr folgende Rekombinationen aus, erhält man:

$$\Pi_3 \cdot \Pi_4^2 = \frac{nd_1^2}{\nu}\left(\frac{d_2}{d_1}\right)^2 = Re_n = \frac{nd_2^2}{\nu} \ . \tag{14.7}$$

Die Re_n-Zahl charakterisiert Rührvorgänge in Newtonschen Medien. Weiterhin ergibt sich:

$$\Pi_3 \Pi_2^{-1} \Pi_4 = \frac{nd_2}{w} \equiv N_{Sr} \tag{14.8}$$

(N_{Sr} steht für die Strouhal-Zahl.)

Die Kennzahl ist hier nach ihrer Struktur benannt und ist eine für diesen Anwendungsfall modifizierte Strouhal-Zahl, die die Rührerumfangsgeschwindigkeit zur linearen Strömungsgeschwindigkeit in Relation setzt. Sie charakterisiert Strömungsmechanismen in zirkulären Strömungsrichtungen [14.9].

Damit erhält man folgenden vollständigen Π-Satz, mit bekannten, dimensionslosen Kennzahlen:

$$\left\{ Bo, Re_{\mathrm{n}}, N_{\mathrm{Sr}}, \frac{d_2}{d_1}, \frac{N_{\mathrm{s}} d_3}{d_1}, \frac{d_{\mathrm{w}}}{d_1}, \frac{d_{\mathrm{sp}}}{d_1}, \frac{h_0}{d_1}, \frac{h_1}{d_1}, \frac{h_2}{d_1}, \frac{a_1}{d_1} \right\} \ . \tag{14.9}$$

Die Umformung führt zwar nicht zu weniger Kennzahlen, aber aus der Sicht der Strömungsmechanik zu interpretierbaren Größen.

Zu 14.6

Ein weiterer Zusammenhang ist bei diesen Rührvorgängen durch die Leistungs-kennzahl – die Newton-Zahl Ne – gegeben, wonach gilt:

$$Ne = \frac{P}{\varrho\, n^3 d_2^5} = f\left(Re_{\mathrm{n}}, Fr, \frac{d_2}{d_1}, \frac{h_{2\mathrm{m}}}{d_1}, \frac{h_0}{d_1}, \frac{e}{d_1}, \text{Rührsystem} \right) \ . \tag{14.10}$$

Für

- $Re_{\mathrm{n}} > 10^3 \dots 10^4$ bei $BW > 0,2$ und
- $Re_{\mathrm{n}} > 10^5$ bei $BW = 0,01 \dots 0.2$ [14.4]

entfällt in Gl. (14.10) der Re_{n}- und Fr-Einfluß, so daß Gl. (14.9) um die Re_{n}-Zahl reduziert werden darf.

Die geometrischen Simplexe d_{w}/d_1, h_1/d_1, h_2/d_1, a_1/d_1 haben im Rahmen der üblichen Gestaltungsrichtlinien keinen nennenswerten Einfluß auf die Rückvermischung, so daß man Gl. (14.9) endgültig zu

$$\left\{ Bo, N_{\mathrm{Sr}}, \frac{d_2}{d_1}, \frac{N_{\mathrm{s}} d_3}{d_1}, \frac{d_{\mathrm{sp}}}{d_1}, \frac{h_0}{d_1} \right\} = 0 \tag{14.11}$$

reduzieren kann [14.5]. Nun erhält man folgenden Kennzahlenansatz für die Versuchsplanung und Auswertung experimenteller Arbeiten:

$$\frac{1}{Bo_{\mathrm{R}}} = K_2\, N_{\mathrm{Sr}}^a \left(\frac{d_2}{d_1} \right)^b \left(\frac{h_0}{d_1} \right)^c \left(\frac{N_{\mathrm{s}} d_3}{d_1} \right)^d \left(\frac{d_{\mathrm{sp}}}{d_1} \right)^e = \frac{\beta}{\beta'} \tag{14.12}$$

bzw. mit $Bo = w h_0 / D_{\mathrm{ax}}$

$$D_{\mathrm{ax,R}} = w h_0 \left[K_2\, N_{\mathrm{Sr}}^a \left(\frac{d_2}{d_1} \right)^b \left(\frac{h_0}{d_1} \right)^c \left(\frac{N_{\mathrm{st}} d_3}{d_1} \right)^d \left(\frac{d_{\mathrm{sp}}}{d_1} \right)^e \right] \ . \tag{14.13}$$

Zur Auswertung der experimentellen Verweilzeitverteilung mit diskreten Be-triebsparametern n, w mit Hilfe des eindimensionalen Diffusionsmodells ist zu beachten, daß die ermittelte Bo-Zahl sich auf den gesamten Apparat bezieht. Es gilt bekanntlich

$$Bo_{\mathrm{g}} = Bo_{\mathrm{s}} \cdot j_{\mathrm{v}} \tag{14.14}$$

wobei die Indizes ‚g' und ‚s' ‚gesamt' und ‚Stufe' bedeuten, und j_v für die Zahl der vorhandenen Kammern steht.

Zusammen mit Gl. (14.12) bzw. mit Gl. (71) aus Teil I, Kap. 3.3 erhält man

$$\frac{1}{Bo_{s,R}} = \frac{D_{ax,R}}{w h_0} = \frac{\beta}{\beta'} = \frac{K_2}{\beta'} \cdot \Pi\left(N_i^{\alpha_i}\right) \ . \tag{14.15}$$

oder

$$\beta = \frac{\dot{V}_R}{\dot{V}} = K_2 N_{Sr}^a \left(\frac{d_2}{d_1}\right)^b \left(\frac{h_0}{d_1}\right)^c \left(\frac{N_s d_3}{d_1}\right)^d \left(\frac{d_{sp}}{d_1}\right)^e \ . \tag{14.16}$$

Durch Einbeziehen von Ergebnissen der statischen Turbulenztheorie und durch Experimente wurden folgende Exponenten ermittelt [14.5]:

$a = \quad 1$
$b = \quad 0{,}75$
$c = \ -6/5$
$d = \quad 1/9$
$e = \quad 2.$

Zu 14.7

Die Begasung mit steriler Luft erfolgt im letzten (unteren) Kolonnenschuß über eine Begasungseinrichtung. Die kleinen Gasblasen werden durch den Rührer dispergiert und steigen im langsam entgegenströmenden Medium auf.

Die in Gl. (14.16) ermittelte Abhängigkeit für die axiale Rückvermischung gilt nur für die homogene, gasfreie Flüssigkeit.

Durch die Begasung $\dot{V}_G$ kommen nun ein neuer, unabhängiger Prozeßparameter, neue Stoffwerte (Luft) und, wie *bei allen heterogenen Stoffsystemen mit Dichtedifferenzen* (Sedimentations- und Auftriebbewegungen), der Parameter $g\Delta\varrho$ hinzu.

Nachfolgend werden die *Relevanzlisten „ohne" und „mit" Begasung* gegenübergestellt.

Relevanzliste ohne Begasung $\equiv$ homogenes Stoffsystem

$$\{\ D_{ax}\ ,\quad w, n\quad , d_1, d_2, N_s \cdot d_3, d_w, d_{sp}, h_0, h_1, h_2, a_1,\quad \varrho, \eta\ \} \ . \tag{14.17}$$

Ziel- Betriebs- geometrische Parameter Stoff-
größe parameter   werte

Bei der Aufstellung der Relevanzliste für das „begaste System" wird von der Relevanzliste für das „unbegaste System" ausgegangen, jedoch werden Erkenntnisse über die Anzahl von Einflußgrößen bzw. Kennzahlen genutzt.

Gegenüber der Relevanzliste (14.4) können, unter Beachtung der bekannten Einbaubedingungen, folgende Parameter weggelassen werden, weil sie die axiale Rückvermischung nicht beeinflussen.

a_1: Abstand der neutralen Faser von der Behälterwandung
d_w: Durchmesser der Welle
h_1: Rührerblatthöhe
h_2: Rührereinbauhöhe bezogen auf die Rührermitte

Damit entsteht folgende

Relevanzliste mit Begasung $\equiv$ heterogenes Stoffsystem

$$\{\, \underbrace{D_{\text{ax}}}_{\substack{\text{Ziel-}\\\text{größe}}} ,\, \underbrace{w, \dot{V}_{\text{G}}}_{\substack{\text{Betriebs-}\\\text{parameter}}}, \underbrace{n, d_1, d_2, \text{N}_s\cdot d_3, d_{\text{sp}}, h_0}_{\text{Geometrische Parameter}}, \underbrace{\varrho, \eta, \sigma, \varrho_{\text{G}}, \eta_{\text{G}}}_{\text{Stoffwerte}},\, \underbrace{g\Delta\varrho}_{\substack{\text{Natur-}\\\text{konstante}}} \,\} \,. \qquad (14.18)$$

Trotz Reduzierung enthält diese Relevanzliste immer noch 15 Größen.

Bevor die Dimensionsmatrix aufgestellt wird, empfiehlt es sich, *offenkundige Kennzahlen, wie ϱ_G/ϱ und η_G/η* [14.1], vorwegzunehmen. Bekanntlich würde beim weiteren Vorgehen u. a. die Kennzahl, $g\Delta\varrho/\varrho$, gebildet werden, die wegen

$$\Delta\varrho = \varrho - \varrho_{\text{G}} \approx 1000 - 1{,}29 \approx \varrho \qquad (14.19)$$

näherungsweise in $g\varrho/\varrho$ übergeht, so daß in der Relevanzliste statt $g\Delta\varrho$ nur g auftritt.

Durch diese Überlegung entsteht mit den vorweggenommenen Kennzahlen ϱ_G/ϱ und η_G/η folgende *reduzierte Relevanzliste:*

$$\{D_{\text{ax}}, w, \dot{V}_{\text{G}}, n, d_1, d_2, \text{N}_s\cdot d_3, d_{\text{sp}}, h_0, \varrho, \eta, \sigma, g\} \,. \qquad (14.20)$$

Nunmehr kann die Dimensionsmtrix aufgestellt werden.

Dimensionsmatrix

	Kernmatrix			Restmatrix									
	ϱ	d_1	η	D_{ax}	w	$\dot{V}_{\text{G}}$	n	d_2	$(\text{N}_s d_3)$	d_{sp}	h_0	σ	g
M	1	0	1	0	0	0	0	0	0	0	0	1	0
L	-3	1	-1	2	1	3	0	1	1	1	1	0	1
T	0	0	-1	-1	-1	-1	-1	0	0	0	0	-2	-2

(M, L, T-Dimension: Masse, Länge, Zeit)

Einheitsmatrix

Mit nur 4 Lineartransformationen (der Zeilen) erhält man die Einheitsmatrix.

	Einheitsmatrix			Restmatrix									
	ϱ	d_1	η	D_{ax}	w	$\dot{V}_G$	n	d_2	$(N_s d_3)$	d_{sp}	h_0	σ	g
M+T	1	0	0	-1	-1	-1	-1	0	0	0	0	-1	-2
3M+L+2T	0	1	0	0	-1	1	-2	1	1	1	1	-1	-3
$-$T	0	0	1	1	1	1	1	0	0	0	0	2	2

Es bestätigt sich, daß der Rang der Matrix r = 3 ist, also werden $13-3$ Kennzahlen existieren (ohne die Vorweggegangenen). Die dimensionslosen Kennzahlen ergeben sich aus der Einheitsmatrix.

Ablesung der Π-Größen

$$\Pi_1 = \frac{D_{ax}}{\varrho^{-1}\eta} = \frac{D_{ax}}{\nu} \tag{14.21}$$

$$\Pi_2 = \frac{w}{\varrho^{-1}d_1^{-1}\eta} = \frac{w d_1}{\nu} \tag{14.22}$$

$$\Pi_3 = \frac{\dot{V}_G}{\varrho^{-1}d_1\eta} = \frac{\dot{V}_G}{d_1\nu} \tag{14.23}$$

$$\Pi_4 = \frac{n}{\varrho^{-1}d_1^{-2}\eta} = \frac{n d_1^2}{\nu} \tag{14.24}$$

$$\Pi_5 = \frac{d_2}{d_1} \tag{14.25}$$

$$\Pi_6 = \frac{N_s d_3}{d_1} \tag{14.26}$$

$$\Pi_7 = \frac{d_{sp}}{d_1} \tag{14.27}$$

$$\Pi_8 = \frac{h_0}{d_1} \tag{14.28}$$

$$\Pi_9 = \frac{\sigma}{\varrho^{-1}d_1^{-1}\eta^2} = \frac{\sigma d_1}{\nu\eta} \tag{14.29}$$

$$\Pi_{10} = \frac{g}{\varrho^{-2} d_1^{-3} \eta^2} = \frac{g d_1^3}{v^2} \tag{14.30}$$

Die Strukturen der Kennzahlen Π_1, Π_2, Π_3, Π_4, Π_9 und Π_{10} lassen keine vergleichbare Interpretation zu. Die Kennzahlen sollen so umgeformt werden, daß eine Verbindung zu anderen, ähnlichen Zusammenhängen hergestellt ist.

Rekombination

$$\Pi_1^{-1} \cdot \Pi_2 \cdot \Pi_8 \quad = \frac{w\, h_0}{D_{ax}} \equiv Bo \tag{14.31}$$

$$\Pi_2 \cdot \Pi_4^{-1} \cdot \Pi_5^{-1} = \frac{w}{d_2 n} \equiv N_{Sr}^{-1} \tag{14.32}$$

$$\Pi_3 \cdot \Pi_4^{-1} \cdot \Pi_5^{-3} = \frac{\dot{V}_G}{n d_2^3} \equiv Q \tag{14.33}$$

$$\Pi_4 \cdot \Pi_5^2 \quad = \frac{n d_2^2}{v} \equiv Re_n \tag{14.34}$$

$$\Pi_9 \cdot \Pi_4^{-2} \cdot \Pi_5^{-3} = \frac{\sigma}{\varrho n^2 d_2^3} \equiv We^{-1} \tag{14.35}$$

$$\Pi_{10} \cdot \Pi_5^3 \quad = \frac{g d_2^3}{v^2} \equiv Ga = \frac{Re_n^2}{Fr} \tag{14.36}$$

Unter Berücksichtigung der vorweggenommenen Kennzahlen folgt nunmehr der Kennzahlenansatz

$$\frac{1}{Bo_R} = f\left(N_{Sr}, Re_n, Q, We, Ga, \frac{d_2}{d_1}, \frac{N_s \cdot d_3}{d_1}, \frac{d_{sp}}{d_1}, \frac{h_0}{d_1}, \frac{\varrho_G}{\varrho}, \frac{\eta_G}{\eta}\right) . \tag{14.37}$$

Man stellt fest, daß der wichtige Prozeßparameter, die Rührerdrehzahl n, in 4 Kennzahlen vorkommt (N_{Sr}, Q, Re, We). Ihr Zahlenwert wird bei jeder Drehzahländerung verändert. Das ist für die Versuchsplanung und Auswertung ungünstig.

Man kann durch Kombination der Kennzahlen Re und We eine neue Kennzahl finden [14.1], die weitgehend aus Stoffdaten besteht, nämlich

$$\frac{We^{1/2}}{Re} = \frac{\eta}{(\sigma d_2 \varrho)^{1/2}} = Z \tag{14.38}$$

wobei $Z = We^{1/2}/Re$ Ohnesorge-Zahl heißt. Die Ohnesorge-Zahl enthält noch den geometrischen Parameter d_2. Dieser Parameter läßt sich eliminieren:

$$\sigma^* = Z \cdot Ga^{1/6} = \left(\frac{\eta^4 g}{\sigma^3 \varrho}\right)^{1/6} = (N_{acc2})^{1/6} = (N_{Mo})^{1/6} \tag{14.39}$$

wobei $N_{Mo} = N_{acc2}$ Morton-Zahl heißt [14.9].

Auf die Weise wurde die *We*-Kennzahl in eine reine Stoffkennzahl σ^* umgeformt, deren Zahlenwert nur vom Stoffsystem bestimmt wird. Sie wird bei der Beschreibung ausströmender bzw. durchströmender Flüssigkeiten berücksichtigt.

Damit kann man von folgendem Π-Raum ausgehen

$$\frac{1}{Bo_s} = f\left(N_{Sr}, Re, Q, Ga, \frac{d_2}{d_1}, \frac{N_s d_3}{d_1}, \frac{d_{sp}}{d_1}, \frac{h_0}{d_1}, \frac{\varrho_G}{\varrho}, \frac{\eta_G}{\eta}, \sigma^*\right) . \tag{14.40}$$

Der Π-Raum besteht aus einer Zielkennzahl *Bo*, drei Prozeßkennzahlen (N_{Sr}, Re, Q), einer gemischten Kennzahl *Ga*, vier geometrischen Kennzahlen und drei reinen Stoffkennzahlen. Für ein experimentelles Konzept ist das zu viel.

Weitere Reduzierungen sind möglich. Im Gegensatz zur Gasdichte ϱ_G ist ein Einfluß der Viskosität η_G des Gases auf die axiale Rückvermischung nicht zu erwarten (η_G/η = irrelevant).

Bei so dünnflüssigen Medien wie Fermentationsbrühen ($\approx$ Wasser) ist ein Einfluß von σ^* auf die axiale Rückvermischung ebenfalls nicht denkbar (σ^* = irrelevant).

Werden die Experimente in nur einem Apparat mit feststehendem Stoffsystem durchgeführt, so lassen sich die grundlegenden Abhängigkeiten nunmehr mit folgendem, reduzierten Kennzahl-Ansatz ermitteln:

$$\frac{1}{Bo_{s,R}} = f(N_{Sr}, Re_n, Q, Ga) . \tag{14.41}$$

Nach Zlokarnik [14.6], Steiff [14.7] und Venus u. a. [14.8] gilt

$$Ne_G = f(Re_n, Q, Ga) \tag{14.42}$$

mit Ne_G: Newton-Zahl im begasten System.

Da die axiale Rezirkulation vor allem durch die Strouhal-Zahl bestimmt wird, beschreibt die Ne_G-Zahl die Variabilität des Leistungseintrages in Abhängigkeit nach Gl. (14.42).

Mit Kenntnis einer gesicherten Korrelation nach Gl. (14.42) kann man nunmehr schreiben:

$$\frac{1}{Bo_{s,R}} = f(N_{Sr}, Ne_G) . \tag{14.43}$$

Diese Beziehung könnte Ausgangspunkt einer erheblich vereinfachten Versuchsplanung sein.

Literatur

[14.1] M. Zlokarnik (1990) Dimensionsanalyse und Modellübertragung in der Verfahrenstechnik. Bayer AG, Leverkusen

[14.2] S. Kattanek, R. Görger, C. Bode (1967) Ähnlichkeitstheorie. VEB Deutscher Verlag für Grundstoffindustrie, Leipzig

[14.3] J. Pawlowski (1971) Die Ähnlichkeitstheorie in der physikalisch-technischen Forschung. Springer-Verlag, Berlin-Heidelberg-New York

[14.4] F. Liepe, M. Meusel, H.-O. Möckel, B. Platzer, H. Weissgärber (1988) Verfahrenstechnische Berechnungsmethoden − Stoffvereinigen in fluiden Phasen (Teil 4), Ausrüstung und ihre Berechnung, 1. Aufl. VEB Deutscher Verlag für Grundstoffindustrie, Leipzig

[14.5] K.-H. Wolf (1979) Axiale Rückvermischung in mehrstufigen Fermentoren, Teil II: Erweitertes Modell zur Bestimmung der Bo-Zahl für die kontinuierliche Phase. Chem. Techn. 31 2, S. 65−67

[14.6] M. Zlokarnik (1973) Rührleistung in begaster Flüssigkeit. Chem.-Ing.-Tech. 45 10a, S. 689−692

[14.7] A. Steiff (1976) Untersuchungen zum Wärme- und Impulsaustausch in ungerührten und gerührten Gas-Flüssigkeits-Reaktoren. Dissertation, Universität Dortmund

[14.8] J. Venus, K.-H. Wolf, O. Stiebitz, J. Langer (1989) Leistungseintrag in begaste Bioreaktoren mit mehretagiger Rühreranordnung. Wiss. Z. Techn. Univ. Dresden 38 2, S. 139−146

[14.9] H. Wetzler (1985) Kennzahlen der Verfahrenstechnik. Dr. Alfred Hüthig Verlag GmbH, Heidelberg

Beispiel 15:
Minimale Prozeßdauer in der Reaktorkombination idealer Rührkessel und nichtidealer Turmfermenter

- CSTR (R) und eindimensionales Diffusionsmodell
  - Bilanzen
- optimaler Durchsatz des Rührfermenters D_{opt}
- Parameterstudien und Lösungsfelder $c_{s,12} = f(D, n)$
- optimaler Betriebspunkt der Reaktorkombination $D_{opt,sys}$
- Alternative Reaktorkombinationen

Aufgabenstellung

In Abb. 14.1 ist das Schema einer Pilotanlage zur kontinuierlichen Gärung und Reifung von Bier mittlerer Qualität dargestellt.

Das eigentliche Reaktorsystem besteht aus einem Propagationsgefäß, in dem im Fließgewicht die zufließende Würze (vergärbare Zucker) durch Bierhefe vergoren wird und gleichzeitig Hefe zuwächst. Die Zulaufkonzentration hat einen Stammwürzegehalt von 11,4 %.

Die Produktbildung erfolgt wachstumsgekoppelt. Es gilt folgende vereinfachte Bruttoreaktionsgleichung:

$$C_6H_{12}O_6 \overset{\mu}{\to} a\,C_2H_5OH + b\,CO_2 + c\ \text{Hefe} \qquad [\Delta_R H^{(x)}] = -567\,\frac{kJ}{kg}\ .$$

$$(15.1)$$

Die teilvergorene Würze und Hefe gelangen von dem CSTR (R) in die Gärkolonne (j = 12stufige Rührkolonne, Länge $L = 12$ m). Durch schlagartige Druckerhöhung von $p_P = 0,25$ bar (CSTR(R)) auf $p_K = 2$ bar (Kopfdruck) wird ein weiteres Wachstum der Hefe unterbunden. Die Biomasse ist jetzt nur noch für die Produktsynthese und Reifungsreaktionen da. Das Fermentationsmedium (Jungbier und Hefe) strömt bei gleichzeitigem Ansteigen des hydrostatischen Druckes $p(j) = p_K + \varrho \cdot g \cdot j$ vom Kolonnenkopf zum Kolonnenende. Dabei erfolgt die weitere Gärung und Reifung bis zu einem scheinbaren Vergärungsgrad von $V_g = 78\,\%$. Am Kolonnenauslauf (12. Stufe) soll der *scheinbare Extrakt* einen Wert von $c_{sE} = 2,52\,\%$ bzw. einen vergärbaren Extrakt von $c_{s,12} = 4,00$ g/l erreichen, der nicht über- oder unterschritten werden sollte. Unter dem vergärbaren Extrakt soll die Summe der von der Hefe vergärbaren Zucker verstanden werden. Der Zusammenhang zwischen scheinbarem und

Tab. 15.1. Geometrische und konstruktive Parameter der Reaktorkombination

Propagationsfermenter
$d_1 = 1{,}184\ \text{m}$
$d_2 = 0{,}2\ \text{m}$
$n = 5{,}25\ \text{s}^{-1}$
$V_F = 1\ \text{m}^3$

Gärkolonne

$d_1 = 0{,}51\ \text{m}$	h_1		$0{,}04\ \text{m}$
$d_2 = 0{,}2\ \text{m}$	h_2/d_2	$=$	1
$d_3 = 0{,}015\ \text{m}$	N_s	$=$	4
$d_{sp} = 0{,}085\ \text{m}$	j_v	$=$	12
$h_0 = 1\ \text{m}$	V_{ges}/j	$=$	$0{,}20\ \text{m}^3$
$L = 12\ \text{m}$	V_{ges}	$=$	$2{,}40\ \text{m}^3$

Tab. 15.2. Verfahrensparameter zum Verfahren Gärkolonne [15.2]

1. Zulaufparameter	$c_{so} = 78{,}0\ \text{g/l}$
2. Rückführparameter (Anteilige Biomasse aus der Gärkolonne in den Propagationsfermenter)	$\alpha = 0{,}025$ $\beta = 16{,}4$ $\dot{V}_R = 0{,}0015\ \text{m}^3/\text{h}$
3. Mittlere Stoffwerte	$\varrho = 1011\ \text{kg/m}^3$ $\nu = 2{,}00 \cdot 10^{-6}\ \text{m}^2/\text{s}$
4. Geforderter Gesamtumsatz Auslaufkonzentration aus der Gärkolonne	$U = 0{,}95$ $c_{s,12} = 4{,}0\ \text{g/l}$

5. Druckverhältnisse
  – Propagation
  – Gärkolonne
	
	$0{,}25 \cdot 10^5\ \text{Pa}$
	$2{,}0 \cdot 10^5\ \text{Pa}$

6. Temperaturverhältnisse
  – Propagation
  – Gärkolonne
	
	$20\,^\circ\text{C}$
	$20\,^\circ\text{C}$

vergärbarem Extrakt ist durch c_s [g/l] $= 8{,}335 \cdot c_E$ [%] $- 17$ gegeben. Damit ergibt sich ein Umsatz von $U_s \approx 0{,}95$, der als Zielgröße gilt. Nach Verlassen der Kolonne erfolgt die Abtrennung der Hefe, die partiell in die Propagation rezirkuliert wird, um den Extraktschwund zu reduzieren. Die Rückführparameter sind Tab. 15.2 zu entnehmen.

Die technischen Angaben (Konstruktion) der Reaktoren sind in Tab. 15.1 und die Verfahrensparameter in Tab. 15.2 zusammengestellt.

Die Reaktormodelle für die Fermenter sind
– für das Propagationsgefäß $\rightarrow$ der ideale Rührreaktor
– die Gärkolonne $\qquad\qquad$ $\rightarrow$ das eindimensionale Diffusionsmodell

Die dazugehörigen kinetischen Modelle sind der

– wachstumsgekoppelte Substratabbau (idealer Rührreaktor):

$$\frac{dc_x}{dt} = \mu(c_s)\,c_x \tag{15.2}$$

mit

$$\mu = \mu_{max} \cdot \left(1 - \frac{c_x}{c_{x,max}}\right) \cdot c_x \tag{15.3}$$

und

$$\frac{dc_s}{dt} = -\frac{1}{Y_{x/s}}\frac{dc_x}{dt} \tag{15.4}$$

Kinetische Daten für $\Theta = 20\,°C$:

$$\mu_{max} = 0{,}119\,\text{h}^{-1}$$
$$c_{x,max} = 24{,}29\,\text{g l}^{-1}$$
$$Y_{x/s} = 0{,}4\,\text{g}\cdot\text{g}^{-1}$$

– wachstums*ent*koppelte Substrateabbau unter Berücksichtigung des Druck-
einflusses [15.2] für $\Theta = 20\,°C$ (Gärkolonne):

$$R_s = \frac{dc_s}{dt} = k_4 \exp\cdot\left(-\frac{\Delta v\cdot k_5\cdot j}{R\cdot T}\right) c_s c_x \tag{15.5}$$

mit

$$j = \frac{p_K - p(j)}{\varrho\,g}$$

Einheiten:

j [m]
$\Delta\bar{v}$ [ml/mol]
k_5 [J/(ml·m)]
R [J/(mol·K)]
T [K]

Kinetische Daten für $\Theta = 20\,°C$:

$$k_4 = 1{,}31\cdot10^{-6}\,\text{l/(g·s)}$$
$$k_5 = 9{,}971\cdot10^{-3}\,\text{J/(ml·m)}$$
$$\Delta v = -9{,}788\cdot10^{3}\,\text{ml/mol}.$$

Dann gilt, gekoppelt mit dem eindimensionalen Diffusionsmodell unter stationären Verhältnissen, nachfolgende Dgl.:

$$D_{ax}\frac{d^2 c_s}{dj^2} - w_K\frac{dc_s}{dj} - R_s = 0 \ . \tag{15.6}$$

Hierin bedeuten:

D_{ax}: axialer, effektiver (turbulenter) Diffusionskoeffizient
w_K: Leerrohrgeschwindigkeit oder lineare Strömungsgeschwindigkeit.

Dabei ist:

$$D_{ax} = \frac{w_K \cdot h_0}{Bo_s} \tag{15.7}$$

und

$$w_K = \frac{\dot{V}}{A_K} \ . \tag{15.8}$$

Die partielle Rückvermischung zwischen den Kolonnenstufen wird durch ein halbempirisches Modell für den axialen Diffusionskoeffizienten erfaßt [15.2]:

$$\frac{1}{Bo_s} = \frac{j}{\sqrt{4(j\beta'-1)^2-1}}$$

$$+ \frac{K d_2 n}{\beta' w_K}\left(\frac{d_2}{d_1}\right)^{3/4}\left(\frac{h_0}{d_1}\right)^{-6/5}\left(\frac{N_s d_3}{d_1}\right)^{1/9}\left(\frac{d_{sp}}{d_1}\right)^2 \tag{15.9}$$

mit

K $= 0{,}3065$
$\beta' = 2$ für $Re > 10^4$
$\qquad h_0/d_1 > 0{,}5$

Statistische Sicherung:

B $= 0{,}986$.

Gültigkeitsbereich für eine Rührkolonne mit Sechsblatt-Schaufelrührer Gl. (15.9):

$Re > 5\cdot 10^3 \cdots 10^5$

$$
\begin{aligned}
0 \quad & < d_2 n/w_K < 13{,}07\cdot 10^{-2}\\
0{,}25 \quad & < d_2/d_1 \quad < 0{,}4\\
(0{,}5)\ 0{,}9 \quad & < h_0/d_1 \quad < 2{,}0\\
0{,}04 \quad & < N_s d_3/d_1 < 0{,}4\\
2{,}7\cdot 10^{-2} & < d_{sp}/d_1 \quad < 0{,}4\\
0{,}7 \quad & < L \qquad < 20
\end{aligned}
$$

$$\boxed{\begin{array}{ll} Re \;\;> 10^4 & \beta' = 1 \\ h_0/d_1 < \;0,5 & \\ \hline Re \;\;< 10^4 & \beta' = 2 \end{array}} \qquad \boxed{\begin{array}{ll} Re \;\;> 10^4 & \beta' = 2 \\ h_0/d_1 > \;0,5 & \end{array}}$$

Setzt man die geometrischen Größen der Gärkolonne nach Tab. 15.1 in Gl. (15.9) ein und formt diese nach D_{ax} um, ergibt sich folgende Zahlenwertgleichung:

$$D_{ax} = w_K \left(0,261 + 1,4825 \cdot 10^{-4} \cdot \frac{n}{w_K} \right) \tag{15.10}$$

mit den Dimensionen s^{-1} für n und ms^{-1} für w_K.

Mit Vorgabe eines Durchsatzes $\dot{V}$ bzw. einer Verdünnungsrate D und einer Rührdrehzahl n kann nunmehr nach Gl. (15.10) der axiale Diffusionskoeffizient D_{ax} für die geometrisch festgelegte Gärkolonne berechnet werden. Der Wert von D_{ax} und w_K geht dann in die ersten beiden Terme von Gl. (15.6) ein.

Während die mathematische Behandlung des *stationären Rührkessels mit Biomasserezirkulation (Propagationsfermenter) − CSTR (R) −* einfach ist, wird die Berechnung des stationären Konzentrationsprofils der Gärkolonne aufwendig, da keine allgemeine Lösung der Dgl. (15.6) in Form von

$$c(j) = f(c_{so}, c_x, D_{ax}, w_K, j) \tag{15.11}$$

bekannt ist. Aus diesem Grunde wird nachfolgend das Lösungsprinzip dargestellt, auf dem das Rechnerprogramm „Gäko" (Gärkolonne) beruht, das für die Rechnungen genutzt wurde. In das Programm „Gäko" ist die Gl. (15.10) eingearbeitet [15.4].

Mathematische Ergänzung

Die numerische Lösung der Dgl. (15.6) unter Einfügung von Gl. (15.5)

$$D_{ax} \frac{d^2 c_s}{dj^2} - w_K \frac{dc_s}{dj} - k_4 e^{-[\Delta v k_s j/(RT)]} c_s c_x = 0 \tag{15.12}$$

erfolgt numerisch mittels des Runge-Kutta-Verfahrens 4. Ordnung. Bei dieser Berechnung der Differentialgleichung wird folgendermaßen vorgegangen. Setzt man

$$x(j) = \frac{\dot{c}(j)}{c(j)} \;,$$

so erhält man aus Dgl. (15.12) eine Differentialgleichung erster Ordnung

$$\dot{x} + x^2 - \frac{w_K}{D_{ax}} x - \frac{k_4}{D_{ax}} e^{-[\Delta v k_s j/(RT)]} c_x = 0 \;. \tag{15.13}$$

Mittels der Abkürzungen

$$a = \frac{w_K}{D_{ax}} \; ; \quad b = \frac{\Delta v k_5}{RT} \; ; \quad d = c_x \frac{k_4}{D_{ax}}$$

geht die Differentialgleichung über in

$$\dot{x} = ax + de^{bj} - x^2 = f(j,x) \tag{15.14}$$

und die Randbedingung ist $x(L) = 0$. Um die Fehlerordnung des numerischen Verfahrens klein zu halten (Ordnung h^5), wird der Runge-Kutta-Algorithmus 4. Ordnung angewendet, d.h.

und
$$x_{n+1} = x_n + hg(h_n, x_n)$$

mit
$$g(h_n, x_n) = \frac{1}{2}(h_1 + 2h_2 + 2h_3 + h_4) \; , \tag{15.15}$$

$$h_1 = f(h_n, x_n) \tag{15.16a}$$

$$h_2 = f\left(h_n + \frac{h}{2}, x_n + \frac{h}{2}h_1\right) \tag{15.16b}$$

$$h_3 = f\left(h_n + \frac{h_2}{2}, x_n + \frac{h}{2}h_3\right) \tag{15.1c}$$

$$h_4 = f(h_n + h, x_n + hh_4) \; . \tag{15.16d}$$

Setzt man für f ein und nimmt speziell $h_n = n \cdot h$, wobei h die Schrittweite des numerischen Verfahrens ist, die im Kopf des Programms mit $h = 0{,}03$ festgesetzt wurde, dann nehmen die einzelnen h_i folgende Form an:

$$h_1 = ax_n + de^{bnh} - x_n^2 \tag{15.17a}$$

$$h_2 = a\left(x_n + \frac{h}{2}h_1\right) + de^{b(n+1/2)h} - \left(x_n + \frac{h}{2}h_1\right)^2 \tag{15.17b}$$

$$h_3 = a\left(x_n + \frac{h}{2}h_2\right) + de^{b(n+1/2)h} - \left(x_n + \frac{h}{2}h_2\right)^2 \tag{15.17c}$$

$$h_4 = a(x_n + hh_3) + de^{b(n+1)h} - (x_n + hh_3)^2 \; . \tag{15.17d}$$

Mit der Wahl der Schrittweite h ist ein Kompromiß verbunden. Wählt man h viel kleiner als den angegebenen Wert, so geht das merklich auf Kosten der Schnelligkeit des Programms. Wählt man h zu groß, so wird die Abweichung von der exakten Konzentrationskurve zu groß. Je nachdem, wieviel Zeit der Nutzer aufwenden will, kann er die Schrittweite im Kopf des Programms nach seinen Wünschen ändern.

Im Feld y werden im Programm die Werte von x an den Stellen nh ($n = 0, \ldots, [12/h]$) zwischengespeichert. Da x am Kolonnenende $j = L$ gegeben ist, berechnet das Programm die Werte bei $j = 12$, beginnend und endend bei $j = 0$. Differenzenverfahren:

$$x_n \approx \frac{c_{n+1} - c_n}{h\,c_n} \Rightarrow c_{n+1} \approx (x_n h + 1)\,c_n \; . \tag{15.18}$$

Die Berechnung der Konzentration an den Stützstellen beginnt man bei $j = 0$, da die Anfangskonzentration c_{so} vorgegeben wurde. So erhält man letztlich die Konzentration an den Stützstellen $0, h, \ldots, [12/h]\,h$, gespeichert im Feld y.

Aufgaben

15.1

Stellen Sie die speziellen Bilanzen für das gekoppelte Reaktorsystem auf, wobei die Biomasserezirkulation zu berücksichtigen ist.

15.2

Ermitteln Sie die optimale und kritische Verdünnungsrate für das System ohne und mit Heferückführung.

15.3

Berechnen Sie die stationären Austrittskonzentrationen von Biomasse und Substrat aus dem Propagationsfermenter in einem Bereich von $0,02 \leq D_p \leq D_{krit}$ (Schrittweite: $\Delta D_p = 0,01 \text{ h}^{-1}$) für das System mit Biomasserezirkulation ($A = 0,615$).

15.4

Ermitteln Sie die minimale Drehzahl des Rührers, wenn man $Re = 10^4$ nicht unterschreiten darf.

15.5

Berechnen Sie die Austrittskonzentrationen aus dem Propagationsfermenter und die Auslaufkonzentration $c_{s,12}$ (aus der 12. Stufe der Gärkolonne) für die optimale Durchlaufrate D_p durch den Propagationsfermenter (ohne Gärkolonne!) mit und ohne Rückführung.

Prüfen Sie, ob der gewünschte Umsatz bzw. die geforderte Austrittskonzentration $c_{s,12} = 4 \, g \cdot l^{-1}$ erreicht wird.

15.6

Berechnen Sie die Lösungsfelder, bei denen die Substrataustrittskonzentration aus der 12. Stufe ($c_{s,12}$) der Gärkolonne für das Feld der Verdünnungsraten nach Aufgabe 15.2 ermittelt wird.

Hierbei sind die Drehzahlen $n = 0$, $0{,}5$, 1, 5, $10 \, s^{-1}$ Scharparameter.

Stellen Sie die Ergebnisse tabellarisch und grafisch dar! Werten Sie diese Ergebnisse!

15.7

Welche Werte nimmt die Verdünnungsgeschwindigkeit des Systems D_{sys} an, wenn das Optimum $c_{s,12} = 4 \, g/l$ erreicht ist? Die Drehzahl beträgt $n_{min} = 0{,}5 \, s^{-1}$. Wie verhält sich der Konzentrationsabbau über die Stufenzahl beim System mit bzw. ohne Rückführung?

15.8

Wie groß wäre die Austrittskonzentration aus dem System mit Rückführung, wenn die Gärkolonne durch einen in Reihe geschalteten 2. Rührreaktor (Volumen: $V_G = 2{,}4 \, m^3$) ersetzt würde?

15.9

Wäre ein Rohrreaktor eine Alternative für den Ersatz der Gärkolonne oder eines 2. Rührkessels?

Wie lang müßte das Rohr sein, bis $c_s^{(A)} = 4 \, g/l$ erreicht wird?

Lösungen

Zu 15.1

Die allgemeinen Bilanzen sind in Teil I, Kap. 3 dargestellt. Danach erhält man unter Beachtung der kinetischen und hydrodynamischen Bedingungen (s. Aufgabenstellung) nachfolgende *spezielle Bilanzen:*

Propagationsfermenter

Mit dem Reaktionsterm Gln. (15.2)–(15.4) folgt:

$$0 = -Dc_x[1+\alpha(1-\beta)]+\mu_{\max}\left[1-\frac{c_x}{c_{x,\max}}\right]c_x \tag{15.19}$$

und

$$0 = -D[c_s-c_{so}]-\frac{1}{Y_{x/s}}\mu_{\max}\left[1-\frac{c_x}{c_{x,\max}}\right]c_x \; . \tag{15.20}$$

Gärkolonne

Da in der Gärkolonne kein Biomassewachstum erfolgt, gilt $c_x^{(E)}=c_x^{(A)}=$ const., und es ist nur der Substratabbau zu beschreiben. Die allgemeine Bilanz lautet:

$$\frac{dc_s}{dt} = D_{ax}\frac{d^2c_s}{dj^2}-w_K\frac{dc_s}{dj}-R_s \; . \tag{15.21}$$

Bei kontinuierlicher Prozeßführung ($dc_s/dt = 0$) und mit Gl. (15.5) erhält man die spezielle Bilanz:

$$D_{ax}\frac{d^2c_s}{dj^2}-w_K\frac{dc_s}{dj}-k_4\exp\left(-\frac{\Delta v k_5 j}{RT}\right)c_s c_x^{(E)}=0 \; . \tag{15.22}$$

Zu 15.2

Die optimale Verdünnungsgeschwindigkeit des Systems Rührkessel-Rührkolonne läßt sich mit der Produktivitätsdefinition verdeutlichen (vgl. Teil II, Beispiel 6).

Die Produktivität des Systems ergibt sich zu

$$Pr_{sys} = Pr_p+Pr_G \tag{15.23}$$

wobei ‚p' für Propagationsfermenter und ‚G' für Gärkolonne steht, bzw.

$$Pr_{sys} = D_p c_x+D_G Y_{x/s}(c_{sp}^{(E)}-c_{s,12}) \tag{15.24}$$

Mit vereinheitlichten Konzentrationen und Verdünnungsraten lauten die Beziehungen:

$$Pr_{sys} = D_p Y_{x/s}(c_{so}-c_{sp}^{(A)})+D_G Y_{x/s}(c_{sp}^{(E)}-c_{s,12}) \tag{15.25a}$$

bzw.

$$Pr_{sys} = \frac{\dot V_p}{V_p} Y_{x/s}(c_{so}-c_{sp}^{(A)})+\frac{\dot V_p}{V_G} Y_{x/s}(c_{sp}^{(A)}-c_{s,12}) \; . \tag{15.25b}$$

Die Produktivität des Systems nimmt unter vorgegebenen Bedingungen der Reaktorgeometrie, Hydrodynamik und Kinetik dann ein Maximum an, wenn bei einer optimalen Verdünnungsrate des Systems $D_{\text{sys,opt}}$ der Substratabbau im System genau den geforderten Bedingungen der Aufgabenstellung entspricht:

$$c_{s,12}^{(A)} = 4\ \text{g/l}$$

bzw. wenn der Umsatz

$$U_{s,\text{sys}} = \frac{c_{so} - c_s}{c_{so}} = \frac{78 - 4}{78} = 0,949 \tag{15.26}$$

erreicht wird.

Beim vorgegebenen Umsatz soll nun der Volumendurchsatz $\dot{V}_p = \dot{V}_G$ ein Maximum annehmen.

Damit stellt sich das Problem wie folgt dar:

$$U_{s,\text{sys}} = U_p + U_G \tag{15.27}$$

bzw. mit den Gln. (15.20), (15.22) und (15.9):

$$U_{s,\text{sys}} = U_p(D_p) + U_G(D_G, n) = 0,949 \tag{15.28}$$

oder

$$U_{s,\text{sys}} = \frac{c_{so} - c_{s,p}^{(A)}}{c_{so}} + \frac{c_{s,p}^{(A)} - c_{s,12}}{c_{s,p}^{(A)}} \ . \tag{15.29}$$

Während sich der Term $U_p(D_p)$ bzw. $D_{p,\text{max}}$ mit elementaren Mitteln berechnen läßt (vgl. Teil II, Beispiel 6), ist für $U_G(D_G, n)$ keine einfache Lösung bekannt. Der Konzentrationsverlauf in der Gärkolonne $c_{s,j} = f(j)$ bzw. die Zielkonzentration $c_{s,12}$ läßt sich nur durch numerische Integration der Dgl. (15.22) berechnen, weil keine geschlossene Lösung im Bereich elementarer Funktionen zu finden ist. *Der Gedanke, unbedingt eine exakte Lösung herzuleiten oder zu finden, kann aufgrund des Aufwandes sofort verworfen werden.* Sinnvoller ist es, mit einigen Iterationen durch ‚Eingabelung‘ auf dem PC das Optimum numerisch zu ermitteln. Der Aufwand ist unvergleichlich geringer.

Intuitiv liegt die Vermutung nahe, daß die optimale Verdünnungsgeschwindigkeit des Systems $D_{\text{opt,sys}}$ „in der Nähe des Optimums des Rührfermenters“ $D_{p,\text{opt}}$ gesucht werden sollte.

Das „separate Optimum“ $D_{p,\text{opt}}$ für den Propagationsfermenter erhält man nach folgendem Weg.

Die stationäre Biomassebilanz (s. Gl. (15.19))

$$0 = -Dc_x[1 + \alpha(1 - \beta)] + \mu_{\text{max}} \left[1 - \frac{c_x}{c_{x,\text{max}}} \right] c_x \tag{15.30}$$

wird nach D umgestellt:

$$D = \frac{\mu_{\text{max}}\left(1 - \dfrac{c_x}{c_{x,\text{max}}}\right)}{[1 + \alpha(1 - \beta)]} = \frac{\mu_{\text{max}}\left(1 - \dfrac{c_x}{c_{x,\text{max}}}\right)}{A} \ . \tag{15.31}$$

Das Besondere an der Bilanz Gl. (15.30) ist die Tatsache, daß aufgrund der autonomen logistischen Gleichung keine direkte Kopplung mit der Substratbilanz vorliegt.

Zunächst folgt aus Gl. (15.31) für $c_x = f(D, A)$:

$$c_x = c_{x,\max}\left(1 - \frac{D \cdot A}{\mu_{\max}}\right) . \tag{15.32}$$

Setzt man den Ausdruck Gl. (15.32) in den 1. Term von Gl. (15.24) ein, so folgt unmittelbar:

$$Pr_{p,x} = Dc_x = Dc_{x,\max}\left(1 - \frac{D \cdot A}{\mu_{\max}}\right) \tag{15.33}$$

bzw.

$$Pr_{p,x} = c_{x,\max}\left(D - \frac{D^2 A}{\mu_{\max}}\right) . \tag{15.34}$$

Für das Optimum ergibt sich durch Differentiation

$$\frac{\mathrm{d}(Pr_{p,x})}{\mathrm{d}D} = c_{x,\max}\left(1 - \frac{2DA}{\mu_{\max}}\right) = 0 \tag{15.35}$$

und damit folgende elementare Lösung:

$$D_{P,\mathrm{opt}} = \frac{\mu_{\max}}{2} \cdot \frac{1}{A} . \tag{15.36}$$

Mit den Zahlenwerten folgt:

(1) Ohne Rückführung $(\alpha = \beta = 0;\ A = 1)$

$$D_{P,\mathrm{opt}} = \frac{\mu_{\max}}{2}$$

$$= \frac{0,119}{2}$$

$$D_{P,\mathrm{opt}} = 0,05938\,\mathrm{h}^{-1} .$$

(2) Mit Rückführung

Für den Fall der Rückführung mit $\alpha = 0,025$ und $\beta = 16,4$ folgt nach Gl. (15.28):

$$A = 1 + \alpha(1 - \beta) = 1 + 0,025 \cdot (1 - 16,4) \tag{15.37}$$

$$A = 0,615.$$

Eingesetzt in Gl. (15.36) ergibt sich

$$D_{P,opt} = \frac{0{,}119}{2} \cdot \frac{1}{1+0{,}025 \cdot (1-16{,}4)}$$

(15.38)

$$\boxed{1/A =}$$

$$
\begin{aligned}
&= 0{,}05935 \quad \cdot \quad 1{,}626 \\
&\;\;\text{ohne} \qquad\quad \text{Steigerungs-} \\
&\;\;\text{Rück-} \qquad\quad \text{faktor} \\
&\;\;\text{führung}
\end{aligned}
$$

$$D_{P,opt} = 0{,}0967 \ \text{h}^{-1} \ .$$

Mithin erhält man

$$\dot{V}_{opt} = D_{opt} V$$

(15.39)

$$= 0{,}0965 \cdot 1$$

$$\dot{V}_{opt} = 0{,}0967 \ \text{m}^3/\text{h}.$$

Die *kritische Verdünnungsgeschwindigkeit* folgt aus Gl. (15.30) durch Umformung von

$$0 = -D[1 + \alpha(1+\beta)] + \mu_{max}\left[1 - \frac{c_x}{c_{x,max}}\right]$$

(15.40)

bzw.

$$0 = -D \cdot A + \mu_{max}\left[1 - \frac{c_x}{c_{x,max}}\right] \ .$$

(15.41)

Mit $c_x = 0$ ergibt sich:

$$D_{P,krit} = \frac{\mu_{max}}{A} \ .$$

(15.42)

Als numerische Ergebnisse erhält man mit $V_p = 1 \ \text{m}^3$:

ohne Rückführung   *mit Rückführung*

$D_{P,krit} = 0{,}119 \ \text{h}^{-1}$ $D_{P,krit} = 0{,}193 \ \text{h}^{-1}$

$\dot{V}_{P,krit} = 0{,}119 \ \text{m}^3 \ \text{h}^{-1}$ $\dot{V}_{P,krit} = 0{,}193 \ \text{m}^3 \ \text{h}^{-1}.$

Zu 15.3

Die stationäre Biomassekonzentration ist durch Gl. (15.32) bestimmt:

$$c_x = c_{x,max}\left(1 - \frac{D_p \cdot A}{\mu_{max}}\right) \ .$$

Mit den kinetischen Daten für den Propagationsprozeß gilt

$$c_{x,\mathrm{P}} = 24{,}29 \cdot \left(1 - \frac{D_{\mathrm{P}} \cdot 0{,}615}{0{,}119} \right) \tag{15.43}$$

und die korrespondierende Substratkonzentration folgt aufgrund der Stöchiometrie zu

$$c_{\mathrm{s},\mathrm{P}} = c_{\mathrm{so}} - \frac{c_{x,\mathrm{P}}(D_{\mathrm{P}})}{Y_{x/s}} \tag{15.44}$$

$$c_{\mathrm{s}}(D_{\mathrm{P}}) = 78 - \frac{c_x(D_{\mathrm{P}})}{0{,}4} \; .$$

Die Gln. (15.43) und (15.44) werden nun im Intervall $0{,}02 \le D_{\mathrm{P}} \le D_{\mathrm{P,krit}}$ in der Stufung $\Delta D_{\mathrm{P}} = 0{,}01 \, \mathrm{h}^{-1}$ ausgewertet. Das Ergebnis von $c_x(D_{\mathrm{P}})$ nach Gl. (15.43) wird in Gl. (15.44) eingesetzt, womit $c_{\mathrm{s}}(D_{\mathrm{P}})$ folgt. Die Ergebnisse sind in Tab. 15.3 zusammengestellt und in Abb. 15.1 präsentiert.

Hinweis: Vergleichen Sie die charakteristischen Verläufe in Abb. 15.1 nach der logistischen Gleichung und Abb. 6.2 nach der Monodschen Gleichung.

Zu 15.4

Um Stofftransportlimitierungen zu vermeiden, muß im Prozeßraum eine entsprechende Turbulenz gewährleistet sein. Es gilt folgende Bedingung:

Tab. 15.3. Verdünnungsgeschwindigkeit und Stationärkonzentrationen des Propagationsfermenters entsprechend den Gln. (15.43) und (15.44)

D_{P} [h^{-1}]	$c_x^{(A)}$ [g/l]	$c_{\mathrm{s}}^{(A)}$ [g/l]
0,02	21,779	23,551
0,03	20,524	26,689
0,04	19,268	29,828
0,05	18,013	32,966
0,06	16,758	36,105
0,07	15,502	39,243
0,08	14,247	42,381
0,09	12,992	45,519
0,10	11,736	48,658
0,11	10,481	51,796
0,12	9,226	54,935
0,13	7,971	58,073
0,14	6,715	61,211
0,15	5,460	64,349
0,16	4,204	67,488
0,17	2,949	70,626
0,18	1,694	73,764
0,19	0,4388	76,903

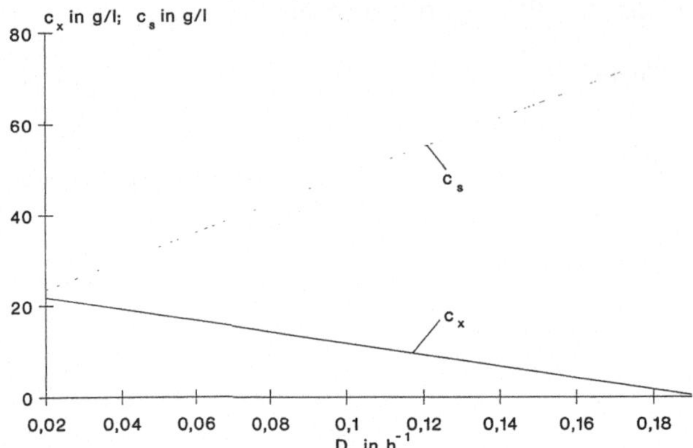

Abb. 15.1. Theoretische Abhängigkeit der Konzentrationen von der Verdünnungsrate nach Gl. (15.32) bzw. nach den Gln. (15.43) und (15.44)

$$Re = \frac{n \cdot d_2^2}{v} \geq 10^4 \qquad\qquad (15.45)$$

$$n_{min} = 0,5 \text{ s}^{-1}$$

$$n_{min} = \frac{Re_{min} \cdot v}{d_2^2} = \frac{10^4 \cdot 2 \cdot 10^{-6}}{0,2^2} \ .$$

Beim Durchmesser des Rührers von $d_2 = 0,2$ m darf die Drehzahl $n_{min} = 0,5 \text{ s}^{-1}$ nicht unterschritten werden.

Zu 15.5

In Aufgabe 15.2 wurden als optimale Verdünnungsgeschwindigkeiten nachfolgende Werte ermittelt:

Mit Rückführung   *ohne Rückführung*

$A = 0,615$ $A = 1,0.$
$D_{P,opt} = 0,0967 \text{ h}^{-1}$ $D_{P,opt} = 0,05938 \text{ h}^{-1}$

Die Austrittskonzentrationen aus dem Propagationsfermenter ergeben sich mit den Gln. (15.43) und (15.44) zu

$A = 0,615$ $A = 1,0$

$c_x^{(A)} = 12,151 \text{ g l}^{-1}$ $c_x^{(A)} = 12,169 \text{ g l}^{-1}$
$c_s^{(A)} = 47,62 \text{ g l}^{-1}$ $c_s^{(A)} = 47,67 \text{ g l}^{-1}$

Bei den vorliegenden stationären Bedingungen sind *die Auslaufkonzentrationen des Propagationsfermenters gleich der Eintrittskonzentrationen in die Gärkolonne:*

$$c_x^{(A)}(D_P) = c_x^{(E)}(D_G)$$

mit

$$D_P = \frac{\dot{V}_P}{V_P} \rightarrow \text{Modell Gln. (15.43) und (15.44)}$$

$$c_s^{(A)}(D_P) = c_s^{(E)}(D_G)$$

und

$$D_G = \frac{\dot{V}_G}{V_G} = \frac{\dot{V}_P}{V_G} \; .$$

Mit den Eintrittswerten läßt sich nun der Abbau der Substratkonzentration in der Gärkolonne ermitteln. Zuerst muß die lineare Strömungsgeschwindigkeit im Turmfermenter bestimmt werden.

Schema zur Berechnung des Konzentrationsabbaues $c_{s,j}$ in der Gärkolonne (nach dem Programm „Gäko")

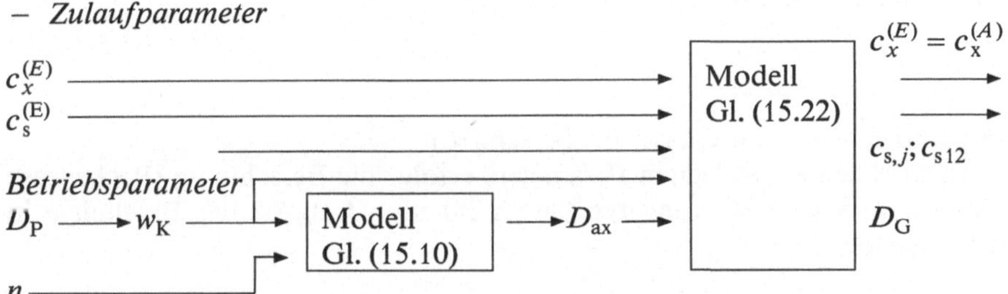

Es ergeben sich nachfolgende Zusammenhänge:
Die Verdünnungsraten in beiden Reaktoren sind ungleich: $D_P \neq D_G$, damit gilt

$$D_P = \frac{\dot{V}_P}{V_P} \quad \text{und} \quad D_G = \frac{\dot{V}_G}{V_G} \; . \tag{15.46}$$

Da die Durchsätze durch den Propagationsfermenter sowie die Gärkolonne aus Gründen der Kontinuität identisch sein müssen, folgt:

$$\dot{V}_P = \dot{V}_G \; .$$

Damit ergeben sich aufgrund des Kontinuitätsgesetzes folgende Relationen:

$$V_P D_P = V_G \cdot D_G \tag{15.47}$$

$$\frac{D_G}{D_P} = \frac{V_P}{V_G} = \frac{1}{2,4}$$

$$D_G = 0,4167\, D_P \; . \tag{15.48}$$

Für die Lösung Gl. (15.10) und Dgl. (15.22) wird die lineare Strömungsgeschwindigkeit w_K in der Gärkolonne benötigt. Sie folgt zu

$$w_K = \frac{\dot{V}_G}{A_G} = \frac{V_G}{A_G} D_G = \frac{A_G}{A_G} \cdot L \cdot D_G \qquad (15.49)$$

bzw. mit Gl. (15.47) und der Kolonnenhöhe nach Tab. 15.1 (L = 12 m):

$$w_K = L \cdot D_G = 12 \cdot \frac{1}{2,4} \cdot D_P \qquad (15.50)$$

$$w_K = 5 \cdot D_P$$

(mit der Dimension h^{-1} für D_P und der Dimension $m \cdot h^{-1}$ für w)

bzw. für die unmittelbare Anwendung von Gln. (15.10) und (15.22) zweckmäßigerweise zu:

$$w_K = 1{,}3889 \cdot 10^{-3} D_P \qquad (15.51)$$

(mit der Dimension h^{-1} D_P und der Dimension $m\,s^{-1}$ für w_K).

Der axiale Diffusionskoeffizient D_{ax} und w_K gehen in die Dgl. (15.22) ein. Das Rechenprogramm „Gäko" (Gärkolonne) [15.4] wird gestartet und erfragt nacheinander folgende Parameter:

$$\boxed{c_{so}, c_x, n, w_K}$$

(D_{ax} wird intern nach Gl. (15.10) berechnet.)

Nach Eingabe des letzten Parameters erfolgt die Berechnung (Rechenzeit: $\approx 4-5\,s$ für einen PC vom Typ 386 SX 25) und Ausgabe der Ergebnisse in nachfolgender Form:

$$\boxed{\begin{array}{l} \textit{1. Tabelle: } c_{s,j}(0, 1, \ldots, 11, 12) \\ \textit{2. Grafik: } c_{s,j} = f(j) \\ \textit{3. } D_{ax}\text{: } \quad [m^2/s] \end{array}}$$

(Bis zu 14 Varianten können nacheinander berechnet und gleichzeitig grafisch dargestellt werden.)

Für den *separat optimal betriebenen Propagationsfermenter* mit und ohne Rückführung sind die zu Beginn von Aufgabe 15.5 genannten Auslauf- und Betriebsparameter die Zulaufsparameter in den Gärturm, mit denen sich aus Gl. (15.22) und mit Hilfe des Programms „Gäko" (Gärkolonne) der Konzentrationsverlauf $c_{s,j}$ und die Zielkonzentration $c_{s,12}$ berechnen lassen.

Für die beiden Rechenläufe (A = 1, A = 0,615) ist $n = 0{,}5\,s^{-1}$ = const. (vgl. Aufgabe 15.4).

In Abb. 15.2 sind die Varianten dargestellt und in Tab. 15.4 alle Parameter sowie die erreichten Konzentrationen $c_{s,12}$ angegeben.

In beiden Fällen wird die Zielkonzentration $c_{s,12} = 4\ g/l$ nicht erreicht, wobei beim System ohne Rückführung die Abweichung $\approx 21{,}9\%$ beträgt.

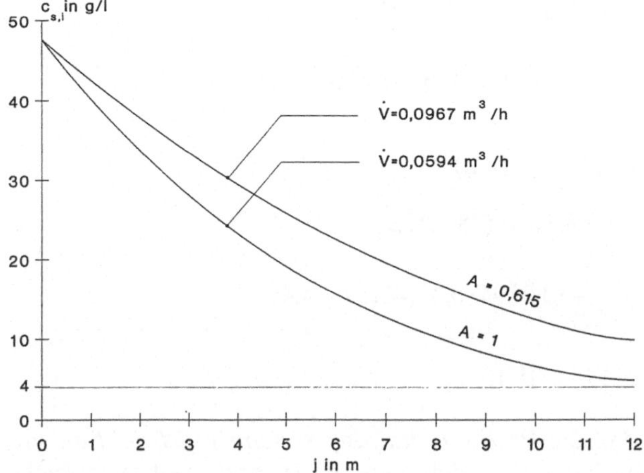

Abb. 15.2. Stationärer Konzentrationsverlauf über der realen Stufenzahl j der Gärkolonne bei optimaler Fahrweise des Propagationsfermenters (mit und ohne Rückführung)

Tab. 15.4. Zulauf-, Betriebs- und Auslaufparameter des Systems Propagationsfermenter-Gärkolonne für optimale Bedingungen der Propagation (mit und ohne Rückführung)

			Rückführung	
			mit	ohne
Zulaufparameter	A	$[-]$	0,615	1,0
	$D_{P,opt}$	$[h^{-1}]$	0,0967	0,0594
	c_x	$[g\,l^{-1}]$	12,150	12,169
	c_s	$[g\,l^{-1}]$	47,62	47,576
Betriebsparameter	w	$[m\,s^{-1}]$	$1,343\cdot10^{-4}$	$8,247\cdot10^{-5}$
	n	$[s^{-1}]$	0,5	0,5
Auslaufparameter	$c_{s,12}$	$[g\,l^{-1}]$	9,915	4,874

Dies bedeutet, daß *das nur für den Propagationsfermenter ermittelte Optimum nicht mit dem für das System ‚Propagationsfermenter − Gärkolonne' erreichbaren Systemoptimum übereinstimmt.*

Aus den Daten in Tab. 15.4 läßt sich nicht unmittelbar angeben, ob das System mit oder ohne Rückführung von höherer Produktivität ist. Aus den Gln. (15.25)−(15.48) erhält man:

$$Pr_{sys}(A = 0,615) = D_{P,opt}\cdot Y_{x/s}(c_s^{(E)} - c_s^{(A)})$$

$$+ \frac{V_P}{V_G}\cdot D_{P,opt}\cdot Y_{x/s}(c_s^{(A)} - c_{s,12}) \tag{15.52}$$

$$Pr_{\mathrm{sys}}(A = 0{,}615) = 0{,}0967 \cdot 0{,}4 \cdot (78 - 47{,}62)$$

$$+ \frac{1}{2{,}4} \cdot 0{,}0967 \cdot 0{,}4 \cdot (47{,}6 - 9{,}9)$$

$$Pr_{\mathrm{sys}}(A = 0{,}615) = 1{,}783 \ \mathrm{g/(l \cdot h)}$$

$$Pr_{\mathrm{sys}}(A = 1{,}0) = 0{,}0594 \cdot 0{,}4 \cdot (78 - 47{,}57)$$

$$+ \frac{1}{2{,}4} \cdot 0{,}0594 \cdot 0{,}4 \cdot (47{,}57 - 4{,}87)$$

$$Pr_{\mathrm{sys}}(A = 1{,}0) = 1{,}145 \ \mathrm{g/(l \cdot h)} \ .$$

Nun erkennt man sofort, daß die *Produktivität des Systems mit Rückführung eindeutig höher* ist, obwohl dieser Vergleich nicht zulässig ist, weil die erreichten Austrittskonzentrationen $c_{s,12}$ bei beiden Systemen unterschiedlich sind. Der 1. Term der Beziehung erfaßt nur die Produktivität des Propagationsfermenters, unter den definierten Bedingungen (D_P, A). Da in beiden Fällen eine nahezu identische Auslaufkonzentration $c_s^{(A)} \approx 47{,}6 \ \mathrm{g \ l^{-1}}$ $(\delta c_s^{(A)} \approx 0{,}1\%)$ erreicht werden, ist ein Vergleich der 1. Terme zulässig. Der jeweils 1. Term in den vorangegangenen Beziehungen bestimmt die Produktivität dominant. Damit ist die getroffene Aussage zweifelsfrei richtig:

$$Pr_{\mathrm{sys}}(A = 0{,}615) = 1{,}175 + 0{,}608 = 1{,}783$$
$$Pr_{\mathrm{sys}}(A = 1{,}0) \quad = 0{,}723 + 0{,}422 = 1{,}145 \ .$$

$$\text{1. Term} \qquad \text{2. Term}$$

Zu 15.6

Um das Lösungsfeld zu erstellen, muß vom Vorgabeparameter D_P und den Ergebnissen $c_x^{(A)}$, $c_s^{(A)}$ aus Aufgabe 15.3 (Tab. 15.3) ausgegangen werden, da diese die Bezugsgrößen für die Eintrittsgrößen in die Gärkolonne darstellen.

Die Berechnung der Gärkolonne erfolgt nach dem in Aufgabe 15.5 angegebenen Algorithmus.

Die Abarbeitung von Tab. 15.3 erfolgt nun zeilenweise. Für jede Parameterkombination D_P, $c_{s,P}^{(A)}$, $c_x^{(A)}$, w, n muß zeilenweise die Dgl. (15.22) durchintegriert werden. Für den Fall der minimalen Drehzahl $n_{\min} = 0{,}5 \ \mathrm{s^{-1}}$ ergeben sich die in Tab. 15.5 angegebenen Ergebnisse.

Die *angestrebte Auslaufkonzentration von* $c_{s,12} = 4 \ g/l$ wird nach Tab. 15.5 in folgendem Bereich zu finden sein:

$$\boxed{\begin{aligned} 3{,}21 &\le c_{s,12} \ [\mathrm{g/l}] \ \le 5{,}16 \\ 0{,}07 &\le D_P \quad [\mathrm{h^{-1}}] \ \le 0{,}08 \end{aligned}}$$

Tab. 15.5. Zusammenstellung der Stationärkonzentrationen des Propagationsfermenters als Funktion der Verdünnungsgeschwindigkeiten, der korrespondierenden Leerrohrgeschwindigkeiten, einschließlich D_{ax} in der Gärkolonne, und der erreichten Auslaufkonzentration bei $n = 0,5\ \mathrm{s}^{-1}$

D_P [h^{-1}]	c_x [g/l]	c_s [g/l]	w_K [m/s]	$n = 0,5\ \mathrm{s}^{-1}$ D_{ax} [$10^{-5}\,\mathrm{m}^2/\mathrm{s}$]	$c_{s,12}$ [g/l]
0,04	19,268	29,828	0,000056	8,87	0,47
0,05	18,013	32,966	0,000069	9,21	0,97
0,06	16,758	36,104	0,000083	9,58	1,85
0,07	15,502	39,243	0,000097	9,94	3,21
0,08	14,247	42,381	0,000111	10,31	5,16
0,09	12,992	45,519	0,000125	10,68	7,77
0,10	11,736	48,658	0,000139	11,04	11,11
0,11	10,481	51,796	0,000153	11,41	15,20
0,12	9,2261	54,934	0,000167	11,77	20,07
0,13	7,9707	58,073	0,000181	12,14	25,72
0,14	6,7154	61,211	0,000194	12,50	32,02
0,15	5,4601	64,349	0,000208	12,80	39,16
0,16	4,2048	67,487	0,000222	13,20	47,02
0,17	2,949	70,626	0,000236	13,60	55,54
0,18	1,6941	73,764	0,000250	13,90	64,70
0,19	0,4388	76,902	0,000264	14,30	74,46

Die erwartete optimale Verdünnungsrate $D_{opt,sys}$ liegt tatsächlich in der Nähe von $D_{P,opt}$ des idealen Rührkessels, ist aber nicht identisch mit $D_{P,opt}$:

$$D_{P,opt} = 0,0965\ \mathrm{h}^{-1} \quad \text{(vgl. Gl. (15.38))}$$

$$0,07 \le D_{opt,sys}\ [\mathrm{h}^{-1}] \le 0,08\ .$$

Um die Beeinflussung des axialen Diffusionskoeffizienten durch Strömungsgeschwindigkeit und Drehzahl erkennen zu können, wurde Gl. (15.10) für ein größeres Feld von Drehzahlen numerisch ausgewertet und in Abb. 15.3 dargestellt. Es ist erkennbar, daß der Einfluß der Drehzahl dominant ist. Er bestimmt bei $D_{P,opt} = 0,0965\ \mathrm{h}^{-1}$ und $n = 0,5\ \mathrm{s}^{-1}$ die axiale Rückvermischung zu $\approx 68\%$ und vermindert damit die Umsatzleistung bzw. Produktivität der Gärkolonne.

Wertet man nun auf Grundlage der Tab. 15.5 das gesamte Feld für

$$0,04 \le D\ [\mathrm{h}^{-1}] \le 0,19$$

und die Drehzahlen

$$n = \ \ 0\ \mathrm{s}^{-1}$$
$$n = \ \ 0,5\ \mathrm{s}^{-1}$$
$$n = \ \ 1,0\ \mathrm{s}^{-1}$$
$$n = \ \ 5\ \mathrm{s}^{-1}$$
$$n = 10\ \mathrm{s}^{-1}$$

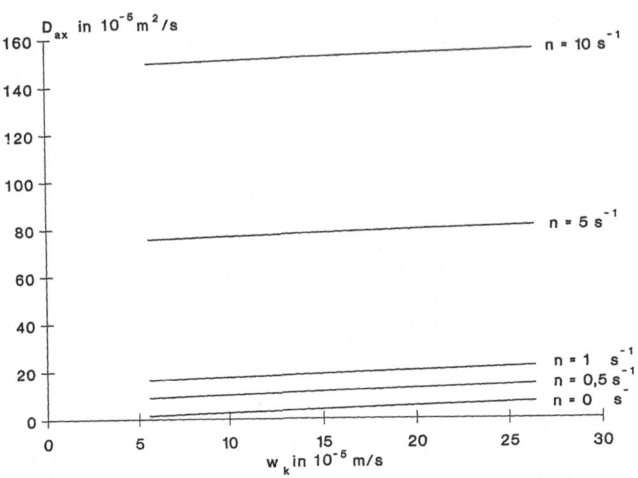

Abb. 15.3. Abhängigkeit des axialen, effektiven Diffusionskoeffizienten von der Leerrohrgeschwindigkeit entsprechend Gln. (15.9) bzw. (15.10), Scharparameter: Drehzahl n

Tab. 15.6. Abhängigkeiten entsprechend Tab. 15.5, jedoch mit Scharparameter: Drehzahl $n = 0, 1, 5, 10\,\mathrm{s}^{-1}$

D_P [h^{-1}]	$n = 0\,\mathrm{s}^{-1}$		$n = 1\,\mathrm{s}^{-1}$		$n = 5\,\mathrm{s}^{-1}$		$n = 10\,\mathrm{s}^{-1}$	
	D_{ax} [10^{-5} m^2/s]	$c_{s,12}$ [g/l]	D_{ax} [10^{-5} m^2/s]	$c_{s,12}$ [g/l]	D_{ax} [10^{-5} m^2/s]	$c_{s,12}$ [g/l]	D_{ax} [10^{-5} m^2/s]	$c_{s,12}$ [g/l]
0,04	1,46	0,07	16,29	1,04	75,6	5,92	149,7	10,39
0,05	1,80	0,29	16,63	1,75	75,9	7,47	150,0	12,40
0,06	2,17	0,87	17,00	2,84	76,3	9,35	150,4	14,68
0,07	2,53	1,98	17,36	4,38	76,7	11,55	150,8	17,22
0,08	2,90	3,74	17,72	6,45	77,0	14,12	151,2	20,04
0,09	3,26	6,27	18,09	9,13	77,4	17,09	151,5	23,16
0,10	3,63	9,61	18,45	12,47	77,8	20,49	151,9	26,61
0,11	3,99	13,78	18,80	16,51	78,1	24,35	152,2	30,40
0,12	4,36	18,78	19,20	21,28	78,5	28,71	152,6	34,55
0,13	4,72	24,59	19,60	26,78	78,8	33,59	153,0	39,08
0,14	5,06	31,07	19,90	32,93	79,2	38,97	153,3	43,99
0,15	5,43	38,41	20,20	39,89	79,6	44,97	153,7	49,35
0,16	5,79	46,46	20,60	47,56	79,9	51,55	154,0	55,15
0,17	6,16	55,17	21,00	55,91	80,3	58,73	154,4	61,41
0,18	6,52	64,5	21,40	64,90	80,6	66,52	154,8	68,14
0,19	6,89	74,4	21,70	74,50	81,0	74,92	155,1	75,36

mit dem Programm „Gäko" aus (insgesamt $D_P \times n = 16 \times 5 = 80$ Rechenläufe), so erhält man die in Abb. 15.4 dargestellten Abhängigkeiten. Die entsprechenden Daten sind in Tab. 15.6 zusammengestellt.

Abbildung 15.4 zeigt überdeutlich den gravierenden Einfluß der Drehzahl, wobei der Wert $n = 0\,\mathrm{s}^{-1}$ nur den *Charakter der Parametergrenze* hat, denn

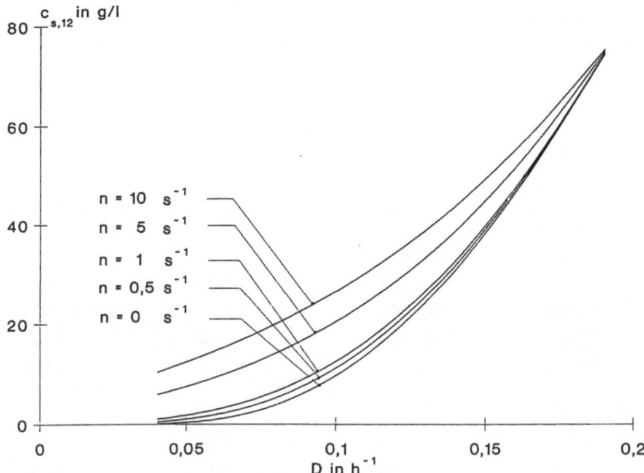

Abb. 15.4. Abhängigkeit der Auslaufkonzentration $c_{s,12}$ aus der Gärkolonne von der Verdünnungsrate (der Propagation) nach den Gln. (15.10, 15.43, 15.44, 15.22), Scharparameter: Drehzahl n

$n_{\min} = 0{,}5\ \mathrm{s}^{-1}$ muß zur Erhaltung des Turbulenzregimes gewährleistet bleiben.

Bei $n = 0\ \mathrm{s}^{-1}$ wird allein der Einfluß der Strömung auf die Rückvermischung präsentiert. Höhere Werte für die Drehzahl zeigen deutlich, wie die Auslaufkonzentration $c_{s,12}$ bei gegebenem D_P ansteigt. Es ist erkennbar, daß der Einfluß der Drehzahl n für hohe Werte von D_P abnimmt und $c_{s,12}$ nahezu ausschließlich durch den Durchsatz bestimmt wird. Im Bereich hoher Durchflußraten wird der Einfluß der Strömungsgeschwindigkeit im Vergleich zur Drehzahl zunehmend geringer.

Zu 15.7

Die Bedingungen für das Systemoptimum sind in Aufgabe 15.2 charakterisiert.

Optimum des Systems mit Rückführung (A = 0,615)

Wie aus Tab. 15.5 hervorgeht, liegt das Optimum

$$0{,}07 \le D_{\mathrm{sys}}\ [\mathrm{h}^{-1}] \le 0{,}08\ .$$

Die Eingabelung (willkürliche Iteration) geht schnell vor sich (s. Tab. 15.7). Tabelle 15.7 zeigt, daß das numerisch ermittelte Optimum nach 5 Schritten erreicht ist. *Für den Fall ohne Rückführung erfolgt die Berechnung in gleicher Weise, wird hier aber nicht weiter ausgeführt.*

Tab. 15.7. Verfahren der „Eingabelung" zur Bestimmung des Systemoptimums; Parameter, Konzentrationen, Strömungsgeschwindigkeit und Austrittskonzentration ($n = 0{,}5\,\mathrm{s}^{-1}$)

System mit Rückführung $A = 0{,}615$

Schritt	D_P [h^{-1}]	c_x [$\mathrm{g\,l}^{-1}$]	c_s [$\mathrm{g\,l}^{-1}$]	w_K [$10^{-5}\,\mathrm{ms}^{-1}$]	$c_{\mathrm{s},12}$ [$\mathrm{g\,l}^{-1}$]
0	0,07	15,503	39,243	9,7	3,21
1	0,075	14,875	40,812	10,417	4,12
2	0,074	15,000	40,498	10,278	3,93
3	0,0745	14,938	40,655	10,347	4,023
4	0,0744	14,950	40,624	10,334	4,004
5	0,07438	14,953	40,618	10,331	4,000

System ohne Rückführung $A = 1{,}0$

Schritt	D_P [h^{-1}]	c_x [$\mathrm{g\,l}^{-1}$]	c_s [$\mathrm{g\,l}^{-1}$]	w_K [$10^{-5}\,\mathrm{ms}^{-1}$]	$c_{\mathrm{s},12}$ [$\mathrm{g\,l}^{-1}$]
0	0,05938	12,169	47,576	8,247	4,877
1	0,055	13,063	45,341	7,639	3,549
2	0,057	12,655	46,362	7,917	4,114
3	0,0565	12,757	46,107	7,847	3,966
4	0,0566	12,737	46,158	7,861	3,995
5	0,05663	12,731	46,173	7,865	4,004

Tab. 15.8. Zusammenstellung der separaten Optima für den Propagationsfermenter und der Systemoptima: Propagationsfermenter – Gärkolonne, sowie mittlere Verweilzeiten

	$D_{\mathrm{P,opt}}$ [h^{-1}]	$D_{\mathrm{sys,opt}}$ [h^{-1}]	$\dfrac{D_{\mathrm{sys,opt}}}{D_{\mathrm{P,opt}}}$	$\bar{t}_{\mathrm{ges}}$ [h]
$A = 0{,}615$	0,0967	0,07438	0,771	45,711
$A = 1{,}0$	0,05935	0,05663	0,954	60,039

Tabelle 15.8 enthält die Zusammenstellung der Ergebnisse. Die optimale Verdünnungsgeschwindigkeit des Systems beträgt somit:

– *mit Rückführung:* $D_{\mathrm{sys,opt}} = 0{,}07438\,\mathrm{h}^{-1}$
– *ohne Rückführung:* $D_{\mathrm{sys,opt}} = 0{,}05663\,\mathrm{h}^{-1}$.

Unter vergleichbaren Bedingungen ($c_{\mathrm{s},12} = 4\,\mathrm{g\,l}^{-1}$) ergeben sich damit folgende Produktivitäten der Systeme:

– *Mit Rückführung*   ($c_\mathrm{s}^{(A)}$ aus Tab. 15.7)

$$Pr_{\mathrm{sys,opt}} = D_\mathrm{P}\,Y_{x/s}\,(c_{\mathrm{so}} - c_\mathrm{s}^{(A)}) + D_\mathrm{G}\,Y_{x/s}\,(c_\mathrm{s}^{(A)} - c_{\mathrm{s},12}) \tag{15.53}$$

$$= 0{,}07438 \cdot 0{,}4 \cdot (78 - 40{,}618)$$

$$+ \frac{1}{2{,}4} \cdot 0{,}07438 \cdot 0{,}4 \cdot (40{,}618 - 4{,}0)$$

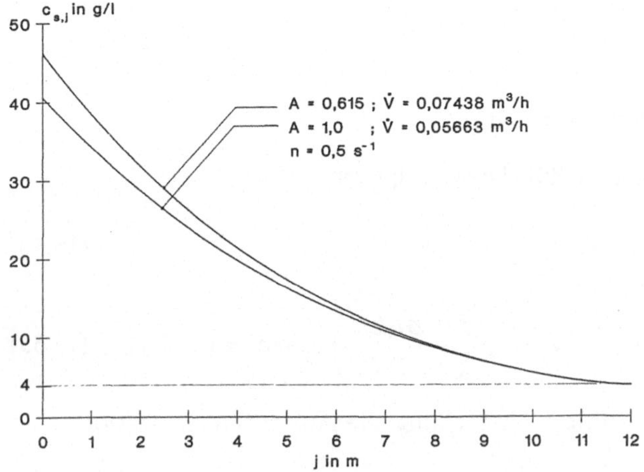

Abb. 15.5. Stationärer, systemoptimaler Konzentrationsverlauf über der Gärkolonne

$$Pr_{\text{sys,opt}} = 1{,}566\ \text{g}/(\text{l}\cdot\text{h})$$

- *Ohne Rückführung* $(c_{\text{s}}^{(A)}$ aus Tab. 15.7)

$$Pr_{\text{sys,opt}} = 0{,}05663\cdot0{,}4\cdot(78-46{,}173)$$

$$+\frac{1}{2{,}4}\cdot0{,}05663\cdot0{,}4\cdot(46{,}173-4{,}0)$$

$$Pr_{\text{sys,opt}} = 1{,}119\ \text{g}/(\text{l}\cdot\text{h})\ .$$

Die Produktivitäten verhalten sich wie folgt:

$$\frac{\text{System mit R.}}{\text{System ohne R.}} = \frac{1{,}566}{1{,}119} = 1{,}399\ .$$

Die Produktivität des Systems mit der definierten Rückführrate $R = 0{,}4$ ist im Vergleich mit dem System ohne Rückführung um etwa 40% produktiver.

Abbildung 15.5 zeigt für die optimalen Systeme den jeweiligen Verlauf des Konzentrationsabbaus in der Gärkolonne.

Zu 15.8

Für den Propagationskessel gelten die Bilanzen Gln. (15.19) und (15.20). Hierfür wurden in Aufgabe 15.7 folgende optimale Systemparameter bestimmt:

$$D_{\text{sys,opt}} = 0{,}07438 \, \text{h}^{-1} \qquad A = 0{,}615 \; (\text{s. Tab. 15.7})$$

$$c_x^{(E)} = 14{,}953 \, \text{g} \, \text{l}^{-1}$$

$$c_s^{(E)} = 40{,}618 \, \text{g} \, \text{l}^{-1}$$

$$(\dot{V}_{\text{sys,opt}} = D_{\text{sys,opt}} \cdot V_P = 0{,}07438 \, \text{m}^3/\text{h.})$$

Die Bilanz für den 2. idealen Rührkessel folgt zu

$$-\frac{\dot{V}}{V_G}(c_{s,2} - c_s^{(E)}) - R_s = 0 \tag{15.54}$$

bzw.

$$-\frac{\dot{V}_{\text{sys,opt}}}{V_G}(c_{s,2} - c_s^{(E)}) - k_4 \cdot \exp\left(-\frac{\Delta v k_5 j}{RT}\right) c_{s,2} \cdot c_x = 0 \; . \tag{15.55}$$

Aus Gl. (15.55) ergibt sich durch Umstellung die Auslaufkonzentration:

$$c_{s,2} = \frac{c_s^{(E)}}{\left[1 + \dfrac{V_G}{\dot{V}_{\text{sys,opt}}} \cdot k_4 \exp\left(-\dfrac{\Delta v k_5 j}{RT}\right) c_x\right]} \; . \tag{15.56}$$

Für die Vergleichsrechnung muß das Volumen des 2. Rührkessels ebenso groß wie das der Gärkolonne ($V_G = 2{,}4 \, \text{m}^3$) sein.

Für die Füllhöhe j, die allein die Veränderung des Druckes durch hydrostatischen Druck $p(j) = p_K + \varrho g j$ angibt, muß man eine Näherung finden, die etwa den Realitäten entspricht.

Ein Rührkessel mit Klöpperboden, einem Füllvolumen von $V_G = 2{,}4 \, \text{m}^3$ und einem Durchmesser von $d_1 = 1{,}4 \, \text{m}$ hat eine Medienfüllhöhe von $h_0 = 1{,}65 \, \text{m}$ [15.3, S. 44].

Da das Medium in mindestens 10 s einmal total umgewälzt wird, nimmt der Biokatalysator Druckhöhen zwischen $j = 0$ und $j = h_0 = 1{,}65 \, \text{m}$ an. Zweckmäßigerweise wird mit dem Mittelwert

$$j_m = h_0/2 = 0{,}83 \, \text{m}$$

gerechnet, um ein Durchschnittsniveau zu haben. Werden die bekannten Konstanten in Gl. (15.56) eingesetzt, erhält man:

$$c_{s,2} = \frac{40{,}618}{\left[1 + \dfrac{2{,}4}{0{,}07438} \cdot 3600 \cdot 1{,}31 \cdot 10^{-6} \exp\left(-\dfrac{-9{,}788 \cdot 10^3 \cdot 9{,}97 \cdot 10^{-3} \cdot 0{,}83}{8{,}314 \cdot 293{,}2}\right) \cdot 14{,}953\right]}$$

$$c_{s,2} = 12{,}12 \, \text{g} \, \text{l}^{-1} \, .$$

Mit der optimalen Verdünnungsrate $D_{\text{sys,opt}}$ des Systems Rührkessel-Gärkolonne wird im Vergleichssystem von 2 Rührkesseln eine Austrittskonzentration $c_{s,2} = 12{,}12 \, \text{g} \, \text{l}^{-1}$ erreicht.

Mit vorliegendem System ist also die Zielkonzentration von $c_{s,2} = c_{s,12} = 4 \, \text{g} \, \text{l}^{-1}$ nicht erreichbar.

Damit sich diese Bedingung erreichen läßt, muß die mittlere Verweilzeit im 2. Kessel erhöht werden. Beim vorgegebenen, unveränderten Durchsatz $D_{\text{sys,opt}} = 0{,}07438\,\text{h}^{-1}$ läßt sich diese Vorgabe nur durch Vergrößerung des 2. Kesselvolumens V_{G} erreichen.

Das gefragte Volumen erhält man aus Gl. (15.56), indem $c_{\text{s},2} = 4\,\text{g}\,\text{l}^{-1}$ gesetzt wird, und die Umstellung nach V_{G} erfolgt:

$$V_{\text{G}} = \frac{\dot{V}(c_{\text{s}}^{(E)} - c_{\text{s},2})}{k_4 \exp\left(-\dfrac{\Delta v k_5 \cdot j_{\text{m}}}{RT}\right) c_{\text{s},2} c_x} \tag{15.57}$$

$$= \frac{\dfrac{0{,}07438}{3600} \cdot (40{,}618 - 4{,}0)}{1{,}31 \cdot 10^{-6} \exp\left(-\dfrac{-9{,}788 \cdot 10^3 \cdot 9{,}971 \cdot 10^{-3} \cdot 0{,}83}{8{,}314 \cdot 293{,}2}\right) \cdot 4 \cdot 14{,}953}$$

$$V_{\text{G}} = 9{,}34\,\text{m}^3$$

Der Wert für V_{G} ist nicht genau, weil die mittlere Druckhöhe des Mediums mit dem Volumen $V_{\text{G}} = 9{,}34\,\text{m}^3$ nicht korrespondiert.

Zwischen der Flüssigkeitshöhe und dem Volumen besteht folgender Zusammenhang [15.3, S. 44]:

$$h_0 = d_1 \left(4 \cdot \frac{V}{\pi d_1^3} + K_{\text{B}}\right) \tag{15.58}$$

mit $K_{\text{B}} = 0{,}064$ (für Klöpperböden).

Rührreaktoren zwischen $V_{\text{F}} = 9{,}0 \ldots 12{,}5\,\text{m}^3$ haben einen Nenndurchmesser von $d_1 = 2{,}4\,\text{m}$. Da der Durchmesser bei (variablem Volumen) $d_1 = 2{,}4\,\text{m} = \text{const.}$ ist, kann man Gl. (15.58) in folgende Zahlenwertgleichung umschreiben:

$$h_0(V) = 0{,}221 \cdot V_{\text{G}} + 0{,}1536 \ . \tag{15.59}$$

Weiter soll aufgrund des Mischverhaltens näherungsweise gelten:

$$j_{\text{m}} = \frac{h_0(V)}{2} = 0{,}1105\,V_{\text{G}} + 7{,}68 \cdot 10^{-2} \ . \tag{15.60}$$

Setzt man Gl. (15.60) in Gl. (15.57) ein, erhält man eine Beziehung, in der sich die mittlere Druckhöhe iterativ über das Volumen ermitteln läßt:

$$V_{\text{G}} = \frac{\dot{V}(c_{\text{s}}^{(E)} - c_{\text{s},2})}{k_4 \exp\left[-\dfrac{\Delta v k_5 (0{,}1105\,V_{\text{G}} + 7{,}68 \cdot 10^{-2})}{RT}\right] c_{\text{s},2} c_x} \tag{15.61}$$

$$V_{\mathrm{G}} = \cfrac{\dfrac{0{,}07438}{3600} \cdot (40{,}618 - 4)}{1{,}31 \cdot 10^{-6} \exp\left[\dfrac{9{,}788 \cdot 10^{3} \cdot 9{,}97 \cdot 10^{-3} \cdot (0{,}1105\, V_{\mathrm{G}} + 7{,}68 \cdot 10^{-2})}{8{,}314 \cdot 293{,}2}\right] \cdot 4 \cdot 14{,}953}$$

Wenn das vorgegebene V_{G} auf der rechten Seite von Gl. (15.61) mit dem berechneten V_{G} der linken Seite übereinstimmt, dann ist das wirkliche Volumen bei der mittleren Druckhöhe j_{m} (Gl. 15.60) ermittelt: Bei der ersten Schätzung geht man vom Ergebnis aus Gl. (15.57) ($V_{\mathrm{G}} = 9{,}34\ \mathrm{m}^3$) aus.

Vorgabe V_{G} (r. Seite)	*Ergebnis* V_{G} (l. Seite)
9,34	$\longrightarrow$ 9,236
9,236	$\longrightarrow$ 9,2407
9,2407	$\longrightarrow$ 9,2406

Nach drei Schritten ist die Übereinstimmung bereits ausreichend (rel. Fehler: $1{,}08 \cdot 10^{-3}\%$) gur:

Also gilt:

$$V_{\mathrm{G}} = 9{,}24\ \mathrm{m}^3\ .$$

Nunmehr kann die vergleichbare Produktivität des Systems mit 2 Rührkesseln ermittelt werden

$$Pr_{\mathrm{sys}}(2\,\mathrm{RK}) = \frac{\dot{V}_{\mathrm{sys,opt}}}{V_{\mathrm{P}}} Y_{x/s}(c_{\mathrm{so}} - c_{\mathrm{s}}^{(A)}) + \frac{\dot{V}_{\mathrm{sys,opt}}}{V_{\mathrm{G}}} Y_{x/s}(c_{\mathrm{s}}^{(A)} - c_{\mathrm{s},2}) \quad (15.62)$$

$$= \frac{0{,}07438}{1} \cdot 0{,}4 \cdot (78 - 40{,}618) + \frac{0{,}07438}{9{,}24} \cdot 0{,}4 \cdot (40{,}618 - 4)$$

$$Pr_{\mathrm{sys}}(2\,\mathrm{RK}) = 1{,}230\ \mathrm{g}/(\mathrm{l}\cdot\mathrm{h})\ .$$

Vergleicht man die Produktivität der Systeme bei sonst identischen Parametern: $\dot{V}_{\mathrm{sys,opt}}$, c_{so}, $c_{\mathrm{s},12} = c_{\mathrm{s},2} = 4{,}0\ \mathrm{g}\,\mathrm{l}^{-1}$, so entsteht folgende Relation:

$$\frac{\mathrm{R\ddot{u}hrkessel - G\ddot{a}rkolonne}}{2\ \mathrm{R\ddot{u}hrkessel}} = \frac{Pr_{\mathrm{sys,R-G}}}{Pr_{\mathrm{sys,R-R}}} = \frac{1{,}566}{1{,}230} = 1{,}274\ .$$

Die Produktivität des Systems Rührkessel – Gärkolonne ist $\approx 27\%$ höher als die Produktivität von zwei Rührkesseln.

Die mittleren Verweilzeiten verhalten sich wie folgt:

$$\frac{\text{Rührkessel} - \text{Gärkolonne}}{2 \ \text{Rührkessel}} = \frac{\bar{t}_P + \bar{t}_G}{t_P + t'_G} = \frac{V_B + V_{GK}}{V_P + V_{GR}}$$

$$= \frac{1 + 2{,}4}{1 + 9{,}24} = \frac{3{,}4}{10{,}24} = \frac{1}{3{,}01} \approx \frac{1}{3}$$

$$\bar{t}_{2RK} = \frac{V}{\dot{V}} = \frac{1 + 9{,}24}{0{,}07438}$$

$$\bar{t}_{2RK} = 137{,}67 \ \text{h} \quad \text{bzw.} \quad \bar{t}_{R-G} = 45{,}71 \ \text{h} \ .$$

Während die rein verfahrenstechnischen Angaben das System Rührkessel-Gärkolonne favorisieren, sprechen andere Erwägungen, wie beispielsweise eine komplizierte, teure Konstruktion oder eine aufwendige Regelung gegen die Gärkolonne.

Bei der Entscheidung für oder gegen ein System sind zusätzliche Kriterien heranzuziehen.

Zu 15.9

Die einfachste Lösung für einen kontinuierlichen Reaktor ist ein Rohrreaktor. Er wäre im Falle der hier berechneten Systeme für die 2. Stufe technisch wesentlich einfacher und kostengünstiger. In den weiteren Betrachtungen soll die sich ständig entbindende CO_2-Menge vernachlässigt werden, weil, wie noch gezeigt wird, weitere Gründe einen Rohrreaktor grundsätzlich ausschließen. *Nachfolgende Überlegungen sind deshalb nur vom formalen, reaktionstechnischen Herangehen von Interesse.*

Ausgangspunkt der Betrachtung sind die Optimalparameter des Systems nach Aufgabe 15.7:

$$A = 0{,}615$$

$$D_{\text{sys,opt}} = 0{,}07438 \ \text{h}^{-1} \ , \quad (\dot{V}_{\text{sys,opt}} = 0{,}7438 \ \text{m}^3/\text{h, weil} \ \dot{V}_p = 1 \ \text{m}^3)$$

$$c_x^{(E)} = 14{,}953 \ \text{g/l}$$

$$c_x^{(E)} = 40{,}618 \ \text{g/l} \ .$$

Zunächst muß gefordert werden, daß das Medium im Rohrreaktor turbulent transportiert wird. Die Turbulenz gewährleistet ausreichende Vermischung und verhindert Stofftransporteliminierungen. Weiterhin muß die notwendige Abfuhr der Reaktionswärme ($\approx 630 \ \text{kJ/(m}^3 \ \text{h})$) gewährleistet sein. Für eine turbulente Rohrströmung muß dann gelten:

$$Re = \frac{w_R d_1}{v} \geq 2320 \qquad v = 2 \cdot 10^{-6} \ \text{m}^2/\text{s} \ . \tag{15.63}$$

Aus Gl. (15.63) folgt:

$$d_1 = \frac{Re \cdot v}{w_R} = Re \cdot v \cdot \frac{A_R}{\dot{V}} \qquad (15.64)$$

$$d_1 = \frac{4\,\dot{V}}{\pi\,Re\,v}$$

$$= \frac{4 \cdot 0{,}07438}{\pi \cdot 2320 \cdot 2 \cdot 10^{-6} \cdot 3600}$$

$$d_1 = 5{,}669 \cdot 10^{-3}\,\text{m}\ .$$

Dieser Rohrdurchmesser wird auf die Normgröße

$$d_{1,\text{gew}} = 5 \cdot 10^{-3}\,\text{m}$$

festgesetzt. Der Rohrdurchmesser $d_{1,\text{gew}} = 5\,\text{mm}$ zeigt bereits, daß die Rohrlänge unsinnige „Werte" annehmen wird, um ein vergleichbares Fermentervolumen von $V_G = 2{,}4\,\text{m}^3$ zu realisieren. Berechnet man daraus die wahrscheinliche Reaktorlänge ohne Berücksichtigung der Hydrodynamik, ergibt sich:

$$l = \frac{V_G}{A_R} = \frac{4 \cdot V}{\pi \cdot d_1^2} = \frac{4 \cdot 2{,}4}{\pi \cdot (5 \cdot 10^{-3})} \qquad (15.65)$$

$$l = 1{,}22231 \cdot 10^5\,\text{m} \triangleq 122{,}231\,\text{km}!$$

Ursachen für diese Länge sind die notwendige, hohe Verweilzeit, die extrem langsame mikrobielle Reaktion und die geforderten Turbulenzverhältnisse.

$$\boxed{\text{Bei dieser Länge bedarf es keiner weiteren Kommentare!}}$$

Die lineare Strömungsgeschwindigkeit beträgt beim gewählten Durchmesser

$$w_R = \frac{\dot{V}}{A_R} = \frac{0{,}07438 \cdot 4}{\pi \cdot (5 \cdot 10^{-3})^2 \cdot 3600} \qquad (15.66)$$

$$w_R = 1{,}05\,\text{m/s}\ .$$

Die korrespondierende Re-Zahl hat nun folgenden Wert:

$$Re = \frac{w_R\,d_{1,\text{gew}}}{v} = \frac{1{,}05 \cdot 5 \cdot 10^{-3}}{2 \cdot 10^{-6}} \qquad (15.67)$$

$$Re = 2625 > 2320\ .$$

Wird nun das Reaktormodell für den 2. Teil des Reaktorsystems aufgestellt, so lautet die Stoffbilanz für den Rohrreaktor

$$\frac{dc_s}{dt} = -w_R \frac{dc_s}{dj} - R_s\ , \qquad (15.68)$$

die für den kontinuierlichen Prozeß in

$$w_R \frac{dc_s}{dj} = -R_s \tag{15.69}$$

bzw.

$$dc_s = -\frac{1}{w_R} R_s \, dj \tag{15.70}$$

übergeht. Führt man Gl. (15.5) in Gl. (15.70) ein, so erhält man

$$dc_s = -\frac{A_R}{\dot{V}} k_4 \exp\left(-\frac{\Delta v k_5 j}{RT}\right) c_s c_x \, dj \tag{15.71}$$

bzw. nach Trennung der Variablen und Einführung der Integrale und Grenzen

$$\int_{c_s^{(E)}}^{c_s} \frac{dc_s}{c_s} = -\frac{A_R}{\dot{V}} k_4 c_x \cdot \int_{j=0}^{j} \exp\left(-\frac{\Delta v k_5 j}{RT}\right) dj \ . \tag{15.72}$$

Faßt man die konstanten Zahlwerte zusammen, folgt:

$$K = \frac{A_R}{\dot{V}} k_4 c_x = \frac{1{,}9635 \cdot 10^{-5} \cdot 3600 \cdot 14{,}953 \cdot 1{,}31 \cdot 10^{-6}}{0{,}07438}$$

$$K = 1{,}8616 \cdot 10^{-5} \, m^{-1}$$

$$k = -\frac{\Delta v k_5}{RT} = \frac{-9{,}788 \cdot 10^3 \cdot 9{,}97 \cdot 10^{-3}}{8{,}314 \cdot 293{,}2}$$

$$k = 0{,}04 \, m^{-1} \ .$$

Es entstehen die unkomplizierten Ausdrücke

$$\int_{c_s^{(E)}}^{c_s} \frac{dc_s}{c_s} = -K \int_{j=0}^{j} \exp(kj) \, dj \ . \tag{15.73}$$

Die Lösungen der Integrale führen zu

$$\ln |c_s| \, \Big|_{c_s^E}^{c_s} = \left[-K \cdot \frac{1}{k} e^{kj} \right]_{j=0}^{j} \tag{15.74}$$

bzw. nach Einsetzen der Grenzen und Entlogarithmieren zu

$$c_{s,j} = c_s^{(E)} \cdot \exp\left\{ -\frac{K}{k} [\exp(kj) - 1] \right\} \ . \tag{15.75}$$

Nach Einsetzen der Daten erhält man folgende Zahlenwertgleichung:

$$c_{sj} = 40{,}618 \cdot \exp\{-4{,}6537 \cdot 10^{-4} [\exp(0{,}04 j) - 1]\} \tag{15.76}$$

mit j in ‚m'.

Die Auswertung der Zahlenwerte macht einen Kunstgriff erforderlich, da die Variable j nicht Werte bis $l \approx 10^5$ m annehmen darf. Das übersteigt wegen der exp-Funktion die Möglichkeiten von Taschenrechnern und PC.

Gl. (15.76) wird zur praktischen Rechnung umgeschrieben zu

$$c_{sj} = 40{,}618 \cdot \exp\{-4{,}6537\,[\exp(0{,}04j)-1]\} \tag{15.77}$$

wobei j die Dimension [10 km] besitzt (z. B. $j = 10$ ($\triangleq 100$ km)); weiterhin gilt $c_s(j = 10) = 4{,}118$ g/l.

Eine numerische Auswertung ist nicht lohnenswert. Zur Information sei mitgeteilt, daß die Konzentration $c_{s,1} = 4$ g/l bei $l = j = 1{,}01 \cdot 10^5$ m ≈ 101 km erreicht würde.

Das entspräche dann folgender Gesamtverweilzeit:

$$\bar{t}_{\mathrm{Ges}} = \bar{t}_\mathrm{P} + \bar{t}_\mathrm{R} = \frac{1}{0{,}07438} + \frac{1{,}01 \cdot 10^5}{1{,}05 \cdot 3600} \tag{15.78}$$

$$= 13{,}44 + 26{,}719$$

$$\bar{t}_{\mathrm{Ges}} = 40{,}16 \, \mathrm{h} \ .$$

Literatur

[15.1] K.-H. Wolf, J. Möwius (1975) Methodik und Erkenntnisse der mathematischen Modellierung des Gärungs- und Reifungsprozesses nach dem Verfahren Gärkolonne. Lebensmittel-Industrie 22 7, S. 309–314

[15.2] K.-H. Wolf (1980) Beitrag zur Maßstabsübertragung kontinuierlicher quasi-zweiphasiger fermentativer Prozesse in einem mehrstufigen Rührreaktor. Abhandl. d. AdW der DDR (Sonderband) (1979) 3. Akademie-Verlag Berlin, S. 145–153

[15.3] F. Liepe (1978) Verfahrenstechnische Berechnungsmethoden Stoffvereinigen in fluiden Phasen (Teil 4/1), Ausrüstungen und ihre Berechnung, 1. Aufl. VEB Deutscher Verlag für Grundstoffindustrie, Leipzig

[15.4] K.-H. Wolf, A. Noack (1992) Rechenprogramm Gärkolonne (Gärko) zur numerischen Lösung des eindimensionalen Diffusionsmodelles mit druckabhängiger Reaktion. Technische Universität Dresden, Institut für Lebensmittel- und Bioverfahrenstechnik

Anhang 2

Tab. A 8.1. Programm zur numerischen Lösung der gekoppelten Differentialgleichungen (8.20−8.22) nach dem vereinfachten Differenzenverfahren in TURBO-PASCAL

```pascal
program temperatur_modell;

uses crt,printer;
type daten                = array[1..10] of real;
var  p,ya,ye,an           : daten;
     dt,t,te              : real;
     i,j                  : integer;
     ende                 : boolean;
     fv                   : text;

procedure dgls(p,ya,an:daten;dt:real; var ye:daten);
var Rx,alfa,beta : real;
begin
   alfa:=0.00;beta:=0.0;
     Rx:=p[2]*exp(-p[3]/ya[3])*(1-ya[1]/p[4])*ya[1];
  ye[1]:=(p[1]*ya[1]*(alfa*beta-1-alfa)+Rx)*dt+ya[1];
  ye[2]:=(p[1]*(an[2]-ya[2])-Rx/p[5])*dt+ya[2];
  ye[3]:=(p[6]*Rx+p[8]-p[7]*ya[3])*dt+ya[3];
end;

procedure wertzuweisung(var p,an:daten);
var kAw : real;
begin
  kAw:=2.2;
  an[1]:=5.12; an[2]:=77.0; an[3]:=277.2;
  p[1]:=0.0313;              p[2]:=87.96E+06;
  p[3]:=6134.0;             p[4]:=24.88;
  p[5]:=0.378;              p[6]:=2.1717;
  p[7]:=0.0313+0.008*kAw;   p[8]:=8.6776+0.0226+2.1771*kAw;
end;

procedure ausgabe(n:integer;t:real;y:daten;var ende:boolean);
var ch:char;
begin
  writeln('Zyklus: ',n:4,'     t: ',t:6:2,'     Cx: ',y[1]:6:3,'     Cs: ',y[2]
     :7:3,'     T: ',y[3]:8:3);

  write(fv,t:6:2,'   ',y[1]:6:3,'   ',y[2]:7:3,'   ',y[3]:8:3,'   ');
{ writeln(lst,t:6:2,'   ',y[1]:6:3,'   ',y[2]:7:3,'   ',y[3]:8:3,'   ');}
  ch:=readkey; if ch='e' then ende:=true;
end;

begin
  clrscr;
  assign(fv,'c:\prog\tm404.dat');rewrite(fv);
  wertzuweisung(p,an);
  ya:=an;
  i:=101;j:=4;t:=0.0;ende:=false;
  write('Integrationszeitschritt dt:');readln(dt);
  write('Integration bis zur Zeit t:');readln(te);
  writeln(fv,'dt: ',dt:5:1,'     t(end): ',te:5:1);
  write(fv,101,'  ',4,'  '); {   writeln(lst);writeln(lst); }
  i:=0;j:=0;
  ausgabe(i,t,ya,ende);
  repeat
    dgls(p,ya,an,dt,ye);
    i:=i+1;j:=j+1;t:=t+dt;ya:=ye;
    if j=50 then begin ausgabe(i,t,ya,ende); j:=0; end;
  until (t>te) or ende;
  close(fv);
end.
```

Sachverzeichnis

In der Reihe Biotechnologie erschienen bisher:

GACESA, HUBBLE, Enzymtechnologie

HALL, Biosensoren

JACKSON, Verfahrenstechnik in der Biotechnologie

SINCLAIR, Fermentation - Kinetik und Modelling

TOMBS, Biotechnologie in der Lebensmittelindustrie

TREVAN, BOFFEY, GOULDING, STANBURY, Biotechnologie:
Die Biologischen Grundlagen

WARD, Bioreaktionen - Prinzipien, Verfahren, Produkte

WOLF, Aufgaben zur Bioreaktionstechnik

In Vorbereitung sind:

WAINWRIGHT, Biotechnologie mit Pilzen - Eine Einführung

Springer-Verlag und Umwelt

Als internationaler wissenschaftlicher Verlag sind wir uns unserer besonderen Verpflichtung der Umwelt gegenüber bewußt und beziehen umweltorientierte Grundsätze in Unternehmensentscheidungen mit ein.

Von unseren Geschäftspartnern (Druckereien, Papierfabriken, Verpackungsherstellern usw.) verlangen wir, daß sie sowohl beim Herstellungsprozeß selbst als auch beim Einsatz der zur Verwendung kommenden Materialien ökologische Gesichtspunkte berücksichtigen.

Das für dieses Buch verwendete Papier ist aus chlorfrei bzw. chlorarm hergestelltem Zellstoff gefertigt und im pH-Wert neutral.